渤海海洋生态保护修复规划设计及工程实践

王　平　董祥科　孙家文　主编

海洋出版社

2023 年·北京

图书在版编目（CIP）数据

渤海海洋生态保护修复规划设计及工程实践／王平，
董祥科，孙家文主编. —北京：海洋出版社，2023. 12
ISBN 978-7-5210-1217-0

Ⅰ. ①渤…　Ⅱ. ①王…②董…③孙…　Ⅲ. ①渤海-
海洋环境-生态环境保护-研究②渤海-海洋环境-生态
恢复-研究　Ⅳ. ①X145

中国国家版本馆 CIP 数据核字（2023）第 249517 号

审图号：GS 京（2024）0237 号

渤海海洋生态保护修复规划设计及工程实践

BOHAI HAIYANG SHENGTAI BAOHU XIUFU GUIHUA
SHEJI JI GONGCHENG SHIJIAN

责任编辑：苏　勤
责任印制：安　森

海洋出版社 出版发行

http://www.oceanpress.com.cn

北京市海淀区大慧寺路 8 号　邮编：100081
鸿博昊天科技有限公司　新华书店经销
2023 年 12 月第 1 版　2023 年 12 月北京第 1 次印刷
开本：787 mm×1 092 mm　1/16　印张：23.75
字数：600 千字　定价：298.00 元
发行部：010-62100090　总编室：010-62100034
海洋版图书印、装错误可随时退换

编 委 会

主 编：王　平　国家海洋环境监测中心

　　　　董祥科　国家海洋环境监测中心

　　　　孙家文　国家海洋环境监测中心

编 委（按姓氏笔画排序）：

　　　　于永海　国家海洋环境监测中心

　　　　方海超　国家海洋环境监测中心

　　　　刘国宝　中交水运规划设计院有限公司

　　　　刘鑫仓　国家海洋环境监测中心

　　　　吴　浩　大连理工大学

　　　　邹文峰　大连理工大学

　　　　房克照　大连理工大学

前　言

渤海是我国唯一的半封闭型内海，水体自净能力弱，污染治理难度大，由辽东湾、渤海湾、莱州湾、中央盆地和渤海海峡五部分组成，海域面积约 8 万平方千米，平均深度仅 18 米，最大水深约 86 米，水深在 30 米以浅的海域约占渤海总面积的 95%。渤海海岸线全长约 3800 千米，除人工岸线外，广泛分布有粉砂淤泥质、砂质、基岩质和河口等自然岸线。

环渤海城市群是我国重要的经济带，包括北京、天津、河北、山东、辽宁等区域，面积 51.8 万平方千米，人口占全国的 17.5%，地区生产总值占全国的 28.2%。环渤海地区拥有 40 多个港口，构成了我国最为密集的港口群和最大的工业密集区，是我国重要的重工业和化学工业基地。

2000 年以来，随着沿海地区城市化和工业化的迅速发展，渤海围填海工程进入高峰期，向海索地成为环渤海沿岸经济发展的新动能。从 1986 年至 2016 年，围填海工程导致渤海岸线增长达 45%，且主要为人工岸线，自然岸线占比则由 57% 降至 17% 左右，滨海湿地面积减少约 4000 平方千米。大量围海及填海活动的实施，侵占了近岸滩涂湿地、改变了原有的自然岸线属性，对海域水动力、泥沙冲淤和水环境等产生了不可逆影响，导致滨海湿地生境发生了根本性改变，对湿地生态系统的稳定性造成了严重威胁。

为加快解决渤海存在的突出生态环境问题，2018 年 11 月，经国务院同意，生态环境部、国家发展改革委、自然资源部联合印发《渤海综合治理攻坚战行动计划》，以环渤海"1+12"城市为重点，开展陆源污染治理、海域污染治理、生态保护修复、环境风险防范四大攻坚行动。渤海综合治理攻坚战是我国首个全面、系统开展中大型海湾生态环境综合治理与保护修复的专项行动，部署实施海岸带生态保护、生态恢复修复、海洋生物资源养护等18项重点任务，要求2020年底前，完成渤海滨海湿地整治修复规模不低于6900公顷，沿海城市整治修复岸线新增70千米左右。

生态修复是促使受损的生态系统逐步恢复或者向良性循环发展的重要手段，由于海洋的连通性，典型海洋生态系统的恢复存在周期长、不确定性大、可持续性差等问题，人为盲目构建生态系统存在较大风险。海洋生态系统的自然恢复，应重点聚焦于区域海洋生境及生态空间的恢复，针对海域的水动力、水质、底质等生境条件开展修复工作，并通过海洋生态系统的自我恢复能力，形成适宜生物栖息的生态环境。

秉持"遵循自然规律和生态系统特征、因地制宜开展海洋生态保护修复"的原则，编者在深入分析渤海不同区域生态环境问题的基础上，规划实施了多个典型岸线岸滩和滨海湿地生态修复工程。本书对多个海洋生态保护修复工程项目的规划、论证及设计等工作进行了梳理总结，从渤海基本情况、我国海洋生态修复进展、海洋生态修复技术总结以及具体工程实践等方面对渤海生态保护修复情况进行了详细介绍。

本书共7章，第1章主要从渤海的基本情况、生态环境状况、围填海及岸线变化等方面分析了渤海存在的生态问题；第2章系统梳理了生态修复的基本理论，全面总结了我国海洋生态保护修复工作的历程和进展；第3章介绍了生态修复工作的基本原则和流程，并从水文、环境和资源等方面梳理了生态修复主要措施；第4章从水动力改善、防灾减灾以及岸线稳定性等方面，介绍了生态修复措施适宜性的论证方法，包括数值模拟计算和物理模型试验等；第5章从生态问题诊断、修复工程规划、方案论证设计以及生态修复效果监测评估等方面，详细介绍了营口珍珠湾、白沙湾以及锦州原四十军虾场等多个典型砂质岸线生态修复工程项目的具体实践；第 6 章介绍了海湾河口等典型生态系统的修复实践，系统阐述了生态修复方案的论证过程，综合科学性、适宜性和经济性等多种因素，设计完成了大连普兰店湾、锦州大小凌河口以及营口团山等滨海湿地生态修复工作；第 7 章对渤海生态修复工作进行了总结，分析了存在的主要问题，并对下一步工作提出了对策建议。

参与本书编写的单位包括：国家海洋环境监测中心、大连理工大学、中交水运规划设计院有限公司。具体人员及分工如下：国家海洋环境监测中心的王平、董祥科和孙家文为本书的主编，国家海洋环境监测中心的于永海、方海超、刘鑫仓，大连理工大学的房克照、吴浩、邹文峰，以及中交水运规划设计院有限公司的刘国宝共同参与了编写；本书的第 1 章、第 2 章由董祥科、孙家文完成，第 3 章、第 4 章由王平、董祥科、房克照、吴浩完成，第 5 章、第 6 章由王平完成，第 7 章由孙家文、董祥科完成，刘国宝主要负责设计图纸绘制，方海超主要负责现场数据调查，邹文峰主要负责图表的审核，刘鑫仓主要负责文字的审核，于永海负责全书的技术审核。

海洋生态修复错综复杂，编者力求化繁为简，期待为其他区域的生态修复工作带来思路和借鉴。限于编者的学识及写作水平，书中难免存在不足之处，敬请读者批评指正。

编者

2023 年 10 月

目 录

1 渤海概况 ··· 1

  1.1 渤海基本情况 ·································· 1

  1.2 渤海生态环境概况 ···························· 6

  1.3 渤海围填海及岸线变化 ························ 8

  1.4 渤海生态问题 ······························ 10

2 海洋生态修复基本理论及进展 ·············· 13

  2.1 生态修复基本原理 ···························· 13

  2.2 海洋生态修复类型 ···························· 14

  2.3 我国海洋生态修复进展 ························ 16

3 海洋生态修复流程及措施 ·················· 19

  3.1 生态修复基本原则 ···························· 19

  3.2 生态修复基本流程 ···························· 20

    3.2.1 方案规划 ······························ 20

    3.2.2 工程设计 ······························ 21

    3.2.3 具体实施 ······························ 21

    3.2.4 后期维护 ······························ 22

  3.3 生态修复主要措施 ···························· 22

    3.3.1 海洋水文修复技术 ······················ 22

3.3.2 海洋环境修复技术 ……………………………………… 25

3.3.3 岸线资源修复技术 ……………………………………… 26

3.3.4 生物资源修复技术 ……………………………………… 28

4 海洋生态修复措施论证方法 ……………………………… 34

4.1 水动力改善评价数值方法 ………………………………… 34

4.1.1 水动力模型 …………………………………………… 35

4.1.2 模型边界条件 ………………………………………… 39

4.2 防灾减灾效果评价方法 …………………………………… 40

4.2.1 大范围波浪数值模型 ………………………………… 40

4.2.2 近岸波浪数值模型 …………………………………… 41

4.2.3 护岸波浪物模实验 …………………………………… 42

4.3 岸线稳定性评价数值方法 ………………………………… 46

4.3.1 一线模型 ……………………………………………… 46

4.3.2 二维模型 ……………………………………………… 48

4.4 岸线稳定性评价物模方法 ………………………………… 52

4.4.1 模型设计 ……………………………………………… 52

4.4.2 试验条件 ……………………………………………… 57

4.4.3 试验流程 ……………………………………………… 58

5 岸线岸滩生态修复工程设计及实践 …………………… 59

5.1 营口珍珠湾生态修复设计及实践 ………………………… 60

5.1.1 项目位置 ……………………………………………… 60

5.1.2 区域生态问题诊断 …………………………………… 60

5.1.3 生态修复工程规划 …………………………………… 64

5.1.4 生态修复工程论证设计 ……………………………… 65

5.1.5 生态修复工程实施效果 ……………………………… 96

5.2 营口白沙湾生态修复设计及实践 ………………………… 109

5.2.1　区域位置 ………………………………………………………… 109

5.2.2　区域生态问题诊断 ……………………………………………… 110

5.2.3　生态修复工程规划 ……………………………………………… 117

5.2.4　生态修复工程论证设计 ………………………………………… 121

5.2.5　生态修复工程实施效果 ………………………………………… 180

5.3　锦州原四十军虾场生态修复设计及实践 …………………………… 197

5.3.1　区域位置 ………………………………………………………… 197

5.3.2　区域生态问题诊断 ……………………………………………… 197

5.3.3　生态修复工程规划 ……………………………………………… 200

5.3.4　生态修复工程论证设计 ………………………………………… 201

6　滨海湿地生态修复案例工程及实践 ……………………………… 234

6.1　大连普兰店湾生态修复设计及实践 ………………………………… 234

6.1.1　项目位置 ………………………………………………………… 234

6.1.2　区域生态问题诊断 ……………………………………………… 236

6.1.3　生态修复工程规划 ……………………………………………… 238

6.1.4　生态修复工程论证设计 ………………………………………… 239

6.2　锦州小凌河口生态修复设计及实践 ………………………………… 253

6.2.1　项目位置 ………………………………………………………… 253

6.2.2　区域生态问题诊断 ……………………………………………… 254

6.2.3　生态修复工程规划 ……………………………………………… 256

6.2.4　生态修复工程论证设计 ………………………………………… 257

6.3　锦州大凌河口生态修复设计及实践 ………………………………… 313

6.3.1　项目位置 ………………………………………………………… 313

6.3.2　区域生态问题诊断 ……………………………………………… 313

6.3.3　生态修复工程规划 ……………………………………………… 315

6.3.4　生态修复工程论证设计 ………………………………………… 316

6.4　营口团山生态修复设计及实践 ……………………………………… 332

6.4.1 项目位置 332

6.4.2 区域生态问题诊断 333

6.4.3 生态修复工程规划 334

6.4.4 生态修复工程论证设计 335

6.4.5 生态修复工程实施效果 344

7 渤海生态修复的思考及建议 359

7.1 渤海生态修复的思考 359

7.1.1 生态修复的积极作用 359

7.1.2 生态修复存在的问题 360

7.2 渤海生态修复工作建议 361

7.2.1 加强科学设计，统筹污染治理与生态修复 361

7.2.2 健全生态补偿，推动粗放式围海养殖退出 362

7.2.3 秉持生态优先，加强海岸带生态空间恢复 362

7.2.4 坚持自然恢复，强化典型海洋生态系统保护 363

参考文献 364

1 渤海概况

1.1 渤海基本情况

　　渤海位于 37°07′—41°00′N、117°35′—122°17′E 之间（图 1-1），是中国最北的近海，是中华人民共和国的内海，同时也属于内水范畴。渤海是一个近封闭的内海，东面以辽东半岛的老铁山岬至山东半岛北端的蓬莱岬的连线与黄海分界。整个渤海由辽东湾、渤海湾、莱州湾、中央盆地和渤海海峡五部分组成。南北长约 550 km，东西宽约 300 km，海岸线全长约 3 800 km，海域面积约 77 360 km²。在我国行政区划上，它的北界属辽宁省，西界属河北省和天津市，南界为山东省，东以渤海海峡为界。

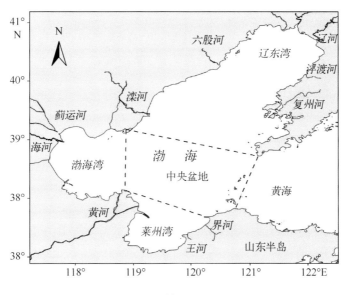

图 1-1　渤海地理位置

1

渤海为陆架浅海盆地，海底地形从辽东湾、渤海湾、莱州湾三个海湾向渤海中央盆地和渤海海峡倾斜，坡度较为平缓。平均水深约为 18 m，最大水深约为 86 m。水深在 30 m 以浅的海域约占渤海总面积的 95%，海底地形平坦开阔(图 1-2)。

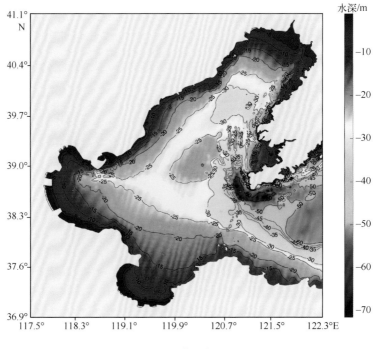

图 1-2   渤海水深图

渤海海岸分为粉砂淤泥质海岸、砂质海岸和基岩海岸三种类型。渤海湾、黄河三角洲和辽东湾底等沿岸为粉砂淤泥质海岸，滦河口以北的辽东湾西岸与复州河以北的辽东湾东岸属砂质海岸，山东半岛北岸和辽东半岛南段主要为基岩海岸。

渤海沿岸降水量差异较大。夏季为汛期，主汛期 7—8 月，年降水量在 600 mm 左右，其中辽东湾最多，为 643.3 mm，渤海海峡较少，为 541.3 mm。冬季因受大陆干冷空气的影响，降水稀少。春季和秋季属于过渡季节，但春雨明显少于秋雨。

渤海沿岸江河纵横，分布有黄河、海河和辽河三大水系以及大小河流百余条。入海河流每年携带大量泥沙堆积于三个海湾，在湾顶处形成宽广的辽河口三角洲湿地、黄河口三角洲湿地和海河口三角洲湿地，年造陆达 20 km²。沿海湿地生物种类繁多，植物有芦苇、碱蓬、海草和藻类等，鸟类有 150 多种。

渤海海区受季风影响明显，夏季湿暖而冬季干寒。夏季受台风和大陆出海气旋影响，多以偏南风为主，常伴生有暴雨和风暴潮；冬季受亚洲大陆高压活动影响，多以

偏北向为主，伴随寒潮发生；春秋为季风变换季节，风向多变。渤海海峡是本海区内的大风带，风力通常比其他区域大 2 级左右。

渤海的波浪以风浪为主，其波高、波向等要素主要受季风交替的影响，具有一定的季节性；冬季盛行偏北浪，夏季盛行偏南浪；风浪以冬季为最盛，波高通常为 0.8~0.9 m，寒潮侵袭时可达 3.5~6.0 m，周期多半小于 5 s。

渤海是我国受冰清影响最严重的区域，冬季受强寒潮频繁侵袭，自 11 月中、下旬左右，沿岸从北往南开始结冰；翌年 2 月中旬至 3 月上、中旬由南往北海冰渐次消失，冰期为 3 个多月。1—2 月，沿岸固定冰宽度一般在距岸 1 km 之内，而在浅滩区宽度为 5~15 km，常见冰厚为 10~40 cm。河口及滩涂区多堆积冰，高度有的达 2~3 m。在固定冰区之外距岸 20~40 km 内，流冰较多，分布大致与海岸平行，流速为 50 cm/s 左右。

渤海具有独立的旋转潮波系统，其中半日潮波(M_2)有两个，全日潮波(K_1)有一个旋转系统，半日分潮和全日分潮的同潮时线都绕着各自的无潮点逆时针旋转，且半日分潮在渤海区占有绝对优势。半日分潮的无潮点分别位于黄河口外和秦皇岛外海，全日分潮的无潮点位于渤海海峡。渤海海峡因处于全日分潮波"节点"的周围而成为正规半日潮区；秦皇岛外和黄河口外两个半日分潮波"节点"附近，各有一个范围很小的不正规半日潮区。除此以外，其余区域均为不正规半日潮区（图 1-3 至图 1-5）。

渤海潮差分布呈湾口小、湾底大的特征，最大潮差出现在辽东湾的湾顶，最大可能潮差 5 m 左右；其次为渤海湾湾顶的塘沽；莱州湾最大可能潮差为 3 m 左右；渤海海峡最大可能潮差为 2~3 m；秦皇岛附近最小为 0.8 m 左右。潮流以半日潮流为主，流速一般为 50~100 cm/s，最强潮流见于老铁山水道附近，达 150~200 cm/s；辽东湾次之，为 100 cm/s 左右；最弱潮流区是莱州湾，流速为 50 cm/s 左右。在近岸海区，潮流呈往复流，而在渤海中央潮流呈旋转流（图 1-6）。

渤海环流大体上是由高盐的黄海暖流余脉和低盐的渤海沿岸流组成。黄海暖流余脉从海峡北部入侵，一直向西延伸到渤海西岸，受海岸阻挡而后分成南、北两股：北股沿辽西近岸北上，并且与辽东沿岸南下的辽东沿岸流构成一顺时针方向的弱环流；南股在渤海湾沿岸转折南下，汇入自黄河口沿鲁北沿岸东流的渤海沿岸流，从海峡南部流出渤海。渤海环流的变化受制于气候条件，冬强而夏弱。

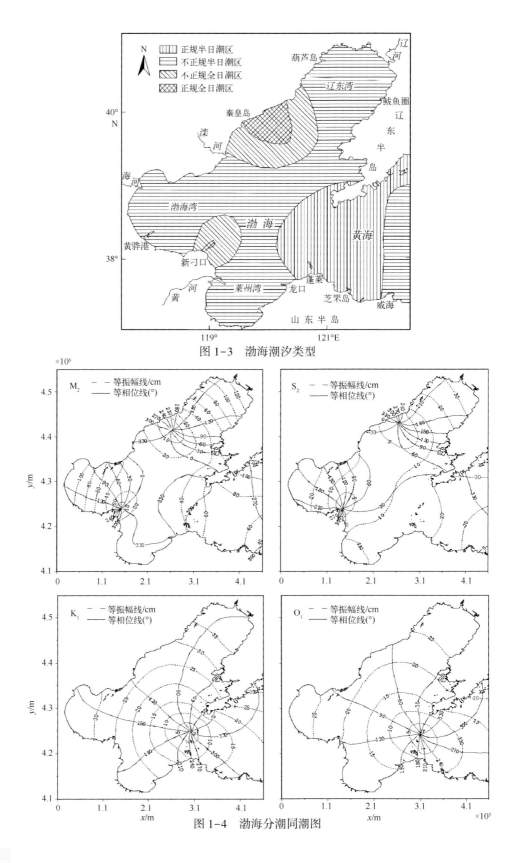

图 1-3　渤海潮汐类型

图 1-4　渤海分潮同潮图

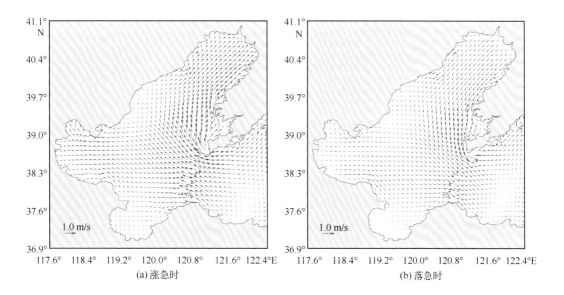

(a) 涨急时　　　　　　　　　　　　　(b) 落急时

图 1-5　渤海涨落急潮流场

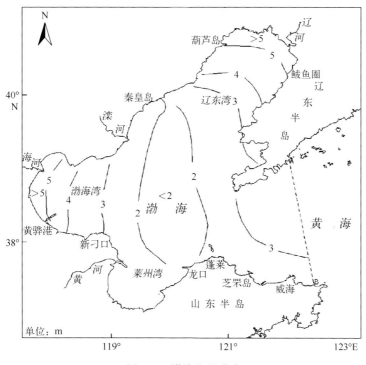

图 1-6　渤海潮差分布

1.2 渤海生态环境概况

环渤海沿岸地区的人口密度较高、农业发达、重工业集中，大量的陆源污水和污染物随水流进入渤海，致使渤海成为一个天然的纳污场；同时由于渤海的半封闭特征，其与外海的水体交换过程缓慢，水体自净能力较差。渤海水质环境较差，尤其以辽东湾、渤海湾和莱州湾的污染最为严重，三湾的污染量占整个渤海污染总量的92%。污染物主要有无机氮、无机磷、石油类和耗氧有机物，此外还有重金属。

根据国家海洋局及生态环境部发布的中国海洋统计年鉴及中国海洋生态环境质量公报中渤海历年各类水质面积数据，渤海水质2001—2021年呈现先恶化后变好的趋势（图1-7）。2003年的渤海受污染面积达到了21 340 km²，占渤海海域面积的27.61%；2003—2009年，渤海的污染面积总体保持了稳定；但在2010年和2011年渤海的污染面积有了显著增加，其中2010年渤海的污染面积达到了32 730 km²，占渤海海域面积的比例达到了42.35%，2011年略有下降；而2012年又有显著增加，其中渤海劣于第四类海水水质标准的面积较2011年增加了8 870 km²。

2013年后渤海水质逐渐转好，到2018年渤海污染面积降至21 560 km²，基本与2009年持平；2019—2021年渤海水质得到较大改善，其中2021年渤海未达到一类海水水质标准的海域面积为12 850 km²，较上一年度减少640 km²，约占渤海总面积的17%；其中二类、三类和四类水质海域面积分别为7 710 km²、2 720 km²和820 km²，劣四类水质海域面积为1 600 km²，主要分布在辽东湾和渤海湾近岸海域。

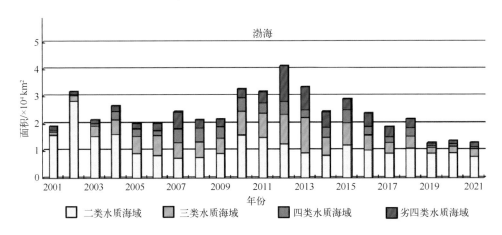

图1-7 渤海历年水质变化（生态环境部，2022）

由于水质恶化导致渤海水体富营养化严重，1997—2010 年，渤海的富营养化状况呈扩大趋势，总面积由 1997 年的 110 km² 增至 2010 年的 14 080 km²。其中，重度富营养化面积已由 2000 年的 340 km² 增至 2010 年的 4 280 km²，增加了 12 倍多。随着水质的改善，2021 年渤海的富营养化海域面积约 3 570 km²，重度富营养化海域面积 520 km²（图 1-8 至图 1-10）。

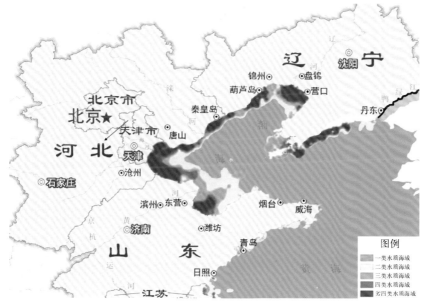

图 1-8　渤海 2012 年各类水质分布（国家海洋局，2013）

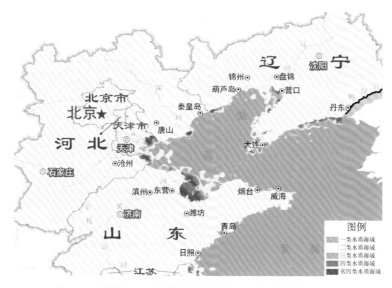

图 1-9　渤海 2018 年各类水质分布（生态环境部，2019）

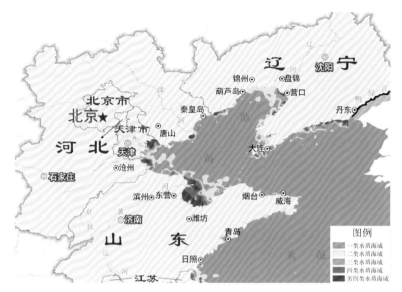

图 1-10　渤海 2021 年各类水质分布(生态环境部，2022)

　　水体富营养化导致 2000 年后渤海赤潮频发，其中 2012 年渤海区域累计发生赤潮 8 次，赤潮面积 3 869 km²；2017 年渤海区域累计发生赤潮 12 次，赤潮面积 342 km²；2018 年渤海区域累计发生赤潮 5 次，赤潮面积 62 km²；渤海湾的西部、辽东湾的东北部以及莱州湾的西部为赤潮的多发区域。频繁的赤潮给渤海海域的水产养殖业造成了严重的损失，对渤海的海洋生态环境破坏严重。

1.3　渤海围填海及岸线变化

　　近 30 年来，渤海区域的围填海工程在空间规模上迅速增加，1985—2019 年期间，渤海海域围填海总面积达到 4 000 km² 左右，主要以水产养殖用地、围垦用地、盐田用地、工业用地和港口码头用地为主；2000 年以前的围填海工程中水产养殖用地、围垦用地和盐田用地占到总面积的 90 % 以上，在空间上集中于莱州湾南部海湾和渤海湾的东南部海湾；2000 年以后的工业用地和港口码头用地面积迅速增加，渤海湾的围填海活动最为剧烈，其次为莱州湾，最后为辽东湾。

　　渤海围填海大体经历了围海晒盐、围垦造田、围海养殖以及填海造地四个阶段，在 2010 年左右达到顶峰，随后逐渐减缓。1985—1990 年新增围填海面积为 900 km² 左右，以围海养殖、围垦及盐田占海为主；1990—2000 年新增围填海面积 650 km² 左右，强度略有下降；2000—2015 年围填海活动的发展进入鼎盛时期，围填海新增面积经历了先上升后下降的发展过程,累计新增面积达 2 500 km² 左右,这一阶段中的城市、港口及工业用地占海比例大增;2015—2019 年围填海活动受到严格的管控,新增面积仅为 100 km²(图 1-11)。

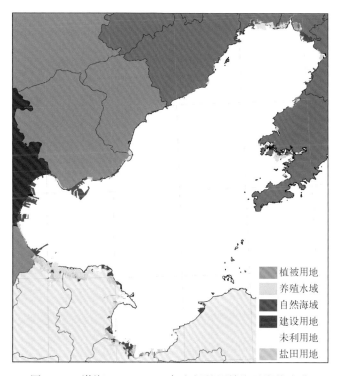

图 1-11 渤海 1985—2019 年之间的围填海及岸线变化

围填海发生的热点区域主要有大连金州—长兴岛沿岸、营口鲅鱼圈附近沿岸、辽河口—双台子河口—大凌河口岸段、滦河口附近、唐山—天津岸段、黄骅港至东营港的渤海湾南岸、莱州湾沿岸以及龙口湾。涉及盐场用海的主要有长兴岛、大凌河口、唐山沿岸、渤海湾南岸以及莱州湾沿岸,其中以渤海湾南岸以及莱州湾沿岸的盐场用海最多;以港口用海为主的主要有太平湾港、鲅鱼圈港、盘锦港、锦州港、唐山港、曹妃甸港、天津港、黄骅港以及东营港,其中填海面积最多的为天津港和曹妃甸港;围海养殖主要位于普兰店湾、复州湾、双台子河口、大凌河口、滦河口、黄河口附近,其中以大凌河口的围海区域最大;涉及离岸人工岛式用海的主要有大连金州湾国际机场、曹妃甸离岸式港区以及龙口岛群。

围填海导致渤海岸线长度逐年增加,海岸线总长度由 1986 年的 2 300 km 左右增至 2016 年的 3 400 km 左右,但主要为人工岸线,而渤海自然岸线逐年减少,自然岸线占比已由 1990 年的 50% 左右降至 2016 年的 15% 左右,其中渤海湾岸线变化最为剧烈,

2010 年后自然岸线基本消失(图 1-12)。

图 1-12　曹妃甸港 1986—2016 年岸线变化

不同时期的岸线类型也在发生变化,20 世纪 60 年代以前,以自然岸线为主,人工岸线占比小,且多以盐田围堤为主,其次是防潮堤,反映了沿岸人类活动及经济发展对占海、用海的需求较低;20 世纪 90 年代人工岸线的比例已经接近 50%,且类型趋于多样化,养殖围堤、盐田围堤和防护堤的长度及比例均显著提升,以养殖围堤的提升最为显著,反映了此阶段我国海产品需求的激增。进入 21 世纪以来,港口码头、城市造陆、交通围堤岸线的长度和比例明显增加,体现了工业化和城市化发展过程中海岸带土地资源的紧缺问题。

围填海短期内为沿海城市提供了大量的新增土地资源和发展空间,是带动地方经济发展的增长点,但围填海带来的生态环境影响深远,如何科学做好围填海开发和生态环境保护的协调发展,是下一阶段渤海治理的工作重点。

1.4　渤海生态问题

为治理渤海环境、改善渤海生态,2001 年国家环境保护总局印发了《渤海碧海行动计划》,计划以陆源污染防治为重点,积极推进产业结构调整,大力推行清洁生产,有

效控制入海污染物总量，实施污染源控制、非污染性破坏控制、生态恢复工程和保护、环境管理等措施。2018年机构改革后，生态环境部、国家发展改革委、自然资源部联合印发《渤海综合治理攻坚战行动计划》，计划开展陆源污染治理行动、海域污染治理行动、生态保护修复行动、环境风险防范行动，到2020年，渤海近岸海域水质优良（一、二类水质）比例拟达到73%左右。

上述治理行动极大地改善了渤海水质环境，遏制了渤海生态恶化趋势，但由于渤海自身水动力条件限制以及近些年极端气候等因素影响，渤海生态环境及生态系统仍存在较多问题，主要体现在以下几方面。

1) 渤海陆源污染依然严重，近岸水质波动风险较大

"十三五"期间，渤海近岸海域水质总体得到改善，2020年，渤海近岸海域优良（一、二类）水质面积比例平均值为82.3%，高于渤海攻坚战设定的73%的目标，但水质季节波动较大，天津市水质的季节波动幅度超过20个百分点，反映出水质改善效果的不稳定性。同时，渤海近岸局部水质仍较差，赤潮污染时有发生；2020年渤海劣四类严重污染海域面积比例平均值为4.1%，主要分布在辽东湾、渤海湾和莱州湾近岸海域。

由于环渤海沿岸的产业结构未发生根本性改变，沿海地区人口密集，经济发达，流域高氮磷负荷输入局面没有得到改善，且农业种植、养殖、城市汛期雨水等面源正逐渐成为部分地区的首要污染源，随着环渤海区域极端气候的不断增多，陆源污染直接入海的风险逐渐增大，渤海近岸水质存在较大的波动风险。

2) 围填海导致滨海湿地锐减，对近岸生态产生多重影响

一是围填海改变了海岸带生态格局，造成潮滩湿地面积减少，侵占和破坏碱蓬、海草床等重要生态系统以及重要经济生物的产卵场、索饵场、育幼场和洄游通道，导致渤海海域生态功能严重退化。二是围填海改变了海岸结构和潮流运动，影响潮差、水流和波浪等水动力条件，致使海湾纳潮量减小，水体交换和自净能力减弱，对海湾生态环境质量与生态系统自我修复功能产生长期影响。三是围填海改变近海沉积环境，导致近岸底栖生物栖息地受损与群落破坏，围填海重塑了海岸形态，限制了沿岸浅水区物质参与现代沉积的能力，并间接影响沉积速率变化，将打破原有已稳定的河口-海湾沉积格局，导致底栖环境发生改变，底栖生物数量减少，群落结构改变，生物多样性降低。四是大量停滞围填海未处置，不利于湿地生态的自我恢复，2018年国务院《关于加强滨海湿地保护严格管控围填海的通知》（国发〔2018〕24号）下发后，大量围填海处于围而未成的状态，长期停滞对近岸水质及生态构成了持续影响，威胁滨海湿地生态系统的稳定性。

3）渤海沿岸产业集中，海岸自然灾害频发，溢油、危化品等突发风险较大

近年来，渤海围填海导致近岸滩涂大量消失，浅滩的消浪防护作用基本消失，海岸直接遭受外海波浪及风暴潮的作用，海岸带自然灾害事件频发；同时，大量石化、钢铁等重化工项目布局在填海形成的陆域上，受极端天气影响，导致近岸海洋生态环境面临的压力和风险不断增加。一是高风险产业聚集在海岸带空间，陆域的防护要求较高，突发性环境污染事故风险概率显著升高。二是大规模的生产污水排放，加重了海洋环境污染，并使生态环境影响从局部向区域蔓延。三是部分重化工园区临近海洋生态环境敏感区布置，对生态安全构成潜在威胁，一旦发生污染事故，将对海洋生态环境造成难以估量的损害。

2 海洋生态修复基本理论及进展

2.1 生态修复基本原理

生态修复是指针对遭到破坏或退化的生态环境，利用生态系统的自我恢复能力，在停止人为干扰、减轻负荷压力的前提下，辅以人工措施，使受损的生态系统逐步恢复或者促使生态系统向良性循环发展的过程，其基本原则以自然恢复为主、人工措施为辅。

针对严重受损的生态系统，需采取人工措施将生态系统尽可能修复到某一参照状态的过程。其重点是在人工措施辅助下，依靠生物修复、物理修复和化学修复等技术，增加生物多样性和生态系统韧性。需要采取什么样的人工措施取决于生态系统的类型和生态系统的受损程度，在生态修复之前，首先要根据退化程度和当前的限制条件确定修复目标。

盲目地开展生态修复项目，会忽视原本自然生态系统的属性，从而导致以高标准建立的生态修复难以实现预期目标，而以低标准建立的生态修复也未充分挖掘生态系统潜力，必须顺应自然、尊重自然。按照生态修复的相关定义，将受损生态系统恢复到受干扰前原有的水平即可，但受限于历史数据的缺乏，在对原自然生态系统的组成、结构、功能等数据无法获取的情况下，生态修复需要建立一个参照系，即参照生态系统。

参照生态系统的对比属性应该包含物理指标、化学指标及生物指标等信息。物理指标包括水、温、湿、气、热等条件，化学指标即生态系统所处的水质、沉积物等化学指标，生物指标包括生物量、生物多样性以及物种的组成和群落结构等。在无法获取受损生态系统之前未受干扰状态时的信息时，可以用空间代替时间，采用同等地理区域的生态系统或者景观单元作为参照。通常这些地方为生物多样性发育良好的地方，但在修复生态系统的过程中，受损的生态系统表现为早期演替阶段，不可与参照系统进行对比，而在后期生态系统已经成熟时，可以与参照生态系统直接进行比较，因此必须对这些参照系统有充分的认识和了解。

2.2 海洋生态修复类型

根据自然资源部印发的《海洋生态修复技术指南(试行)》将海洋生态修复划分为综合生态系统修复和典型生态系统修复两大类，其中综合生态系统修复以岸滩、河口、海湾及海岛等具有典型地形地貌特征的独立区域单元为主，典型生态系统修复则以具备一定生态功能的特有物种形成种群及群落生态为主，包括：红树林、盐沼、海草床、海藻场、珊瑚礁、牡蛎礁等。

岸滩一般指海岸线附近被岩石、沙、砾石、泥、生物遗骸覆盖的海洋沿岸堆积地貌，海岸线为多年大潮平均高潮位时海陆分界痕迹线。岸滩可分为受潮汐涨落海水影响的潮间带及平均高潮线以上的潮上带海陆过渡部分，根据组成物质差异，可分为基岩海岸、淤泥质海岸、砂质海岸及生物海岸等。

河口一般指河流的入海口，是一个半封闭的海岸水体，与海洋自由沟通，海水与陆域来水发生交汇，其上界向陆延伸至潮汐水位影响位置，下界为陆域水沙影响的区域边界。河口水域分为三段，河口下游段，即口外海滨段，其与开阔的海洋自由连通；河口中游段，即河口段，其是咸淡水发生混合的主体部分，也是河海的过渡段；河口上游段，即近口段，其主要为淡水径流所控制。

海湾一般指三面环陆、一面向海的近岸海域，通常以湾口附近两个相对的海角连线作为海湾口门及海湾与外海的分界线，海湾面积要求不小于以口门宽度为直径的半圆面积的海域。海湾的成因包括：海面上升，海水进入陆域低洼处而形成；海岸软弱岩层不断侵蚀，海岸线向陆地凹进而形成；沿岸泥沙运动的沉积物形成沙嘴，使海岸带一侧海域被遮挡而形成。海湾由于两侧岸线的遮挡，湾内一般风浪较小、容易发生淤积。

海岛一般是四面环水并在高潮时高于水面的自然形成的陆地区域。根据不同属性，海岛可分为大陆岛、海洋岛、冲积岛、陆连岛、沿岸岛及远岸岛以及基岩岛、沙泥岛和珊瑚岛等；中国海岛有94%属于无居民海岛，大多面积狭小，地貌结构简单，环境相对封闭，生态系统构成也较为单一，且生物多样性指数小，生态系统稳定性差。

红树林是由红树植物为主体的常绿乔木或灌木组成的湿地木本植物群落，其根系发达、能在海水中生长，主要分布在热带、亚热带海岸潮间带，是一种特殊的生态系统，能防风消浪、净化海水、固碳储碳、维持生物多样性，也是鱼、虾、蟹、贝类生长繁殖场所，更是珍稀濒危水禽重要栖息地。我国主要树种有白骨壤、秋茄、桐花树、红海榄、海莲、木榄、角果木以及海桑等。

盐沼指位于陆地和开放海水或半咸水之间，受周期性潮汐淹没影响的潮间带，并长有盐生植物的湿地生态系统，盐沼主要分布在我国沿岸的淤泥质海岸上。盐沼的生境不利于植物生长，故植物种类少，群落结构简单；多为单层，类型也较少。广泛分布的盐沼植被类型主要有盐角草群落、碱蓬群落、芦苇群落和米草群落。我国北方盐沼植被以碱蓬群落为主，南方以红树植被为主。

海草床指大面积、有连片海草的区域，海草是一种开花的草本高等植物，由叶、根茎和根系组成，生活于热带、温带近岸海域或滨海河口区水域中，生长在淤泥质或沙质沉积物上，是从陆地逐渐向海洋迁移而形成的。海草床是海洋生物的栖息地和重要食物链，具有稳固近海底质和海岸线的作用；同时能改善海水的透明度，减少富营养物质，为大量海洋生物提供栖息地，且海草床是浅海水域食物网的重要组成部分。

海藻场指沿岸潮间带和潮下带大型底栖藻类与其他海洋生物群落共同构成的一种生态系统。海藻场主要集中于3~30m的潮下带岩礁基底浅水海域，光照充足、水流通畅，潮流、上升流、陆地径流以及波浪引起海水不断运动，使得藻体叶片能够最大限度伸展，藻体得以充分与海水接触，并进行营养交换。海藻场的大型藻类主要有马尾藻属、巨藻属、昆布属、裙带菜属、海带属和鹿角藻属；海藻场内具有较高的初级生产力，可为海域食物链提供强有力的食物保障。

珊瑚礁是石珊瑚目的动物形成的一种结构，在深海和浅海中均有珊瑚礁存在，它们是成千上万的由碳酸钙组成的珊瑚虫的骨骼在数百年至数千年的生长过程中形成的。珊瑚虫是海洋中的一种腔肠动物，其在生长过程中能吸收海水中的钙和二氧化碳，然后分泌出石灰石，变为自己生存的外壳。每一个单体的珊瑚虫只有米粒那样大小，它们一群一群地聚居在一起，一代代地新陈代谢，生长繁衍，同时不断分泌出石灰石，并黏合在一起。这些石灰石经过以后的压实、石化，形成岛屿和礁石，也就是所谓的珊瑚礁。珊瑚礁为许多海洋动植物提供了生活环境，其中包括蠕虫、软体动物、海绵、棘皮动物和甲壳动物，此外珊瑚礁还是大洋带鱼类幼鱼的生长地。

牡蛎礁指由大量牡蛎固着生长于硬底物表面所形成的生物礁系统，形态上是由活体牡蛎、死亡牡蛎的壳及其他礁区生物共同堆积组成的聚集体。广泛分布于温带河口和滨海区，在净化水体、提供栖息生境、促进渔业生产、保护生物多样性和耦合生态系统能量流动等方面均具有重要的生态功能。牡蛎作为滤食性底栖动物，能有效降低河口水体中的悬浮物、营养盐及藻类浓度，对于控制水体富营养化和有害赤潮的发生具有显著效果；牡蛎礁是许多重要经济鱼类和游泳性甲壳动物的避难、摄食或繁殖场所，对提高区域生物多样性具有重要作用。

2.3 我国海洋生态修复进展

20 世纪 60 年代我国沿岸就开展了以红树林及海防林种植为主的生态修复工作，发挥了一定的海岸防护作用，但受制于经济发展及技术条件的限制，且由于修复后期的管护工作缺失等因素，导致对海洋生态的整体改善效果有限。

2000 年后由于沿海城市对土地资源需求的激增，大量围填海工程陆续实施，对岸线及滨海湿地的破坏日益严重，2010 年为遏制海域、海岛及海岸带资源开发利用强度不断增大、生态价值及功能不断降低的趋势，国家海洋局印发《关于开展海域海岛海岸带整治修复保护工作的若干意见》，要求沿海各省编制海域海岛海岸带整治修复保护规划(2011—2015 年)，拟利用各级政府征收的海域和无居民海岛使用金开展海域海岛海岸带整治、修复和保护项目，自此我国开始了海洋生态环境的系统治理与修复工作。

"十二五"期间，整治修复项目主要针对开发利用造成的自然景观受损严重、生态功能退化、防灾能力减弱以及利用效率低下的海域海岛海岸带进行整治修复，重点支持的整治修复方向包括：沙滩修复养护、近岸构筑物整治与修复、清淤疏浚整治与修复、海岸景观美化与修复、海岸防护与整治、滨海湿地修复。截至 2013 年底，财政部和国家海洋局通过海域使用金返还 16.7 亿元，共完成了整治修复项目 74 个。上述修复项目实施后将累计修复岸线 188 km，修复海岸带面积 5 876 hm²，清淤面积 1 157 hm²，清淤量 1 111×10⁴ m³。

"十二五"期间实施的整治修复项目初步遏制了海岸开发过度造成的生态破坏趋势，但单个项目的投资少，且项目分布较分散，对整个区域的生态环境质量及生态系统功能的改善有限。2015 年国家海洋局印发《国家海洋局海洋生态文明建设实施方案(2015—2020 年)》，计划以重大生态修复工程为带动，围绕湿地、岸滩、海湾、海岛、河口、珊瑚礁等典型生态系统，重点实施"南红北柳"湿地修复、"银色海滩"岸滩整治、"蓝色海湾"综合治理和"生态海岛"保护修复等工程，系统修复、恢复受损海洋生态系统。至 2020 年，拟完成恢复滨海湿地总面积不少于 8 500 hm²，修复近岸受损海域 40×10⁴ hm²，整治和修复海岸线长度不少于 2 000 km。

"十三五"期间，海洋修复工作重点转变为以提升海湾生态环境质量和功能为核心，实现水环境质量稳步提升、生态功能和服务价值不断提高、海岸生态与减灾防灾功能明显提升，重点打造"蓝色海湾"，展望 2030 年，基本实现"水清、岸绿、滩净、湾美、物丰"的海洋生态文明建设目标。主要支持的修复方向调整为：水环境综合治理、生境改善及生物多样性恢复、植被厚植与恢复、岸线保护与生态修复以及滨海人居环境改善。2016—2017 年，实施了首批"蓝色海湾整治"行动项目，在全国 18 个重点受损海湾及其毗邻海域进行综合治理，投入资金约 25.9 亿元。完成修复岸线 270 km，修复沙滩 130 hm²，恢复滨海湿地 5 000 hm²，种植红树林 160 hm²、翅碱蓬 1 100 hm²、柽柳 460 万株，建设滨海景观生态廊道 60 km。

2018 年，为解决渤海存在的突出生态环境问题，生态环境部、国家发展改革委与自然资源部联合印发《渤海综合治理攻坚战行动计划》，这是我国首个全面、系统开展中大型海湾生态环境综合治理与修复的专项行动，渤海攻坚战拟开展 18 项重点任务，其中包括海岸带生态保护和生态恢复修复两项任务，要求加强河口海湾湿地综合整治修复以及岸线岸滩综合治理修复，至 2020 年底完成渤海滨海湿地整治修复规模不低于 6 900 hm²，沿海城市整治修复岸线新增 70 km 左右。

2019 年，财政部与自然资源部组织第二批"蓝色海湾"项目的申报，支持了 10 个城市开展系统性的生态环境治理及生态修复恢复工作。2020 年，为落实习近平总书记在中央财经委员会第三次会议上的重要讲话精神，财政部与自然资源部利用 2020 年海洋生态保护修复资金重点支持了 8 个涉及红树林保护和修复的"蓝色海湾"综合治理行动以及 15 个以提升海岸带防灾减灾功能为主要目的的海岸带保护修复工程。

2020 年，为落实党的十九大报告中提出的"实施重要生态系统保护和修复重大工程，优化生态安全屏障体系"的改革举措，国家发展改革委和自然资源部联合多部委，在坚持新发展理念、统筹山水林田湖草一体化保护和修复的理念下，编制了《全国重要生态系统保护和修复重大工程总体规划（2021—2035 年）》，提出开展"海岸带生态保护和修复重大工程"。

2021 年，为落实全国重要生态系统"双重"规划要求，自然资源部会同多部委编制了《海岸带生态保护和修复重大工程建设规划（2021—2035 年）》，规划是当前和今后一段时期统筹推进海岸带生态保护和修复工作的纲领性文件，也是沿海地区实施海岸带生态保护和修复重点项目的主要依据。

为贯彻落实《全国重要生态系统保护和修复重大工程总体规划（2021—2035 年）》及其专项建设规划部署的重大任务，统筹推进全国"十四五"期间海洋生态保护修复工作，自然资源部组织编制了《"十四五"海洋生态保护修复行动计划》，拟完成整治修复滨海

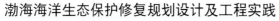
湿地不少于 $2×10^4\ hm^2$，其中营造红树林 9 050 hm^2，整治修复岸线不少于 400 km，自然岸线保有率达 35%以上。

2021 年和 2022 年，财政部、自然资源部及生态环境部联合组织了海洋生态保护修复项目的申报工作，支持范围在海洋生态保护和修复治理的基础上增加了入海污染物治理工作，为保证生态修复项目的全局性及整体性，申报要求单个项目的整体投资额在 4 亿以上。两期共支持了 30 个海洋生态保护修复项目，中央财政支持资金近 100亿元。

近些年，尤其是党的十八大以后，国家加大了对海洋生态保护修复工程的支持力度，针对沿岸围填海开发引起的生态问题，主要从岸线及滨海湿地两方面开展生态保护修复与恢复工作，从根本上扭转了我国海洋生态不断恶化的趋势，极大地改善了我国重点海域、海岛及海岸带的生态环境，提升了海岸带及海洋生态系统的功能。

3 海洋生态修复流程及措施

3.1 生态修复基本原则

规划引领，陆海统筹。在统一的国土空间生态修复规划体系下，完善区域海洋生态修复工程的顶层设计，指导重点海域、海岛及海岸带的生态保护修复工作的有序开展；遵循陆海统筹原则，考虑海域、海岛及海岸带生态系统完整性，基于区域海洋生态系统的功能开展完整、一体修复，避免修复工作导致海洋生态系统的割裂和损害；充分考虑生态修复活动空间上的系统性和时间上的连续性，分步骤、分阶段进行修复工作，并开展全过程的监督、生态环境跟踪监测和适应性管理。

问题导向，因地制宜。尊重海域、海岛及海岸带资源及生态系统功能的自然规律，科学准确识别生态问题，分析生态系统退化原因，以生态本底和自然禀赋为基础，统筹考虑技术、时间、资金、生态影响等因素，因地制宜、分类施策，合理选取生态修复措施；兼顾区域主体功能和海洋功能区划定位，统筹生态保护修复规划，基于生态问题合理设定生态保护修复目标，分区分类选择海洋修复措施，合理布局生态修复工程，制定针对生态问题和区域特点的保护对策。

生态优先，自然恢复。遵循自然生态系统内在机理和演替规律，维护生态系统多样性和连通性，尊重自然，顺应自然，保护自然。注重海洋生态系统的自我修复能力，减少人类活动对生态系统的干扰；只有在自然恢复不能实现的条件下，充分结合现有的自然条件采取适当的人工辅助措施，促进生态系统修复；充分发挥海岸带生态系统的自我修复能力，宜滩则滩、宜荒则荒，避免修复区域人为景观化。

科学论证，合理可行。充分考虑生态系统演变过程中的不确定性，科学论证生态修复措施的适宜性，预测评估生态修复工程实施后的修复效果，确保生态修复技术可行，避免出现新的生态问题；加强生态修复资金的成本控制，减少效益低下的修复措施，确保生态保护修复工程投资的合理可行；修复项目应符合国家和地区的用海、用岛、用地规定，并充分考虑生态修复活动与周边区域的相互影响，不宜采用无法预估实施后是否会对修复区域或周边区域造成不利影响的技术措施。

长期跟踪，持续管护。修复后需重点关注生态系统的自然恢复过程，加强生态系统关键指标的跟踪监测及效果评估，针对恢复效果未达预期的区域适当调整或增加修复措施，确保预期生态修复目标的实现；加强生态修复后的区域管护工作，针对修复后的岸线、湿地自然资源以及典型海洋生态系统，制定合理的管护措施，落实管护资金，尽量减少海洋开发活动和不必要的人为干扰，清除外来物种、病虫害等威胁因素影响，维护生态系统的自我稳定性，实现修复后生态系统的可持续平衡。

3.2　生态修复基本流程

海洋生态修复的技术流程一般分为方案规划、工程设计、具体实施和后期管护四个基本阶段，方案规划是整个项目的引领布局阶段，是生态修复项目实施最为关键的一步，肩负着确定修复区域、制定修复措施、明确修复目标等关键任务；工程设计主要作用为细化工程措施、落实工程投资以及制定工程进度等，是对生态修复方案的具体化；具体实施是在工程设计的基础上，将设计图纸转变为具体工程的环节；后期管护的主要目的是维持生态修复效果、实现生态系统可持续稳定，是实现生态系统自然恢复的重要环节。

3.2.1　方案规划

在方案规划阶段，选取生态环境问题突出、生态系统受损严重区域，进行现状调查与分析、问题识别与诊断、修复措施及目标设定、适宜性评价和方案布局、进度安排与资金估算等，充分论证生态修复方案的必要性、可行性和适宜性。基本技术流程如下。

(1)生态现状调查与分析：系统收集区域海洋生态调查和规划的相关成果，包括拟修复区域附近的海洋浮标、海洋站和科学观测台站的数据以及海洋工程项目的历史调查成果，分析区域生态环境变化趋势；结合区域现状，对区域内的典型生态系统、敏感目标、受损情况、人为活动重影响区等开展补充调查，详细摸清区域海洋生态的本底特征，明确拟修复海洋生态系统的边界。

(2)生态问题识别与诊断：参照拟修复区域生态系统特征的历史状态，或临近区域未受破坏或破坏程度低的类似生态系统确定参照生态系统，诊断区域生态系统的整体健康状况。在现状调查的基础上，在区域尺度上识别海洋生态胁迫、生态系统质量、生态系统服务和生态空间格局等方面的生态问题。分析区域生态问题的表现形式和产生的原因，识别区域生态系统受损的核心因素。

(3)修复措施及目标设定：基于区域生态问题的诊断识别，围绕提升区域生态系统功能，消除胁迫因素，优化区域生态格局，提高生态连通性，提出区域生态修复的具体措施，制定生态修复总体目标；并进一步分解设置为分级、分期目标，从整体性和系统性角度指导区域海洋生态修复的实施，实现海洋生态功能的全方位提升。

(4)适宜性评价与方案布局：在整体目标指导下，在拟修复区域开展海洋生态修复措施的适宜性评价。基于现状调查、问题分析和评价结果，着眼于区域整体生态格局，布局海洋生态修复工程平面布局，设置海洋生态修复的空间单元、修复目标对象，确定具体修复方案，并在此基础上进一步分解为具体的修复工程。

(5)进度安排与资金估算：在确定修复工程内容的基础上，进一步明确修复工程开展的时间顺序及进度，估算工程项目开展的资金需求。

3.2.2 工程设计

依据修复规划确定的修复单元或对象，开展工程方案具体设计工作。首先，详述工程区域自然条件及设计依据；其次，论述工程总平面图布置方案，包括平面布置、高程控制设计和主要工程量等；再次，开展具体修复措施的平面及断面设计，包括设计条件、拆除方案、结构方案、材料选取、关键断面以及论证与比选过程等内容，并根据修复措施的具体设计，统计工程量；最后，结合工程内容制定相应的安全及环保措施，陈述具体施工条件、施工方法和施工进度，并形成工程概算，包括概算编制说明、总概算表、单项/单位工程概算表、其他费用概算表、主要材料/设备单价表、主要材料汇总表等，最终形成工程设计图纸。

3.2.3 具体实施

按照相关管理要求，组织开展项目报批、招标等手续，并严格落实法人制、公开制、招投标制、合同制、监理制及财务管理等相关管理制度。依据设计文件，开展修复工程项目施工。施工期间，应同步开展生态环境监测，采取必要施工管理措施，避免工程施工导致的次生生态环境影响。加强施工监理，严把施工质量；严格控制施工时间进度，如需变更施工方案，应开展针对性论证及调整，并整体优化施工安排。

3.2.4　后期维护

制定生态修复跟踪监测及后期管理维护方案。采用遥感、现场和调访相结合的方式，开展修复工程全过程监控，及时发现生态修复过程中的问题和风险，形成完整的修复后监测数据，定期评估修复成效，针对恢复效果未达预期的区域适当调整或增加修复措施；开展基于生态系统的适应性管理，加强生态修复后的区域管护工作，针对修复后的岸线、湿地自然资源以及典型海洋生态系统，制定合理的管护措施，落实管护资金，减少海洋开发活动和不必要的人为干扰，清除外来物种、病虫害等威胁因素影响，实现修复后生态系统的可持续稳定。

3.3　生态修复主要措施

海洋生态修复方案是多种修复措施的有机结合，修复措施的选取需要针对区域具体的生态问题，而生态修复效果很大程度上取决于修复措施的可行性以及修复方案的科学性，盲目选取不适宜的修复措施一方面会使修复效果达不到预期，造成修复资金的浪费；另一个方面可能会破坏现有相对稳定的区域环境，造成新的生态问题。

近些年，随着对典型物种生态、种群关系、群落结构以及区域生态系统认识的加深，海洋生态修复技术也越来越完善，逐渐形成水文、环境、资源综合一体的修复技术体系，修复项目也越来越强调整体保护、系统修复、综合治理、突出重点的原则，综合已开展的海洋生态修复项目，梳理已有的修复技术为以下四类。

3.3.1　海洋水文修复技术

海水流动是维持近岸海洋生态环境及生态系统可持续平衡的关键，是海洋生物得以生息繁衍的重要基础，也是典型生态系统自我恢复的重要前提，对于多数海洋生态修复项目而言，诊断区域的海洋水文环境问题，开展海洋水文修复是其重要的一步。针对具体区域，水文修复可采用构筑物拆除/透水改造、退围还海/退养还湿、微地形改造、潮沟疏通、清淤疏浚、淡水输入等措施，水文修复措施的适宜性及可行性需要通过数学模型或物理模型进行科学论证。

1）构筑物拆除/透水改造

沿岸开发形成的非透水堤坝等构筑物，是影响近岸水流的主要因素，其引起的水动力强度减弱会导致近岸水体交换不畅，水质逐渐恶化，泥沙输运趋势发生改变，局部淤涨,进而使得湿地生境发生改变、海洋生态系统逐渐退化。

针对影响近岸水动力条件的构筑物可开展全部拆除或透水改造修复。堤坝全部拆除可达到湿地水文与外界完全连通、恢复原始滨海湿地自然动力条件的目标效果;一般需拆除清理至原始滩面,恢复构筑物建设前的地形地貌;根据潮位条件可采用陆域倒退施工法或海上船舶施工法,实施时需对施工工序进行科学优化,尽量减少拆除过程中的环境污染问题,并严格做好环境保护措施;但在水深较深区域,堤坝全部拆除工程量大,施工难度高,不够经济。

若通过模型计算论证,部分构筑物对整体生态环境的影响可控,可采用局部透水方式改造构筑物,使得湿地水文与外界联通,进而达到提高湿地潮动力条件、恢复湿地生态系统的目标。其需要确定堤坝透水开口的数量、间距等参数,并充分论证开口透水后的潮动力条件能够满足滨海盐沼湿地植被群落的健康发展。

2)退围还海/退养还湿

潮间带滩涂是海岸带的重要组成部分,是生物资源最为丰富的地方,在海岸带生态系统中起着重要的衔接作用;人为圈闭的鱼塘虾池等围海占用大片近岸滩涂湿地,导致原本涨落潮期间不断淹没、干出的潮间带滩涂基本消失,大面积水体闭塞,破坏滨海湿地自然环境,造成生态系统结构和功能损失,可采取退围还海/退养还滩的方式进行生态修复。

退围还海主要针对水深相对较深区域,通过拆除围海堤坝,恢复开敞式的湿地水域;退养还湿主要针对近岸浅滩区域,通过拆除近岸人工鱼塘虾池,恢复原有的滨海滩涂。通过退围还海/退养还湿可基本恢复原有的滨海湿地生态空间,并利用自然潮水动力及海洋的连通性,实现滨海湿地及近岸滩涂生态系统的自我恢复。

围海池梗拆除方式和构筑物拆除类似,需要制定合理的拆除工序及严格的环保措施,针对拆除工程量较大且不易施工区域,结合池梗填料性质,也可保留部分对海洋水动力影响较小、且以土方回填为主的池梗,拟保留的池梗可形成相对独立的栖息生境,可形成高潮时迁徙鸟类的停息区域。池梗拆除方量及拟保留区域需通过数学模型或物理模型进行科学论证优化。

3)微地形改造

围海开发及养殖池塘建设时,由于池梗建设对土方的需求以及池梗导致的水动力减弱、近岸淤涨等因素,原有的滩涂地形地貌会发生较大改变,导致构筑物拆除及退养还湿后,滩涂湿地的水文环境不利于区域典型生态系统的自我恢复,此时则需要采用微地形改造技术对滨海湿地的水文环境进行修复。

滨海湿地的微地形地貌对于湿地的水文环境具有重要影响，其决定了盐沼湿地内的淹水深度、淹水频率及淹水时间，进而影响滩涂底质盐度等基底条件，而这些对湿地植被及其他生物的生长具有重要限制作用。

地形高程是微地形改造的主要控制因子，如何选择合理、科学的地形高程，需要对临近区域及参考生态系统进行调查对比，并通过潮位统计及数值模拟等工作，确定适宜目标生态系统恢复的地形高度阈值，选择地形抬升工程或地形降低工程来进行滩面高程的改造。针对潮间带滩涂区域，微地形改造时需要设置一定的坡度以满足退潮排水要求，同时地形改造需达到一定的平整度，以减少局部积水对滩涂植被生长的影响。

4) 潮沟疏通

潮沟是滨海湿地的重要组成部分，是近岸滩涂水体及物质交换的主要通道，可起到水质交换、潮汐循环、增加滨海湿地生态性的重要作用。

近岸构筑物及养殖围海开发往往会阻断原有潮沟，导致临近潮沟逐渐淤涨、消失。在构筑物拆除、湿地恢复后，根据修复区域滩涂纳潮面积、历史潮沟形态等数据，开展滩涂潮沟系统的修复。潮沟的修复主要从潮沟平面形态、密度、断面等方面进行考虑。

潮沟系统的平面形态大概可以分为平行、树状、支流状、辫状、联通型，在应用时，可参考工程附近现状或历史潮沟确定拟要修复潮沟的平面形态。潮沟的平面一般分为多级形态，湿地面积越大，其潮沟的级数就越多；湿地水动力条件越强，其潮沟的级数也越多，疏通时仅需恢复滩涂的主要潮沟，如：一级、二级潮沟，而其他小潮沟可后期通过湿地的自然恢复而形成。

潮沟的密度与潮滩纳潮量、潮差呈正相关关系，纳潮量与潮差越大，其潮沟的密度也越大；此外，潮沟密度与沉积物中的黏土含量呈负相关关系，黏土含量越高潮沟越不易形成。采用单位面积潮滩上的潮沟长度来表示潮沟密度，依据参考区域的潮沟密度，或潮通量、潮差相近区域的潮沟密度，设计拟疏通潮沟的密度。

潮沟的断面形状有 V 型、U 型及倒梯形，其中 V 型具有更稳定的边坡比，U 型具有更大的纳潮量，倒梯形兼顾了两者优势，但施工更为复杂；潮沟宽度可以根据参考潮沟的各级平均宽度进行确定，潮沟的边坡比与底质条件及水文条件有关，需满足边坡稳定性要求；潮沟的深度与宽度存在一定的联系(宽深比)，碱蓬盐沼湿地潮沟的宽深比较米草盐沼湿地的宽深比更大，一般盐沼湿地潮沟宽深比为 5~8。

5）清淤疏浚

不合理的围填海及非透水构筑物会严重影响近岸水动力条件，降低海湾纳潮量，改变泥沙输运趋势，导致河口海湾出现严重淤积；并进一步削弱水体交换能力，致使水体及底质污染逐渐加重，河口海湾生态逐步恶化。

在围填海或构筑物拆除后，单纯依靠潮流动力已难以恢复原有地形地貌，可适当采用清淤疏浚工程，一方面清除已污染的淤积底泥，另一方面恢复并提升河口海湾的水动力强度及水交换能力，以实现河口海湾生态的自然恢复。

清淤疏浚需要通过前期调查和研究论证等工作，确定科学、合理的清淤深度及清淤量，避免工程后出现较大的回淤过程，对修复效果产生影响。河口、海湾海域的底泥承接了大量近海海域的污染物，在疏浚过程中，需做好跟踪测量及环境保护工作，并对底泥进行合理处置和利用，避免造成二次污染和资源浪费。

6）淡水输入

海岸带是陆域淡水及海水交换区域，淡水对近岸滩涂湿地的生态具有重要意义。淡水输入对降低滩涂盐度、水质净化、水沙调节、底质环境改善均具有重要作用。

对于河口区域，由于淡水输入减少导致的生态退化问题时有发生，恢复淡水输入过程，则是开展区域生态系统修复的前期条件。淡水补充可以通过人工引水、恢复地表径流、人为调控咸淡水比例等措施来降低区域滩涂的水体盐度，以修复受损的滨海盐沼湿地。

在淡水补充过程中最重要的是对生态需补水量的计算，对于滨海盐沼湿地的生态需补水量可以根据生态学法，将需补水量分成湿地植物需补水量、湿地土壤需补水量、野生生物栖息地需补水量、补水需补水量、防止岸线侵蚀需补水量、净化污染物需补水量，对每个需补水量进行计算并相加得到总的生态需补水量。

3.3.2 海洋环境修复技术

1）水质改善/污染治理

海洋污染除海洋生产活动本身产生的、直接向海排放的污染外，大气沉降、河流输入、陆源污染也是其主要来源。海洋污染具有一定的特殊性：①持续性强，海洋是地球上地势最低的区域，不像大气和江河那样，通过一次暴雨或一个汛期，能使污染物转移或消除；一旦污染物进入海洋后，很难再转移出去，不能溶解和不易分解的物质在海洋中越积越多，往往通过生物的浓缩作用和食物链传递，对人类造成潜在威胁。

②扩散范围广，全球海洋是相互连通的一个整体，一个海域污染了，往往会扩散到周边海域。③防治难、危害大，海洋污染有很长和积累过程，不易及时发现，一旦形成污染，需要长期治理才能消除影响，且治理费用大。

海洋污染治理一方面要加强直排海污染源的管控，确保达标排放；另一方面需加强陆源污染的治理，减少由于暴雨或汛期导致的大量污染物入海，可构建海岸生态缓冲带对入海污染进行拦截、消纳，避免污染物入海后治理难度的上升；针对局部污染严重区域，也可采用引入外水、加强近岸与外海的水交换过程，充分利用海洋的水体自净能力，实现水质改善目标。

2）底质修复

底质对滨海湿地的生态具有重要的作用，其既是滨海盐沼湿地的重要组成，也是滨海盐沼湿地植物及微生物等得以生息繁衍的重要基础。底质条件的主要指标因素可包含土壤粒径组成、含盐量、有机质、无机盐和重金属含量等。

底质修复方式需根据其基底环境来确定，对于污染严重的底质可直接采用挖除方式清理，永久消除其带来的长期污染影响；对于底质条件不符合典型生态系统恢复的区域，可采取相应的措施进行改造，使其接近退化前(或参照生态系统)的盐沼湿地基地土壤环境，满足目标生物成长的需求，例如土壤盐碱化及土壤肥力下降等问题。

当滨海湿地由于基底盐度过高而导致湿地土壤环境盐碱化、不适合目标生物生长时，可以采用盐碱土改良对滨海盐沼湿地的土壤环境进行修复，可采用化学改良法、植物改良法、工程措施改良法等。当土壤中的营养盐(氮磷钾等)难以满足湿地植被生长所需时，可在充分论证区域植被所需营养盐的阈值范围前提下，对现状土壤下缺少的营养盐进行补充，在补充的时候，优先考虑绿色有机肥料，其次考虑人工合成的无机肥料。

3.3.3 岸线资源修复技术

1）砂质岸线修复

砂质岸线侵蚀是我国面临的突出生态问题之一，以前往往采用筑堤等工程方式抵御海滩侵蚀，但易造成波能在堤脚集中，长期作用进而掏蚀堤脚，使得原始滩面物质粗化、海滩坡度变陡，加重了海滩侵蚀威胁。

人工养滩是当前防护海岸与海滩侵蚀最自然而简单有效的保护手段，可迅速地增加海岸平均高潮位以上海滩后滨的宽度，并辅以突堤促淤或离岸堤(或潜堤)掩护，已成为当前防护海滩最有效的措施。

海滩养护设计包括剖面设计、平面设计以及辅助工程设计。剖面设计是进行养滩施工和计算抛沙量的关键，设计的合理与否直接关系到新养护沙滩与当地水文环境的适应能力。剖面设计方法主要有平衡剖面模式、平衡滩面坡度法、经验法以及类比法。

天然情况下砂质岸线平面多为岬湾海岸，由遮蔽区域、平滑过渡区域和下岸的切线段组成，这种弧形岸线可以达到平衡状态。利用岬湾海岸相对稳定的特点开展人工养滩，能达到良好的自然平衡海岸，且能与当地景观及生态规划相协调，在国内外海滩养护实践应用中较为常见。

岬湾海滩可以分为静态平衡海滩、动态平衡海滩和不稳定海滩。当沿岸输沙几乎为零，就会形成静态平衡海滩，此时砂质岸线可长时间地保持稳定。动态平衡海滩能保持海岸线不变的关键因素是泥沙收支平衡，即存在沿岸输沙，只要沿岸净输沙为零则可以保持岸线稳定。不稳定海滩多为工程建筑物影响下形成的，由于建筑物使得岸线发生自然重塑过程，结构物掩护区域岸线淤长，同时沿岸流下游区域发生侵蚀。养滩平面设计一般依据静态或动态平衡的岬湾理论，营造相对稳定的砂质自然岸线。

当修复区域缺少自然岬角地貌时，需要借助人工突堤或离岸堤与沙岸构成一种静态平衡岬湾的布置，即借助人工岬角创造稳定的海岸形态，这种软硬结合的方式也被广泛应用于世界不同条件的海滩上。辅助养滩工程一般采用离岸堤（潜堤）+突堤的形式，其布置方式一方面要避免过高、过密对自然景观的影响，另一方面要确保其功能发挥，进而形成动态平衡的稳定岸线，其挡沙、固滩效果需要经过数学模型及物理模型的充分论证。

2）人工岸线生态改造/生态海堤

对于不宜开展自然岸线恢复，且有一定防护需求的人工岸线，需开展硬质化的海堤建设。为提高人工岸线生态性，可对人工海堤进行生态化改造，一般包括堤前带、堤身带和堤后带，其中堤前带一般为海水淹没的湿地或滩涂区域，堤后带为后方陆域，堤身带则是以人工构筑物为主的岸线防护区域。

在保障海堤防灾减灾功能的前提下，通过海岸防护工程设施和生态保护修复措施相结合的方式，实现海堤生态化，恢复海域一定的生态功能。各部分应具有以下结构特征和功能：堤前带具有一定的滩面宽度、稳定的岸滩结构、适宜的生物群落；堤身带具有安全达标的堤防结构、一定的物质交换和能量流动能力；堤后带具有一定的陆向辐射宽度，稳定的生态系统。

生态改造结构型式应根据地形、地质、波浪潮汐特性以及生态要求，选用适宜的堤型，确保岸坡稳定、保持水土；护面、镇压层、堤脚以安全优先，综合生态、经济等因素，采用多空隙、表面粗糙的结构型式；应采用绿色环保、适宜当地海域生态系统的无害化建筑材料，以利于植物生长和藻类、贝类附着，促进生物多样性恢复。

3) 海岸景观建设

对于具有景观资源开发潜力的岸线可采用景观建设的修复方法进行生态修复。在生态修复过程中，应充分考虑公众的亲海需求，建设包含人行栈道、绿化带、花园、活动广场和休闲广场等多样性空间形式的景观体系，打造集景观性、生态性、文化性于一体的高质量公共亲海空间。

然而，景观建设也存在一定的缺点和不足，可能会破坏自然景观，对近海生态环境和渔业资源产生负面影响。因此，在景观建设过程中，应以保护自然景观为前提，最大限度地保持景观原貌，辅以人工建设，形成自然与人工相融合的岸线景观面貌。

3.3.4　生物资源修复技术

1) 外来物种清除

外来物种对气候、环境的适应性和耐受能力很强，如互花米草被列入世界最危险的 100 种入侵种名单，其破坏近海生物栖息环境，影响滩涂养殖，影响海水交换能力，导致水质下降，并诱发赤潮，威胁本土海岸生态系统，致使大片本地种消失。

互花米草的控制技术流程包括刈割—翻耕—淹没。首先，在互花米草生长季节（6—8 月）进行地上部分的刈割，确保开花季节不能够正常授粉和繁育种子；其次，对刈割区域利用翻耕机对土壤进行翻耕，起到对根部的绝对破坏，降低互花米草植株的成活率；最后，对低潮区采取围堰建设，并引入海水进行淹没，阻碍和减弱潮汐对互花米草种子的输运能力，并使互花米草植株在高淹水胁迫下死亡。围堰坝体建设可以采用全围式或半围式，其中全围式坝体适用于近海潮水较高区域；半围隔坝体主要起到阻挡潮汐水动力的作用，适用于高滩涂区域。

2) 海岸植被种植

植被种植兼具自然岸线修复和滨海湿地修复的双重意义，其中海岸植被一般指沿海以防护为主要目的的森林、林木和灌木林，沿海防护林体系不仅具有防风固沙、保持水土、涵养水源的功能，对于沿海地区防灾、减灾和维护生态平衡具有独特而不可替代的作用。

海岸防护林构建要从沿海的实际情况出发，合理安排好林种布局，做到多林种、多树种、多层次、多功能科学配置；要做到"网带片点、乔灌草、林果桑花"相结合；因地制宜，造、封、管、护并举，确保海岸防护林构建成功。

不同地区的沿海沙地种类和性质不尽相同，宜选择适应盐碱地生长的抗风、固沙、耐旱、耐贫瘠、耐潮汐盐渍的树种，如木麻黄、相思树、黑松、刺槐、垂柳、旱柳、臭椿、苦楝、毛白杨、白榆、桑树、梨树、杏树、紫穗槐、柽柳、红树等。

为提高沿海防护林的防护效能，实现从一般性生态防护功能，向以应对极端波浪及风暴潮等突发性生态灾难为重点的综合防护功能的扩展，应从沿海的实际情况出发，合理安排好林种布局，提倡营造多林种、多树种、多层次、多功能的混交林。

3）海洋植被资源修复

海洋植物是海洋世界的"肥沃草原"，海洋植物不仅是海洋鱼、虾、蟹、贝、海兽等动物的天然"牧场"，而且其中一些种类是人类的绿色食品，主要包括红树林、碱蓬、海草以及海藻。

红树林生态系统不仅能够为海洋生物和鸟类提供重要的栖息环境，还能够巩固海岸线结构，提升抗冲刷能力。通常认为红树林生长需满足温度适宜、沉积物粒径较小、潮水可到达且有一定潮差、海流影响等多方面因素，其中滩面高程往往被认为是红树林成活的关键因素。在红树林植被修复前，往往需要通过微地形改造、潮沟疏通、底质修复等水文环境修复措施，恢复红树林适宜的生长环境。

在此基础上，根据红树林植被退化情况，可采取自然恢复或人工种植的方式进行红树林植被修复。红树林植被自然修复主要采取去除外界压力或干扰、封滩育林等方式，加强保护措施、促进生态系统自然恢复。如修复的区域红树林无法通过自然再生能力实现植被自然恢复时，采用人工种植的方式修复红树林植被。应重点考虑红树物种选择、种植措施和种植时间等关键技术要求。

根据红树植物繁殖体的特点选择种植的方式。繁殖体为胚轴且胚轴个体较大的红树物种，优先采用直接插植胚轴的方式进行种植。胚轴短小、繁殖体为种子或者隐胎生胚轴者，优先采用容器苗种植方式，以一年生苗为宜。根据生态本底调查获取的红树植被密度设计种植密度，当生境条件较差或者存在互花米草等生物入侵风险的区域，可适当提高种植密度。

碱蓬为一年生草本，其抗逆性强，耐盐，耐湿，耐瘠薄，是我国北方沿海滩涂的重要植被。碱蓬以其独特的盐生结构扎根于潮滩，具有显著的促淤、保滩作用，可使潮滩上有机质越来越多，改善了潮滩底质条件，促进了其他物种的繁殖、栖息，增加了滩涂生物多样性。

碱蓬只生长在特定标高的有周期性潮汐作用的滩涂上，潮汐是保证碱蓬在潮间带正常生长的重要自然力，适宜的潮水浸泡时间是保证碱蓬生活成长的重要条件。同样，在开展碱蓬种植前需确保滩涂水文及环境达到适宜条件，可通过微地形改造、潮沟疏通、淡水输入、底质修复等修复措施，恢复滩涂碱蓬生境。

根据碱蓬植被退化现状，可采取自然恢复、人工种植等方式进行植被修复。自然修复主要采取去除外界压力或干扰、封滩保育的方式，促进植被自然恢复；若无法实现植被自然恢复时，采用人工种植的方式修复碱蓬植被。

碱蓬种植具体流程包括：土地平整、种子采集、筛选、播种及栽植。首先，对土壤条件符合要求、地形条件不符合条件的潮间带，在播种前采用机械平整土地；其次，在每年冬季于当地采集果皮变黑的碱蓬种子，并进行筛选、清选，去除茎梗及其他杂质；最后，采用撒播或栽种方式进行种植，撒播以 $300\sim500$ 粒/m^2 播种量为宜，并进行覆土，避免潮流将种子带走，栽种选择可降解材质容器进行育苗，并在待碱蓬种苗长至 $5\sim10$ cm 即可进行栽植。

海草是一类海洋大型底栖单子叶显花植物，喜沉水生活，在海水中完成萌芽、开花、生长、结种等过程。海草具备植株的克隆生长和种子的扩散萌发的生长特性，即同时具有无性生殖和有性生殖。海草通常具备发达的根系，为其克隆生长和底质固着提供了物质基础，海草种子产量通常每平方米可达数千粒，为海草床退化生境的规模化修复提供了大量的供体。因此，在海草床修复的过程中，应充分利用海草床自我发育和自我扩繁的自然恢复能力，在有效保护的前提下，实现海草的自拓殖和自扩张。

海草床的人工修复方法可分为自然恢复和人工种植方法，自然恢复是指通过保护、改善或者模拟生境，借助海草的自然繁衍，达到逐步恢复的目的，该方法所需时间周期很长，是一个缓慢的过程。

人工种植一般采取种子播种法以及植株移植法。种子播种法，是指从自然生长良好的海草床采集成熟的海草种子，然后将其直接散播到修复海域或埋藏于底质中，又或者先将种子置于漂浮网箱或实验室中培养，待其萌发并长成幼苗后再移栽的一种方法，该方法是利用海草的有性生殖方式实现海草床的修复，可以保持海草的遗传多样性，对天然海草床影响小，但由于大多数种子存在休眠期，因此恢复期较长。

植株移植法，是指从自然生长茂盛的海草床中采集长势良好的植株，利用某种方法或是装置将其移栽于待修复海域的一种方法，该方法利用海草无性生殖的特点，可以在较短时间内形成新的海草床，是迄今为止人们使用和研究最多的海草床修复方法，但其成本较高、对供体植株采集草床有一定的影响。

海藻是冷温带的潮下带硬质底上生长的大型藻类植物，其与潮间带岩岸群落相连接，形成独特的一类生态系统，称为海藻场。海藻场是海洋生物的栖息场所，对波浪具有消减作用，可以改变海流动力，使海藻场内形成静稳海域，水温较周围变化小，有利于海洋生物的生长和繁衍，支持着高度多样化的动物群落。大型海藻个体通常较大，以叶片直接吸收海水中的营养盐类，对一些无机盐类和重金属等污染物的吸收降解作用明显。

根据海藻场的退化现状，可采取自然恢复或人工种植的方式进行海藻场修复。海藻场自然修复主要采取去除外界压力或干扰、加强管理和保护措施，促进原生大型藻类自然扩散和生长，实现生态系统自然恢复。海藻场人工修复措施主要包括种藻移植和人工撒播海藻孢子(幼植体)的方法进行修复。

种藻移植法修复直接高效，适用于各种退化程度的海藻场修复。方法是退潮时在潮间带直接将移植的种藻固定于基岩底质上，也可以通过潜水作业或重物绑定的方式在目标海域直接沉放。对于种藻移植方式，移植工作还包括在原生存海域采集或人工繁育种藻。

人工撒播法修复通过人工刺激的方式获得含有海藻孢子(幼植体)的孢子水(或幼植体水)，直接均匀洒播于目标海区，并采取管护措施促进附着。投放人工藻礁的方式，是指在陆基工厂制备含有营养盐和苗种的礁体，并进行适应性培养、运输、投放等。

4)海洋动物资源恢复

海洋动物是海洋中异养型生物的总称，海洋是地球最重要的生命支持系统，海洋动物是生物界的重要组成部分，是人类蛋白质的重要来源；海洋动物以摄食植物、微生物和其他动物及其有机碎屑物质为生，对维持海洋生态系统的整体稳定性及可持续循环起关键作用。海洋生态修复中涉及的海洋动物资源恢复包括：牡蛎礁、珊瑚礁、人工鱼礁以及增殖放流等。

牡蛎是人类最为喜爱的浅海滩涂食物之一，大量牡蛎聚集生长所形成的生物性结构称为牡蛎礁，是一种重要的海岸带栖息地，能够带来多重生态效益及经济效益。牡蛎通过滤食活动可以减少水体中的悬浮微粒和多余营养物，以净化近岸水质；牡蛎礁的三维结构还可为众多的海洋生物提供栖身之所，实现渔业资源的增殖；同时，牡蛎礁还能够有效减轻海浪对海岸带的冲击，减少岸线侵蚀，发挥海岸防灾减灾功能。

根据牡蛎礁的退化程度，可采用自然恢复、人工辅助恢复或重建性恢复方式进行修复。自然恢复主要指对于轻度受损的天然牡蛎礁区，采取去除外界干扰、封闭式养护等方法，加强保护措施、促进牡蛎的自然恢复。

人工辅助修复主要指对于受损严重的天然牡蛎礁区，牡蛎礁已难以自然恢复时，需通过少量人工辅助实现生态系统自然恢复。对于生物量受限的环境，需补充牡蛎幼苗生物量；对于固着基受限的环境，需添加固着基，构建人工牡蛎礁体；对于牡蛎基本灭失区域，需通过先构建人工牡蛎礁体，再移植牡蛎的方法进行重建性修复。

选择本地种的牡蛎成体或稚贝补充牡蛎数量。牡蛎成体可采用附近人工养殖的牡蛎，将其固定在自然礁体或人工牡蛎礁体上；牡蛎稚贝可采用育苗场培育的幼苗或自然分布区半人工采苗，将培育好的固着基或采好幼苗的固着基固定于自然礁体或人工牡蛎礁体上，也可将固着基暂养于环境适宜的海域，待牡蛎生长至具有一定抵抗环境变化和病害的能力时再移植于修复地点。

珊瑚礁是腔肠动物珊瑚虫形成的一种结构，大片珊瑚聚集在一起，就组成了美丽的珊瑚礁。珊瑚礁生物群落对环境条件要求相当严格，需要较高的水温，在年平均水温为23~27℃的水域生长最为旺盛；在低于18℃的水域，只能生活，不能成礁。珊瑚礁除了有独特的形状和美丽的颜色外，在整个海洋生态系统中还充当着重要的角色。它们为许多海洋动植物包括蠕虫、软体动物、海绵、棘皮动物和甲壳动物等提供了生活环境，同时也是大洋带鱼类幼鱼的理想生长地。

根据珊瑚礁的退化程度，可采用自然恢复、人工修复等方式开展修复。自然恢复主要指对于轻度受损的天然珊瑚礁，采取去除外界干扰、改善水质、封闭式养护等方法，加强保护措施，促进珊瑚的自然繁殖。

当珊瑚礁无法自我恢复，需采用人工修复措施，包括构建人工礁基底—珊瑚幼苗培育—珊瑚移植。当珊瑚礁生境丧失、硬质基底不足或破碎化严重等情况发生时，需要采用人工礁投放、金属网/框固定等基底稳固技术，增加和稳定硬质基底，促进造礁石珊瑚幼虫自然附着，降低移植和自然附着珊瑚死亡率，应优先使用环境友好型材料和提升珊瑚幼体存活率效果更好的先进人工礁。

基于造礁石珊瑚的有性繁殖，以人工繁育或野外收集受精卵的手段，经室内培育后，再放归拟修复的受损珊瑚礁区，增加珊瑚的幼体补充量。以有性繁殖的方式进行珊瑚礁生态修复，有助于保持造礁石珊瑚的基因多样性。

也可通过移植的方式为修复区域构建若干大的珊瑚斑块，底播移植的造礁石珊瑚种源必须是当地或邻近区域的现有或曾有种。种苗主要来源为人工培育的珊瑚苗圃或邻近的健康珊瑚礁区。种苗大小建议介于5~10 cm之间，最好以人工培育获得。野外采集的造礁石珊瑚不超过原野生群体的5%，采捕地进行采苗后的活造礁石珊瑚覆盖率应不低于30%，对单株珊瑚的采集量不得超过其体积或面积的一半。尽量收集野外散落的造礁石珊瑚断枝。

人工鱼礁是指人工设置的诱使鱼类聚集、栖息的海底堆积物，可以有效地保护幼鱼幼虾，提高其成活率，为鱼类提供良好的栖息环境和索饵场所，达到保护、增殖和提高渔获量的目的，进而实现改善水域生态环境的目的。

人工鱼礁一般为人工构造物，它通过适当的设计、制作和放置，来增殖和诱集各类海洋生物，可分为增殖型鱼礁、渔获型鱼礁、休闲游钓型鱼礁、生态保护型鱼礁。增殖型鱼礁：一般投放于浅海水域，主要放养海参、鲍鱼、扇贝、龙虾等海珍品，起到增殖作用；渔获型鱼礁：一般投放于鱼类的洄游通道，主要诱集鱼类形成渔场，达到提高渔获效率的目的；休闲游钓型鱼礁：一般设置在旅游区的沿岸水域，供休闲游钓活动之用。生态保护型鱼礁：以保护渔业资源为目的的鱼礁，又称公益型鱼礁。

增殖放流是通过投放贝类、鱼、虾、蟹亲体或人工繁育苗种或野生苗种等恢复海洋渔业资源，以恢复或增加种群的数量，改善和优化水域的群落结构，实现渔业可持续发展的措施。增殖放流是最根本、最直接的海洋生物资源恢复措施。在进行增殖放流时，应结合当地实际情况，充分考虑增殖水域生态系统结构和功能的稳定、投放苗种的健康状况以及对于遗传多样性的影响等多方面因素，筛选适宜的增殖放流物种。

4 海洋生态修复措施论证方法

由于海洋的连通性，典型海洋生态系统的修复存在周期长、可持续性差等问题，盲目开展生态系统的人工修复存在较大不确定性。为实现海洋生态系统的自然恢复，需首先恢复区域海洋生境及生态空间，其主要针对区域水文动力、水质、底质等生境条件开展修复工作，并通过恢复自然的岸线、岸滩及滨海湿地空间，形成适宜不同生态系统栖息的海洋生境条件，由此，目前海洋生态修复工程多以岸线岸滩及滨海湿地的修复与恢复为主。

不同区域的海洋动力及环境条件差异较大，岸线及湿地修复措施的差异性带来的生态改善效果各异，在开展生态修复工程之前，需对具体生态修复技术进行充分论证。一方面是保证生态修复技术的科学有效；另一方面是通过技术论证减少人为工程量，在保障修复效果的前提下，降低人工措施对现有生态系统的干扰。生态修复的措施论证主要包括：修复前后的水动力改善情况评估、修复后防灾减灾能效的提升情况评估以及修复后的岸线岸滩稳定性评估。

4.1 水动力改善评价数值方法

水动力改善评价主要利用数学模型模拟水文修复措施实施前后的潮流场变化，计算工程前后涨急、落急时刻的最大流速变化以及对应的流向变化，分析大潮及小潮期间涨潮和落潮平均流速变化，得到修复前后的流速均值变化范围，即水动力改善区域。数值模型包括二维模型和三维模型，在有显著垂向流速的区域，宜采用三维数值模型。在水动力模型的基础上可耦合物质输运模型及泥沙输移模型，分析工程前后海湾水交换过程及泥沙冲淤变化情况，优化修复措施设计。

4.1.1 水动力模型

1）二维控制方程

模型基于二维平面不可压缩雷诺（Reynolds）平均纳维－斯托克斯（Navier-Stokes）浅水方程建立，对水平动量方程和连续方程在 $h = \eta + d$ 范围内进行积分后可得到下列二维深度平均浅水方程。

连续方程：

$$\frac{\partial h}{\partial t} + \frac{\partial h\bar{u}}{\partial x} + \frac{\partial h\bar{v}}{\partial y} = hq \tag{4-1}$$

动量方程：

$$\frac{\partial h\bar{u}}{\partial t} + \frac{\partial h\bar{u}^2}{\partial x} + \frac{\partial h\bar{v}\bar{u}}{\partial y} = f\bar{v}h - gh\frac{\partial \eta}{\partial x} - \frac{h}{\rho_0}\frac{\partial p_a}{\partial x} - \frac{gh^2}{2\rho_0}\frac{\partial \rho}{\partial x} + \frac{\tau_{sx}}{\rho_0} - \frac{\tau_{bx}}{\rho_0} -$$
$$\frac{1}{\rho_0}\left(\frac{\partial s_{xx}}{\partial x} + \frac{\partial s_{xy}}{\partial y}\right) + \frac{\partial}{\partial x}(hT_{xx}) + \frac{\partial}{\partial y}(hT_{xy}) + hu_q q \tag{4-2}$$

$$\frac{\partial h\bar{v}}{\partial t} + \frac{\partial h\bar{v}\bar{u}}{\partial x} + \frac{\partial h\bar{v}^2}{\partial y} = f\bar{u}h - gh\frac{\partial \eta}{\partial y} - \frac{h}{\rho_0}\frac{\partial p_a}{\partial y} - \frac{gh^2}{2\rho_0}\frac{\partial \rho}{\partial y} + \frac{\tau_{sy}}{\rho_0} - \frac{\tau_{by}}{\rho_0} -$$
$$\frac{1}{\rho_0}\left(\frac{\partial s_{yx}}{\partial x} + \frac{\partial s_{yy}}{\partial y}\right) + \frac{\partial}{\partial x}(hT_{xy}) + \frac{\partial}{\partial y}(hT_{yy}) + hv_q q \tag{4-3}$$

式中，η 为潮位；d 为静水深；$h = \eta + d$ 为总水深；$f = 2\Omega\sin\varphi$ 为柯氏参数，其中，Ω 为地转角速度，φ 为地理纬度；g 为重力加速度；ρ 为水体密度；ρ_0 为参考水体密度；p_a 为大气压强；q 为点源流量；(u_q, v_q) 为点源流速；$(s_{xx}, s_{xy}, s_{yx}, s_{yy})$ 为辐射应力项；$(\tau_{sx}, \tau_{bx}, \tau_{sy}, \tau_{by})$ 为水体表层及底层切应力项。

$(\bar{u}, \bar{v})$ 为垂向平均速度表达公式：

$$h\bar{u} = \int_{-d}^{\eta} u\,\mathrm{d}z, \quad h\bar{v} = \int_{-d}^{\eta} v\,\mathrm{d}z \tag{4-4}$$

T_{ij} 为水平扩散项：

$$T_{xx} = 2A\frac{\partial \bar{u}}{\partial x}, \quad T_{xy} = A\left(\frac{\partial \bar{u}}{\partial x} + \frac{\partial \bar{v}}{\partial y}\right), \quad T_{yy} = 2A\frac{\partial \bar{v}}{\partial y} \tag{4-5}$$

A 为水平黏性系数，可定义为

$$A = c_s^2 l^2 \sqrt{2S_{ij}S_{ij}}, \quad S_{ij} = \frac{1}{2}\left(\frac{\partial u_i}{\partial x_j} + \frac{\partial u_j}{\partial x_i}\right), \quad i, j = 1, 2 \tag{4-6}$$

式中，c_s 为常数；l 为特征长度。

保守物质守恒方程的二维形式为

$$\frac{\partial h\bar{C}}{\partial t} + \frac{\partial h\bar{u}\bar{C}}{\partial x} + \frac{\partial h\bar{v}\bar{C}}{\partial y} = hF_C - hk_p\bar{C} + hC_q q \qquad (4-7)$$

式中，$\bar{C}$ 为保守物质平均浓度；C_q 为源项中的保守物质浓度；k_p 为保守物质的衰减率；F_C 为保守物质水平向扩散项：

$$F_C = \left[\frac{\partial}{\partial x}\left(D_h\frac{\partial}{\partial x}\right) + \frac{\partial}{\partial y}\left(D_h\frac{\partial}{\partial y}\right)\right]\bar{C} \qquad (4-8)$$

式中，D_h 为水平项扩散系数。

二维泥沙输运方程：

$$\frac{\partial(h\bar{S})}{\partial t} + \frac{\partial(h\bar{u}\bar{S})}{\partial x} + \frac{\partial(h\bar{v}\bar{S})}{\partial y} = \varepsilon_S\frac{\partial^2(h\bar{S})}{\partial x^2} + \varepsilon_S\frac{\partial^2(h\bar{S})}{\partial y^2} - \alpha\omega_S(\bar{S} - S_*) \qquad (4-9)$$

底床冲淤变化方程：

$$\gamma_S\frac{\partial z_0}{\partial t} + \frac{\partial g_{bx}}{\partial x} + \frac{\partial g_{by}}{\partial y} = \alpha\omega_S(\bar{S} - S_*) \qquad (4-10)$$

淤泥质海岸水体的携沙力公式：

$$S_* = \alpha\gamma\frac{(u_c + \beta'u_w)^2}{gh} \qquad (4-11)$$

推移质输沙率公式：

$$g_{bx} = \frac{\bar{u}g_b}{\sqrt{\bar{u}^2 + \bar{v}^2}}, \quad g_{by} = \frac{\bar{v}g_b}{\sqrt{\bar{u}^2 + \bar{v}^2}} \qquad (4-12)$$

式中，$\bar{S}$ 为悬沙平均浓度；ε_S 为泥沙紊动扩散系数；g_b 为推移质单宽输沙率；γ 为水体重度；u_c 为水流速度；u_w 为波浪近底最大水平速度；γ_S 为泥沙干容重；ω_S 为泥沙沉降速率；z_0 为底床高程；α 为沉降概率；β' 为系数。

2）三维控制方程

$$\frac{\partial u}{\partial x} + \frac{\partial v}{\partial y} + \frac{\partial w}{\partial z} = q \qquad (4-13)$$

$$\frac{\partial u}{\partial t} + \frac{\partial u^2}{\partial x} + \frac{\partial vu}{\partial y} + \frac{\partial wu}{\partial z} = fv - g\frac{\partial\eta}{\partial x} - \frac{1}{\rho_0}\frac{\partial p_a}{\partial x} - \frac{g}{\rho_0}\int_z^\eta\frac{\partial\rho}{\partial x}\mathrm{d}z -$$
$$\frac{1}{\rho_0}\left(\frac{\partial s_{xx}}{\partial x} + \frac{\partial s_{xy}}{\partial y}\right) + F_u + \frac{\partial}{\partial z}\left(\nu_t\frac{\partial u}{\partial z}\right) + u_q q \qquad (4-14)$$

$$\frac{\partial v}{\partial t} + \frac{\partial v^2}{\partial x} + \frac{\partial uv}{\partial y} + \frac{\partial wv}{\partial z} = -fu - g\frac{\partial\eta}{\partial y} - \frac{1}{\rho_0}\frac{\partial p_a}{\partial y} - \frac{g}{\rho_0}\int_z^\eta\frac{\partial\rho}{\partial y}\mathrm{d}z -$$
$$\frac{1}{\rho_0}\left(\frac{\partial s_{yx}}{\partial x} + \frac{\partial s_{yy}}{\partial y}\right) + F_v + \frac{\partial}{\partial z}\left(\nu_t\frac{\partial v}{\partial z}\right) + v_q q \qquad (4-15)$$

式中，$(u，v，w)$ 分别为$(x，y，z)$ 三个方向上的速度；ν_t 为垂向紊动系数；$(F_u，F_v)$ 为水平应力项：

$$F_u = \frac{\partial}{\partial x}\left(2A\frac{\partial u}{\partial x}\right) + \frac{\partial}{\partial y}\left(A\left(\frac{\partial u}{\partial y} + \frac{\partial v}{\partial x}\right)\right)$$

$$F_v = \frac{\partial}{\partial x}\left(A\left(\frac{\partial u}{\partial y} + \frac{\partial v}{\partial x}\right)\right) + \frac{\partial}{\partial y}\left(2A\frac{\partial v}{\partial x}\right) \tag{4-16}$$

垂向紊动系数 ν_t 采用 $k\text{-}\varepsilon$ 湍流模型计算，可定义为

$$\nu_t = c_\mu \frac{k^2}{\varepsilon} \tag{4-17}$$

式中，k 为湍流动能；ε 为湍流耗散；c_μ 为经验系数。湍流闭合方程如下：

$$\frac{\partial k}{\partial t} + \frac{\partial uk}{\partial x} + \frac{\partial vk}{\partial y} + \frac{\partial wk}{\partial z} = F_k + \frac{\partial}{\partial z}\left(\frac{\nu_t}{\sigma_k}\frac{\partial k}{\partial z}\right) + P + B - \varepsilon \tag{4-18}$$

$$\frac{\partial \varepsilon}{\partial t} + \frac{\partial u\varepsilon}{\partial x} + \frac{\partial v\varepsilon}{\partial y} + \frac{\partial w\varepsilon}{\partial z} = F_\varepsilon + \frac{\partial}{\partial z}\left(\frac{\nu_t}{\sigma_\varepsilon}\frac{\partial \varepsilon}{\partial z}\right) + \frac{\varepsilon}{k}(c_{1\varepsilon}P + c_{3\varepsilon}B - c_{2\varepsilon}\varepsilon) \tag{4-19}$$

式中，σ_k、σ_ε、$c_{1\varepsilon}$、$c_{2\varepsilon}$、$c_{3\varepsilon}$ 为经验常数；P、B 分别为剪切力及浮力影响项；$(F_k，F_\varepsilon)$ 为水平扩散项：

$$P = \frac{\tau_{xz}}{\rho_0}\frac{\partial u}{\partial z} + \frac{\tau_{yz}}{\rho_0}\frac{\partial v}{\partial z} \approx \nu_t\left(\left(\frac{\partial u}{\partial z}\right)^2 + \left(\frac{\partial v}{\partial z}\right)^2\right) \tag{4-20}$$

$$B = -\frac{\nu_t}{\sigma_t}N^2，\ N^2 = -\frac{g}{\rho_0}\frac{\partial \rho}{\partial z} \tag{4-21}$$

$$(F_k，F_\varepsilon) = \left[\frac{\partial}{\partial x}\left(D_h\frac{\partial}{\partial x}\right) + \frac{\partial}{\partial y}\left(D_h\frac{\partial}{\partial y}\right)\right](k，\varepsilon)，\ D_h = (A/\sigma_k，A/\sigma_\varepsilon) \tag{4-22}$$

水体表面及底部满足以下条件：

$$\frac{\partial \eta}{\partial t} + u\frac{\partial \eta}{\partial x} + v\frac{\partial \eta}{\partial y} - w = 0，\ \left(\frac{\partial u}{\partial z}，\frac{\partial v}{\partial z}\right) = \frac{1}{\rho_0\nu_t}(\tau_{sx}，\tau_{sy})，\ z = \eta \tag{4-23}$$

$$u\frac{\partial d}{\partial x} + v\frac{\partial d}{\partial y} + w = 0，\ \left(\frac{\partial u}{\partial z}，\frac{\partial v}{\partial z}\right) = \frac{1}{\rho_0\nu_t}(\tau_{bx}，\tau_{by})，\ z = d \tag{4-24}$$

式中，$(\tau_{sx}，\tau_{sy})$、$(\tau_{bx}，\tau_{by})$ 分别代表表层风切应力以及水体底部切应力。

保守物质守恒方程：

$$\frac{\partial C}{\partial x} + \frac{\partial uC}{\partial y} + \frac{\partial vC}{\partial y} + \frac{\partial wC}{\partial z} = F_C + \frac{\partial}{\partial z}\left(D_z\frac{\partial C}{\partial z}\right) - k_pC + C_qq \tag{4-25}$$

式中，C 为保守物质浓度；k_p 为保守物质的衰减率；C_q 为源项中的保守物质浓度；D_z 为垂向扩散系数；F_C 为水平向扩散项。

三维泥沙输移方程：

$$\frac{\partial (hS)}{\partial t} + \frac{\partial (uS)}{\partial x} + \frac{\partial (vS)}{\partial y} + \frac{\partial (wS)}{\partial z} - \frac{\partial (\omega S)}{\partial z} =$$

$$\frac{\partial}{\partial x}\left(\varepsilon_S \frac{\partial S}{\partial x}\right) + \frac{\partial}{\partial y}\left(\varepsilon_S \frac{\partial S}{\partial y}\right) + \frac{\partial}{\partial z}\left(\varepsilon_S \frac{\partial S}{\partial z}\right) - \alpha \omega_S (S - S_*)$$

$$(4-26)$$

底床变形方程：

$$\gamma_S \frac{\partial z_0}{\partial t} + \frac{\partial g_{bx}}{\partial x} + \frac{\partial g_{by}}{\partial y} = \alpha \omega_S (S_b - S_{*b}) \qquad (4-27)$$

式中，S_b 和 S_{*b} 为床面近底层含沙量和水体挟沙能力。

考虑 σ 坐标系时，坐标之间的转换关系可描述为

$$\sigma = \frac{z - z_b}{h}, \quad x' = x, \quad y' = y \qquad (4-28)$$

$$\frac{\partial}{\partial z} = \frac{1}{h}\frac{\partial}{\partial \sigma} \qquad (4-29)$$

$$\left(\frac{\partial}{\partial x}, \frac{\partial}{\partial y}\right) = \left\{ \frac{\partial}{\partial x'} - \frac{1}{h}\left(-\frac{\partial d}{\partial x} + \sigma \frac{\partial h}{\partial x}\right)\frac{\partial}{\partial \sigma}, \quad \frac{\partial}{\partial y'} - \frac{1}{h}\left(-\frac{\partial d}{\partial y} + \sigma \frac{\partial h}{\partial y}\right)\frac{\partial}{\partial \sigma} \right\}$$

$$(4-30)$$

σ 坐标系下的三维模型控制方程：

$$\frac{\partial h}{\partial t} + \frac{\partial hu}{\partial x'} + \frac{\partial hv}{\partial y'} + \frac{\partial h\omega}{\partial \sigma} = hq \qquad (4-31)$$

$$\frac{\partial hu}{\partial t} + \frac{\partial hu^2}{\partial x'} + \frac{\partial hvu}{\partial y'} + \frac{\partial hwu}{\partial \sigma} = fvh - gh\frac{\partial \eta}{\partial x'} - \frac{h}{\rho_0}\frac{\partial p_a}{\partial x'} - \frac{hg}{\rho_0}\int_z^\eta \frac{\partial \rho}{\partial x'}\mathrm{d}z -$$

$$\frac{h}{\rho_0}\left(\frac{\partial s_{xx}}{\partial x'} + \frac{\partial s_{xy}}{\partial y'}\right) + hF_u + \frac{\partial}{\partial \sigma}\left(\frac{\nu_t}{h}\frac{\partial u}{\partial \sigma}\right) + hu_q q$$

$$(4-32)$$

$$\frac{\partial hv}{\partial t} + \frac{\partial huv}{\partial x'} + \frac{\partial hv^2}{\partial y'} + \frac{\partial h\omega v}{\partial \sigma} = fuh - gh\frac{\partial \eta}{\partial y'} - \frac{h}{\rho_0}\frac{\partial p_a}{\partial y'} - \frac{hg}{\rho_0}\int_z^\eta \frac{\partial \rho}{\partial y'}\mathrm{d}z -$$

$$\frac{h}{\rho_0}\left(\frac{\partial s_{yx}}{\partial x'} + \frac{\partial s_{yy}}{\partial y'}\right) + hF_v + \frac{\partial}{\partial \sigma}\left(\frac{\nu_t}{h}\frac{\partial v}{\partial \sigma}\right) + hv_q q$$

$$(4-33)$$

$$\omega = \frac{1}{h}\left[w + u\frac{\partial d}{\partial x'} + v\frac{\partial d}{\partial y'} - \sigma\left(\frac{\partial h}{\partial t} + u\frac{\partial h}{\partial x'} + v\frac{\partial h}{\partial y'}\right)\right] \qquad (4-34)$$

σ 坐标系下表层及底部满足以下条件：

$$\omega = 0, \quad \left(\frac{\partial u}{\partial \sigma}, \frac{\partial v}{\partial \sigma}\right) = \frac{h}{\rho_0 \nu_t}(\tau_{sx}, \tau_{sy}), \quad \sigma = 1 \qquad (4-35)$$

$$\omega = 0, \quad \left(\frac{\partial u}{\partial \sigma}, \frac{\partial v}{\partial \sigma}\right) = \frac{h}{\rho_0 \nu_t}(\tau_{bx}, \tau_{by}), \quad \sigma = 0 \qquad (4-36)$$

4.1.2 模型边界条件

1)底部切应力

$$\frac{\vec{\tau}_b}{\rho_0} = c_f \vec{u}_b |\vec{u}_b| \qquad (4-37)$$

式中，c_f 为拖曳力系数；$\vec{u}_b = (u_b, v_b)$ 为近底流速，得到底部摩阻流速

$$U_{\tau b} = \sqrt{c_f |u_b|^2} \qquad (4-38)$$

对于二维模型来说，$\vec{u}_b$ 为平均流速，拖曳力系数由谢才系数 C 或曼宁系数计算得到：

$$c_f = \frac{g}{C^2}, \quad c_f = \frac{g}{(Mh^{1/6})^2} \qquad (4-39)$$

对于三维模型来说，$\vec{u}_b$ 为近底一定高度 Δz_b 处的流速，拖曳力系数根据底床粗糙度 z_0 计算

$$c_f = \frac{1}{\left[\frac{1}{\kappa}\left(\frac{\Delta z_b}{z_0}\right)\right]^2} \qquad (4-40)$$

式中，$\kappa = 0.4$，底床粗糙度 z_0 由粗糙高度 k_s 计算，$z_0 = mk_s$，其中 $m \approx 1/30$，曼宁系数也可由粗糙高度计算

$$M = \frac{25.4}{k_s^{1/6}} \qquad (4-41)$$

2)表层切应力

$$\vec{\tau}_s = \rho_a c_d |u_w| \vec{u}_w \qquad (4-42)$$

式中，ρ_a 为空气密度；c_d 为空气拖曳力系数；$\vec{u}_w = (u_w, v_w)$ 为海面 10 m 高度处风速，得到表层摩阻流速

$$U_{\tau s} = \sqrt{\frac{\rho_a c_d |\vec{u}_w|^2}{\rho_0}} \qquad (4-43)$$

拖曳力系数 c_d 可根据经验公式计算得到

$$c_d = \begin{cases} c_a, & w_{10} < w_a \\ c_a + \dfrac{c_b - c_a}{w_b - w_a}, & w_a \leqslant w_{10} < w_b \\ c_b, & w_{10} \geqslant w_b \end{cases} \qquad (4-44)$$

式中，c_a，c_b，w_a 和 w_b 为经验参数，可分别取 1.255×10^{-3}、2.425×10^{-3}、$7~\text{m/s}$ 和 $25~\text{m/s}$。

3）开边界条件

数值计算模型边界采用潮位控制，考虑 Q_1、P_1、O_1、K_1、N_2、M_2、S_2、K_2、Sa 等 9 个主要分潮：

$$\eta = \sum_{i=1}^{n} f_i h_i \cos(\sigma_i t + v_{0i} + u_i - g_i), \qquad n = 9 \qquad (4-45)$$

式中，η 为潮位；h_i、g_i 为第 i 个分潮的调和常数；σ_i 为分潮的角速度；t 为时间；f_i 为分潮的交点因子；v_{0i} 为分潮的天文初位相；u_i 为分潮的交点订正角。

4）计算步长

模型计算时间步长根据 CFL 条件进行动态调整，确保模型计算稳定进行，底床糙率通过曼宁系数进行控制。

4.2 防灾减灾效果评价方法

防灾减灾效果评价主要利用数模和物模分析岸滩、植被以及防护构筑物等对近岸波浪的消减作用，数值模拟方法包括大范围波浪数值模型，主要分析外海波浪传至近岸后的波高变化；近岸波浪数值模型，主要分析近岸波浪受地形及构筑物等影响，发生的浅化、折射、绕射及反射等演变过程，波浪物模实验主要分析护岸前沿消浪块体的作用，分析堤前的块体稳定性、波浪破碎、爬高过程以及堤后的越浪过程。

4.2.1 大范围波浪数值模型

大范围波浪主要基于波能守恒原理，基于波作用守恒方程，采用波作用密度谱 $N(\sigma, \theta)$ 来描述波浪，自变量为相对波频率 σ 和波向 θ。波作用密度谱与波能谱密度 $E(\sigma, \theta)$ 的关系为

$$N(\sigma, \theta) = E(\sigma, \theta) / \sigma \qquad (4-46)$$

式中，σ 为相对角频率；θ 为波向。

对于波浪在缓坡和潮流区域的传播，相对角频率 σ 和绝对角频率 ω 的线性耗散关系如下：

$$\sigma = \sqrt{gk\tanh(kd)} = \omega - \vec{k} \cdot \vec{U} \tag{4-47}$$

式中，g 为重力加速度；d 为水深；$\vec{U}$ 为流速矢量。

在笛卡尔坐标系下，波作用守恒方程表示为

$$\frac{\partial N}{\partial t} + \nabla \cdot (\vec{C}_g N) = \frac{S}{\sigma} \tag{4-48}$$

式中，$\vec{C}_g$ 指波群速度，$\vec{C}_g = (c_x, c_y, c_\sigma, c_\theta)$，$(c_x, c_y)$ 分别表示波作用在地理空间 (x, y) 中传播时的变化，c_σ 表示由于水深和水流变化造成的相对频率的变化，c_θ 表示由水深和水流引起的波浪折射过程。

式中波浪传播速度均采用线性波理论计算：

$$c_x = \frac{\mathrm{d}x}{\mathrm{d}t} = \frac{1}{2}\left[1 + \frac{2kh}{\sinh(2kh)}\right]\frac{\sigma k_x}{k^2} + U_x \tag{4-49}$$

$$c_y = \frac{\mathrm{d}y}{\mathrm{d}t} = \frac{1}{2}\left[1 + \frac{2kh}{\sinh(2kh)}\right]\frac{\sigma k_y}{k^2} + U_y \tag{4-50}$$

$$c_\sigma = \frac{\mathrm{d}\sigma}{\mathrm{d}t} = \frac{\partial \sigma}{\partial h}\left(\frac{\partial h}{\partial t} + \vec{U} \cdot \nabla h\right) - c_g \vec{k} \cdot \frac{\partial \vec{U}}{\partial s} \tag{4-51}$$

$$c_\theta = \frac{\mathrm{d}\sigma}{\mathrm{d}t} = \frac{1}{k}\left(\frac{\partial \sigma}{\partial h}\frac{\partial h}{\partial m} + \vec{k} \cdot \frac{\partial \vec{U}}{\partial m}\right) \tag{4-52}$$

式中，$\vec{U} = (U_x, U_y)$；$\vec{k} = (k_x, k_y)$ 为波数；s 为 θ 方向空间坐标；m 为垂直于 s 的坐标。

波源项 S 指能量平衡方程中以谱密度表示的函数：

$$S = S_\text{in} + S_\text{nl} + S_\text{ds} + S_\text{bot} + S_\text{surf} \tag{4-53}$$

式中，S_in 指风输入的能量；S_nl 指波与波之间的非线性作用引起的能量耗散；S_ds 指有白帽引起的能量耗散；S_bot 指由底摩组引起的能量耗散；S_surf 指由于水深变化引起的波浪破碎产生的能量耗散。

4.2.2　近岸波浪数值模型

近岸波浪传播模型采用 Boussinesq 数学模型，其基本方程为沿水深积分的平面二维短波方程。由于水深积分过程中的假定不同，积分方法的差异，得到不同的水深积分平面二维短波方程如下：

$$S_t + P_x + Q_y = 0 \tag{4-54}$$

$$P_t + \left(\frac{P^2}{d}\right)_x + \left(\frac{PQ}{d}\right)_y + g\mathrm{d}S_x + \psi_1 = 0 \qquad (4-55)$$

$$Q_t + \left(\frac{Q^2}{d}\right)_y + \left(\frac{PQ}{d}\right)_x + g\mathrm{d}S_y + \psi_2 = 0 \qquad (4-56)$$

其中：

$$\psi_1 = -\left(B + \frac{1}{3}\right)h^2(P_{xxt} + Q_{xyt}) - Bgh^3(S_{xxx} + S_{xyy}) - \qquad (4-57)$$

$$hh_x\left(\frac{1}{3}P_{xt} + \frac{1}{6}Q_{yt} + 2BghS_{xx} + BghS_{yy}\right) - hh_y\left(\frac{1}{6}Q_{xt} + BghS_{xy}\right) \qquad (4-58)$$

$$\psi_2 = -\left(B + \frac{1}{3}\right)h^2(Q_{yyt} + P_{xyt}) - Bgh^3(S_{yyy} + S_{xxy}) - \qquad (4-59)$$

$$hh_x\left(\frac{1}{3}Q_{yt} + \frac{1}{6}P_{xt} + 2BghS_{yy} + BghS_{xx}\right) - hh_x\left(\frac{1}{6}P_{yt} + BghS_{xy}\right) \qquad (4-60)$$

式中，P、Q 为 x、y 方向流速沿水深的积分；h 为静水深；S 为波面高度；d 为总水深，$d=h+S$；B 为深水修正系数，可取为 $1/15$。

波浪数学模型中，前后边界都要进行消波处理，以免出现边界的多次反射，影响模拟的精度，在波浪数学模型的应用过程中，不少学者对消波边界的处理进行了深入的研究，在消波边界区域，基本方程引入消波参数 r、μ，其方程表达为

$$S_t + rP_x + rQ_y = -\frac{1 - \mu^{-2}}{\Delta t}S \qquad (4-61)$$

$$P_t + \left(\frac{P^2}{h}\right)_x + \left(\frac{PQ}{h}\right)_y + rg\mathrm{d}S_x + \psi_1 + g\frac{P\sqrt{P^2 + Q^2}}{C^2 h^2} = -\frac{1 - \mu^{-2}}{\Delta t}P \qquad (4-62)$$

$$Q_t + \left(\frac{Q^2}{h}\right)_y + \left(\frac{PQ}{d}\right)_x + rg\mathrm{d}S_y + \psi_2 + g\frac{Q\sqrt{P^2 + Q^2}}{C^2 h^2} = -\frac{1 - \mu^{-2}}{\Delta t}Q \qquad (4-63)$$

其中，

$$\mu(x) = \begin{cases} \exp\left[(2^{-x/\Delta t} - 2^{-x_s/\Delta x})\ln a\right], & 0 < x \leqslant x_s \\ 1, & x_s < x \end{cases} \qquad (4-64)$$

$$r(x) = 0.5(1 + 1/\mu^2) \qquad (4-65)$$

式中，x_s 为空隙率消波层厚度；其中 a 的取值与 x_s 和 Δx 的比值有关。

4.2.3　护岸波浪物模实验

物理模型实验是通过实验室模拟真实物理过程的方法，将实际的地形及构筑物的缩小模型置于实验体(如水槽、水池等)内，在满足基本相似条件(包括几何、重力、运

动、动力等条件相似)的基础上，模拟真实过程的主要特征，如波浪传播、破碎过程、潮流及泥沙冲淤变化规律以及构筑物的稳定性等。相较于数值方法，物模实验可以很好地刻画局部及微观的水动力条件，适宜于复杂地形、构筑物与水动力相互耦合过程的模拟，选取恰当的相似参数是实现物理模拟的关键。

4.2.3.1 模型设计

护岸(生态海堤)物模试验一般在波浪水槽进行(以珍珠湾生态修复项目中的生态海堤断面实验为例)，实验水槽长 50 m，宽 3 m，深 1 m，最大工作水深 0.7 m，水槽两端有消浪设施。水槽配备电机驱动不规则波造波机系统，可模拟规则波、椭圆余弦波以及目前国内外常用的七种不规则波波谱(图 4-1)。

波高及周期测量采用浪高仪系统，该系统可同步测量多点波面过程并进行数据分析，其量程在 50 cm 以内，误差小于 0.1%，波高分辨精度为±0.1 mm。传感器使用前均进行现场标定，标定线性相关系数大于 0.999 9，传感器静、动态性能稳定。

在模型设计中，综合考虑试验水槽尺寸及生态海堤尺度、波浪及试验仪器设备精度情况，采用正态比尺进行模型设计，断面模型试验的长度比尺(λ_l)和垂向比尺(λ_D)定为 $\lambda_l = \lambda_D = 17.5$，采用重力相似准则设计试验模型，则

时间比尺：$\lambda_t = \lambda_l^{1/2} = 4.18$

重量比尺：$\lambda_G = \lambda_l^3 = 5\ 359$

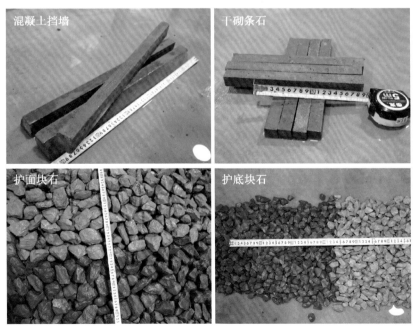

图 4-1　生态海堤断面各构件模型

根据《波浪模型试验规程》(JTJ/T 234—2001)中的要求,建筑物与造波机间的距离应大于 6 倍平均波长,试验中斜坡堤断面模型距离造波板约 28 m。考虑到水深条件限制,模型处不能产生要求的波浪要素,根据断面所在的实际海域位置处的水深变化情况,将整体模型提高了 15 cm。在断面的护底处开始设置一斜坡,实现水深的过渡。《波浪模型试验规程》中要求此坡度不能陡于 1∶15,本试验取 1∶20。图 4-2 为生态海堤方案在水槽中的布置。

图 4-2 生态海堤方案二试验布置图

4.2.3.2 波浪条件

根据规范要求,试验采用不规则波进行,按照《港口与航道水文规范》(JTS 145—2015),由上述原始波浪要素,将给定波浪的波高、周期换算成有效波高 $H_{1/3}$ 和有效波周期 $T_{1/3}$,确定试验波浪要素。

不规则波频谱采用合田改进的 JONSWAP 谱,即

$$S(f) = \beta_J H_{1/3}^2 T_{1/3}^{-4} f^{-5} \exp\left[-1.25\left(T_p f\right)^{-4}\right] \cdot \gamma^{\exp\left[-\left(T_p f - 1\right)^2/2\sigma^2\right]} \tag{4-66}$$

$$\beta_J \approx \frac{0.062\ 38}{0.230 + 0.033\ 6\gamma - 0.185\ (1.9 + \gamma)^{-1}} \times \left[1.094 - 0.019\ 15\ln\gamma\right] \tag{4-67}$$

$$T_p \approx \frac{T_{H1/3}}{1.0 - 0.132\ (\gamma + 0.2)^{-0.559}} \tag{4-68}$$

$$\sigma = \begin{cases} 0.07, & f \leqslant f_p \\ 0.09, & f > f_p \end{cases} \tag{4-69}$$

式中，$H_{1/3}$ 为有效波高；T_p 为谱峰周期；f_p 为谱峰频率；谱峰参数 γ 取 3.3。图 4-3 为造波机模拟波浪谱与理论谱的对比，满足试验精度要求。

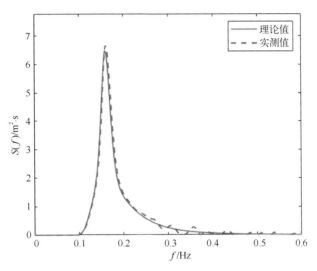

图 4-3　波浪模拟频谱与理论频谱的比较示意图

4.2.3.3　试验方法

生态海堤断面模型试验按下述步骤进行。

(1)在水槽中修筑平台，平台顶端为凑波位置。根据数值模型推算的波浪要素，在水槽中率定所需波浪，使得波浪控制参数(波高和周期)的误差均控制在5%以内，同时频谱亦满足要求，从而确定产生所需波浪的造波机信号。

(2)在水槽中按照设计的生态海堤断面在水槽中修筑模型，严格按照尺寸修筑断面模型以符合规范标准误差范围。在水槽外架设摄像机，对试验全程进行录像。

(3)按造波机信号产生波浪，首先进行稳定性试验，适当减小波高，从小波做起，以便断面达到稳定状态，然后逐渐增大波高。试验过程中同时观察护面块石、护底块石和干砌条石等部位的稳定状况并记录，然后按照《波浪模型试验规程》进行稳定性判别和失稳率计算。

(4)越浪量通过集水槽在断面模型上直接量取，称重并转化为体积，然后按比尺关系换算成原型单宽越浪量。

(5)每次试验至少重复3次，保证试验结果的精度。

4.3　岸线稳定性评价数值方法

岸线稳定性评价主要分析砂质岸线修复后岸滩演变过程，根据修复区域地形地貌及岸线形态，可采用一线模型及二维模型计算，其中一线模型主要适用于岸滩平直、地形变化均一、沿岸输沙连续的海域，其得到滩肩前沿线的淤涨及蚀退过程；二维模型主要适用于岸线、地形相对复杂，近岸存在挡沙堤等构筑物的复杂海域，其得到的是整体岸滩地形的淤积和侵蚀过程，模拟的精度高于一线模型，但计算量相对较大。

4.3.1　一线模型

一线模型假设岸线的演变由沿岸输沙控制，岸线的位置可由一条线（岸线或者等深线）替代。一线模型的建立主要包括两个部分，一是波浪模块，二是输沙模块，其中波浪模块用于计算水动力因素，输沙模块用来计算沿岸输沙率和海岸线的演化过程。

1）平衡剖面

海滩平衡剖面是一线模型中比较重要的概念，最初由 Dean 分析美国大西洋海岸和墨西哥湾海岸的 500 多个实测海滩剖面形状分析得出，并用来解决工程实际中的各种问题，平衡剖面的形状为

$$h = Ay^{2/3} \qquad\qquad (4-70)$$

式中，h 为水深；y 为距岸线的距离；A 为海滩形状参数。

2）沿岸输沙守恒方程

假定岸滩保持平衡剖面形态，并且泥沙运动限制在滩肩高度和闭合水深范围之内，则根据泥沙总量守恒可推得泥沙输运守恒方程为

$$\frac{\partial y}{\partial t} + \frac{1}{D_B + D_C}\left(\frac{\partial Q}{\partial x} - q\right) = 0 \qquad\qquad (4-71)$$

式中，y 为岸线位置（m）；x 为沿岸方向坐标（m）；t 为时间（s）；D_B 和 D_C 分别为滩肩高度（m）和闭合水深（m）；Q 为沿岸输沙率（m³/s）；q 为泥沙源（或汇）项[m³/(m·s)]，其可代表河流入海泥沙量或者背景离（向）岸泥沙量，根据具体情况而定。

3）沿岸输沙率计算

Q 的计算是模型中至关重要的环节之一，目前，普遍采用 CERC 公式进行计算：

$$Q = (H^2 C_g)_b \left(a_1 \sin 2\theta_{bs} - a_2 \cos\theta_b \cdot \frac{\partial H_b}{\partial x} \right) \qquad (4-72)$$

式中，H 为波高；C_g 为由线性波理论计算得到的波浪群速度；θ_{bs} 为破波角同当地岸线角度间的差值。下标 b 表示对应波浪破碎点处的变量值。a_1 和 a_2 为系数，分别由下式给出：

$$a_1 = \frac{K_1}{16(s-1)(1-p)} \qquad (4-73)$$

$$a_2 = \frac{K_2}{8(s-1)(1-p)\tan\beta} \qquad (4-74)$$

式中，$s = \rho_s/\rho$ 为泥沙密度和水密度的比值（比重）；p 为泥沙孔隙率；K_1 和 K_2 为两个自由参数，为模型调试参数。本模型中，$\rho_s = 2\,650 \text{ kg/m}^3$，$\rho = 1\,000 \text{ kg/m}^3$，$p = 0.4$，$\tan\beta$ 为海岸平均坡度，从岸线计算至发生沿岸输沙的最大水深处，其可依据下式计算：

$$\tan\beta = \left(\frac{A^3}{D_{LTo}} \right)^{0.5} \qquad (4-75)$$

$$D_{LTo} = \left(2.3 - 10.9 \frac{H_0}{L_0} \right) H_0 \qquad (4-76)$$

式中，H_0，L_0 为深水波高和波长；D_{LTo} 定义为沿岸输沙发生的最大水深。沿岸输沙率由两项构成，第一项由当地岸线角度控制，第二项则考虑破碎波高在沿岸方向分布不均引起的沿岸输沙，当模拟区域较小且较为开阔时，可不考虑第二项贡献。

4）离-向岸输沙率计算

对于沿岸输沙率中离-向岸方向的泥沙的计算，目前为止没有统一的计算公式，多由经验或者根据所考虑岸线区域的情况决定，若不考虑离-向岸方向的泥沙输运很可能导致预报结果的不准确，模型通过两种方式进行考虑。

方法一：

$$q = \begin{cases} \dfrac{\alpha}{1-\alpha} \dfrac{\partial Q}{\partial x}, & \dfrac{\partial Q}{\partial x} > 0 \\ 0, & \dfrac{\partial Q}{\partial x} \le 0 \end{cases} \qquad (4-77)$$

式中，α 为参数，取值范围(0，1)。上式将离-向岸输沙率同沿岸输沙联系起来，即在某一计算单元内，若离开该单元的泥沙量小于进入该单元的泥沙量则发生离-向岸泥沙运动（处于侵蚀状态），则考虑离岸方向泥沙损失。

第二种方法则假定：

$$q = q_0 f(x) \qquad (4-78)$$

式中，q_0 为离-向岸泥沙量幅值，为常数。该式表明离-向岸泥沙量仅为沿岸距离的函数。实际上，上述两种方式是等价的，这是由于沿岸输沙率和横向输沙率单位不一致所致[前者单位为 m^3/s，后者单位为 $m^3/(m \cdot s)$]。第二种方式中函数 $f(x)$ 针对不同岸线，有不同取法，多按照经验进行，无法在程序中统一实现，而第一种方式不考虑横向输沙率在沿岸方向的变化，易于程序实现。

4.3.2 二维模型

岸滩演变二维模型一般需考虑波浪及潮流的双重影响，基于 TU Delft 和 Deltares Institute 联合开发的 Xbeach 数学模型对该类模型的控制方程进行介绍，该模型可用于模拟波浪、波生流、潮流以及海啸波和风暴潮传播过程及其引起的泥沙输运和海床演变过程。

1）流场计算

Xbeach 中采用如下形式的拉格朗日动量方程：

$$\frac{\partial u^L}{\partial t} + u^L \frac{\partial u^L}{\partial x} + v^L \frac{\partial u^L}{\partial y} - fv^L - v_h \left(\frac{\partial^2 u^L}{\partial x^2} + \frac{\partial^2 u^L}{\partial y^2} \right) = \frac{\tau_{sx}}{\rho h} - \frac{\tau_{bx}^E}{\rho h} - g \frac{\partial \eta}{\partial x} + \frac{F_x}{\rho h} - \frac{F_{v,x}}{\rho h}$$

$$\frac{\partial v^L}{\partial t} + u^L \frac{\partial v^L}{\partial x} + v^L \frac{\partial v^L}{\partial y} - fu^L - v_h \left(\frac{\partial^2 v^L}{\partial x^2} + \frac{\partial^2 v^L}{\partial y^2} \right) = \frac{\tau_{sy}}{\rho h} - \frac{\tau_{by}^E}{\rho h} - g \frac{\partial \eta}{\partial y} + \frac{F_y}{\rho h} - \frac{F_{v,y}}{\rho h}$$

$$\frac{\partial \eta}{\partial t} + \frac{\partial h u^L}{\partial x} + \frac{\partial h v^L}{\partial y} = 0$$

$$(4-79)$$

式中，τ_{sx} 和 τ_{sy} 是风剪应力；τ_{bx} 和 τ_{by} 是底床剪应力；η 是水位；F_x 和 F_y 是波浪力；$F_{v,x}$ 和 $F_{v,y}$ 是植物作用力；v_h 是水平黏度；f 是科氏力系数。注意，剪应力项是用欧拉速度计算的，而不是拉格朗日速度。u^L 为拉格朗日速度，与欧拉速度 u^E、v^E（在定点观察到的短波平均速度）有关：

$$u^L = u^E + u^S$$
$$v^L = v^E + v^S$$

$$(4-80)$$

式中，u^S 与 v^S 分别为 x 与 y 方向上的斯托克斯流，并由下式得到，式中短波波能 E_w 和方向均由波浪作用平衡得到。

$$u^S = \frac{E_w \cos\theta}{\rho h c}$$

$$(4-81)$$

$$v^S = \frac{E_w \sin\theta}{\rho h c}$$

Xbeach 采用的坐标系以及各物理量含义如图 4-4 所示。

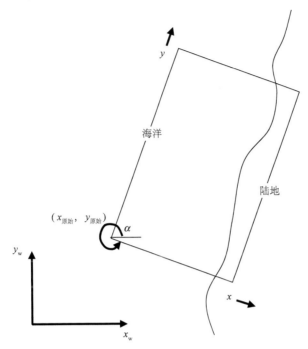

图 4-4　模型计算域坐标系统

2）波浪计算

水流动量方程中的波浪力由基于时间的波作用量平衡方程得到，其控制方程如下：

$$\frac{\partial A}{\partial t} + \frac{\partial c_{gx}A}{\partial x} + \frac{\partial c_{gy}A}{\partial y} + \frac{\partial c_{\theta}A}{\partial \theta} = -\frac{D_w + D_f + D_v}{\sigma} \qquad (4-82)$$

波作用量 A 的计算公式如下：

$$A(x, y, t, \theta) = \frac{S_w(x, y, t, \theta)}{\sigma(x, y, t)} \qquad (4-83)$$

式中，θ 代表入射波与 x 轴的夹角；S_w 代表单位方向上的波能流密度；σ 代表固有频率，且固有频率 σ 和群速度 C_g 满足色散关系；D_w，D_f 与 D_v 分别为波浪破碎、底摩擦及植被作用所对应的耗散项。固有频率由下式得到：

$$\sigma = \sqrt{gk\tanh kh} \qquad (4-84)$$

沿主要方向的波浪速度分量如下：

$$c_{gx}(x, y, t, \theta) = c_g\cos(\theta)$$

$$c_{gy}(x, y, t, \theta) = c_g\sin(\theta) \qquad (4-85)$$

$$c_{\theta}(x, y, t, \theta) = \frac{\sigma}{\sinh 2kh}\left(\frac{\partial h}{\partial x}\sin\theta - \frac{\partial h}{\partial y}\cos\theta\right)$$

式中，h 代表当地水深，k 为波数，固有频率不受波流相互作用的影响。

波浪破碎产生的耗散由下式得到：

$$D_w(x, y, t, \theta) = \frac{S_w(x, y, t, \theta)}{E_w(x, y, t)} \overline{D}_w(x, y, t) \qquad (4-86)$$

式中，$\overline{D}_w$ 由 Roelvink(1993a)公式计算得到：

$$\overline{D}_w = 2 \frac{\alpha}{T_{\text{rep}}} Q_b E_w \frac{H_{\text{rms}}}{h}$$

$$Q_b = 1 - \exp\left[-\left(\frac{H_{\text{rms}}}{H_{\text{max}}}\right)^n\right], \quad H_{\text{rms}} = \sqrt{\frac{8E_w}{\rho g}}, \quad H_{\text{max}} = \gamma \cdot (h + \delta H_{\text{rms}}) \qquad (4-87)$$

$$E_w(x, y, t) = \int_0^{2\pi} S_w(x, y, t, \theta) \mathrm{d}\theta$$

式中，α 为一阶波浪耗散系数；T_{rep} 代表波周期；E_w 则表示波能。波浪破碎部分取决于均方根波高 H_{rms} 与最大波高 H_{max}。最大波高由当地水深和波高 δH_{rms} 的和乘上破碎指数 γ 得到。计算 H_{rms} 的公式中 ρ 为海水密度，g 为重力加速度。总波能 E_w 是各方向波能的和。

尽管短波作用平衡能精确地描述波浪的行进与波能的消散，但许多事实发现波浪破碎点存在滞后现象，对于波浪增水与沿岸流的生成同样存在。这种过渡区效应是表面的水滚储存了一部分动能所造成的。在 Xbeach 中，将水滚能量平衡耦合到波浪作用与能量平衡中，而波浪能的耗散则作为水滚能量平衡的一个源项。水滚能量 E_r 的平衡方程由下式给出：

$$\frac{\partial E_r}{\partial t} + \frac{\partial E_r c \cos\theta}{\partial x} + \frac{\partial E_r c \sin\theta}{\partial y} = D_w - D_r \qquad (4-88)$$

式中，D_w 是由波浪破碎产生的能量耗散；D_r 是由于水滚产生的耗散，计算如下：

$$D_r = \frac{2g\beta_r E_r}{c} \qquad (4-89)$$

3）泥沙输运及海床演变计算

泥沙输运由水深平均的对流扩散方程描述：

$$\frac{\partial hC}{\partial t} + \frac{\partial hCu^E}{\partial x} + \frac{\partial hCv^E}{\partial y} + \frac{\partial}{\partial x}\left[D_h h \frac{\partial C}{\partial x}\right] + \frac{\partial}{\partial y}\left[D_h h \frac{\partial C}{\partial y}\right] = \frac{hC_{eq} - hC}{T_s} \qquad (4-90)$$

式中，C 为水深平均的泥沙浓度；D_h 为扩散系数；泥沙的挟带由 T_s 表示，并基于当地的水深与泥沙的沉降速度 w_s 近似得到，其中 T_s 由下式决定：

$$T_s = \max\left(f_{T_s}\frac{h}{w_s}, \ T_{s,\,\min}\right) \tag{4-91}$$

式中，f_{T_s} 是一个修正系数，泥沙的冲刷和淤积是由实际含沙量 C 与平衡含沙量 C_{eq} 有差异造成的，因此代表了泥沙输运公式中的源项。

平衡含沙量 C_{eq} 可由下式计算得到：

$$C_{eq} = \max\left\{\min\left(C_{eq,\,b}, \ \frac{1}{2}C_{\max}\right) + \min\left(C_{eq,\,s}, \ \frac{1}{2}C_{\max}\right), \ 0\right\} \tag{4-92}$$

$C_{eq,b}$ 与 $C_{eq,s}$ 分别为推移质平衡泥沙浓度与悬移质平衡泥沙浓度，计算公式如下：

$$C_{eq,\,b} = \frac{A_{sb}}{h}\left(\sqrt{v_{mg}^2 + 0.64u_{\mathrm{rms},\,2}^2} - U_{cr}\right)^{1.5}$$

$$C_{eq,\,s} = \frac{A_{ss}}{h}\left(\sqrt{v_{mg}^2 + 0.64u_{\mathrm{rms},\,2}^2} - U_{cr}\right)^{2.4} \tag{4-93}$$

式中推移质和悬移质系数由下式得到：

$$A_{sb} = 0.015h\frac{(D_{50}/h)^{1.2}}{(\Delta gD_{50})^{0.75}}, \ A_{ss} = 0.012D_{50}\frac{D_*^{-0.6}}{(\Delta gD_{50})^{1.2}} \tag{4-94}$$

无因次泥沙粒径定义为 $D_* = \left(\dfrac{\Delta g}{\nu^2}\right)^{1/3}D_{50}$；泥沙起动临界速度 U_{cr} 则有单独波流条件下的临界速度加权计算得到，单独波浪条件下的临界速度 U_{crw} 与单纯流条件下的临界速度 U_{crc} 定义为

$$U_{cr} = \beta U_{crc} + (1-\beta)U_{crw}, \ \beta = \frac{v_{mg}}{v_{mg} + u_{\mathrm{rms}}} \tag{4-95}$$

v_{mg} 等于欧拉速度的大小，即

$$v_{mg} = \sqrt{(u^E)^2 + (v^E)^2} \tag{4-96}$$

u_{rms} 的计算按照线性波理论如下：

$$u_{\mathrm{rms}} = \frac{\pi H_{\mathrm{rms}}}{T_{\mathrm{rep}}\sqrt{2}\sinh(k(h + \delta H_{\mathrm{rms}}))} \tag{4-97}$$

当考虑波浪不对称时，对流扩散方程变为以下形式：

$$\frac{\partial hC}{\partial t} + \frac{\partial hC(u^E - u_a\sin\theta)}{\partial x} + \frac{\partial hC(v^E - u_a\cos\theta)}{\partial y} +$$

$$\frac{\partial}{\partial x}\left[D_h h\frac{\partial C}{\partial x}\right] + \frac{\partial}{\partial y}\left[D_h h\frac{\partial C}{\partial y}\right] = \frac{hC_{eq} - hC}{T_s} \tag{4-98}$$

式中，u_a 是偏态系数 S_k，不对称系数 A_s，均方根波高 u_{rms} 及两个校正因子的函数：

$$u_a = (f_{S_k} S_k - f_{A_s} A_s) u_{rms} \qquad (4-99)$$

地形的更新则由泥沙守恒方程控制：

$$\frac{\partial z_b}{\partial t} + \frac{f_{mor}}{(1-p)}\left(\frac{\partial q_x}{\partial x} + \frac{\partial q_y}{\partial y}\right) = 0 \qquad (4-100)$$

式中，p 为孔隙率；f_{mor} 为地形加速因子；q_x 与 q_y 分别为 x、y 方向上的输沙率，计算方式如下：

$$q_x(x, y, t) = hCu^E + D_h h \frac{\partial C}{\partial x} - \alpha hC \sqrt{(u^L)^2 + (v^L)^2} \frac{\partial z_b}{\partial x}$$

$$q_y(x, y, t) = hCv^E + D_h h \frac{\partial C}{\partial y} - \alpha hC \sqrt{(u^L)^2 + (v^L)^2} \frac{\partial z_b}{\partial y} \qquad (4-101)$$

式中最后一项用于考虑海床坡度对输沙率的影响，系数 $\alpha = 1.6$。

海洋生态修复工程一般位于潮间带区域，计算时也开启了沙堤崩塌模式以考虑水-陆交界处泥沙的运动，即当沙堤坡度大于某给定值是崩塌模式启动如下：

$$\Delta z_b = \begin{cases} \min\left\{\left(\left|\frac{\partial z_b}{\partial x}\right| - m_{cr}\right)\Delta x\right\}, & \frac{\partial z_b}{\partial x} \geqslant 0 \\ \min\left\{-\left(\left|\frac{\partial z_b}{\partial x}\right| - m_{cr}\right)\Delta x\right\}, & \frac{\partial z_b}{\partial x} < 0 \end{cases} \qquad (4-102)$$

4.4　岸线稳定性评价物模方法

针对复杂的开敞海域，近岸沙滩在波浪作用下的侵淤演变过程较为复杂，如何构建合理的挡沙措施，是砂质岸线修复成功与否的关键，在二维数值模型难以准确评价修复效果的前提下，可采用物理模型评价修复措施的合理性，其是对近岸波浪、海流等水动力场以及泥沙输运过程的科学仿真，是数值模型的有效补充。

4.4.1　模型设计

波浪及其破碎后产生的近岸波生流是泥沙运动和海滩地貌演化变形的主要影响因素。因此，岸线稳定性试验重点考虑波浪作用，而潮流的影响则通过采用不同的试验水位予以体现。

对于以波浪及波生流输沙为主的物理模型试验，不仅要满足重力相似准则以正确地模拟波浪运动，还需要满足泥沙起动相似、泥沙沉降相似、海滩剖面变形相似和沿岸输沙等才能比较准确地模拟沙滩冲淤变化。但对于波浪/波生流作用下岸滩演化物模试验而言，同时满足上述相似条件是不现实的，迄今为止也没有统一的规范和设计准则遵循，需要针对特殊问题进行分析，从其所共同遵循的主要力学规律入手，并根据试验的具体目的和要求，选择对所研究的工程问题起主导作用的动力因素，使之在原型和模型中相似，而忽略其他次要因素。

1）实验比尺确定

以营口白沙湾砂质岸滩修复项目中的岸滩稳定性整体物模实验为例，试验中使用的水池有效宽度为 28 m，工程区域尺寸大约为 5 km×6 km，综合考虑：①造波机生成的 NNW—SW 向浪能覆盖工程主要区域；②造波机前水深在造波机性能范围之内；③满足相关动床物理模型试验规程的要求。确定主要几何比尺如下。

水平比尺：$\lambda_l = 190$

垂向比尺：$\lambda_D = 52$

波高/波长比尺：$\lambda_H = \lambda_L = 52$

水动力时间比尺：$\lambda_T = (\lambda_L)^{0.5} = 7.21$

冲淤时间比尺：$\lambda_{T_{mor}} = \lambda_T = 7.21$

模型变态率：3.65

2）模型沙选择

试验主要考虑极端波浪作用下沙滩的演化变形，根据《波浪模型试验规程》（JTJ/T 234—2001），以泥沙垂岸运动为主的动床模型试验应该满足泥沙冲淤相似（剖面形态相似），要求泥沙沉速比尺为

$$\lambda_w = \frac{\lambda_D^{3/2}}{\lambda_l} = 1.97 \tag{4-103}$$

对于泥沙沉速的计算，由于泥沙粒径不同诱发的流场结构不同，无涵盖所有流场形态的统一计算公式。当流动处于层流区和紊流区时，当前的认识较为统一。对于本试验所考虑的原型沙处于过渡区，文献中存在诸多公式可用，不同的计算公式给出的沉速值也存在差别，计算公式如下：

$$w = \frac{\nu}{d_{50}}[(10.36^2 + 1.049D_*^3)^{1/2} - 10.36]$$

$$D_* = \left[\frac{g(s-1)}{\nu^2}\right]^{1/3} d_{50} \tag{4-104}$$

式中，g 为重力加速度，9.81 m/s^2；ν 为水的黏性系数，1.36×10^{-6} m^2/s。据此，反算得到泥沙粒径比尺。本次工程填沙原型的中值粒径为 0.65 mm，试验中采用中值粒径为 0.27 mm 的天然沙作为模型沙；工程区域近岸泥沙较细，中值粒径普遍介于 0.19 ~ 0.29 mm 之间，取均值为 0.24 mm，则根据沉速比尺，试验中采用中值粒径约为 0.15 mm 的天然沙铺设原床面，模型沙照片及级配曲线见图 4-5。

图 4-5　模型试验天然沙及其级配曲线

3）模型制作

工程区域海滩模型主要包括：定床、动床以及后方陆域三个部分，如图 4-6 所示。其中，动床和定床部分分界线为-4 m 等深线（浮渡河口岸段）与-2.5 m 等深线（水下离岸沙坝岸段）连线。陆域部分为工程区域直立护岸结构，同时兼具试验便道功能。

(a) 后方陆域制作

(b) 动床部分高程定位桩

(c) 动床模型沙铺设

(d) 制作完毕的海床模型

图 4-6　岸线稳定性物理模型制作流程

（1）定床部分：以粉煤灰打底，水泥抹面，按照实测近岸海图地形进行制作。

（2）动床部分：为便于水体流出，动床部分底部为采用粉煤灰和水泥抹面制作的缓坡定床，其上按照原床面等高线和工程设计标高（滩肩补沙、离岸沙坝、潟湖沙坝）间隔布置定位桩（该定位桩顶端按照等高线走向留有高约 2 cm、宽约 2 mm 的缺口，其上固定高弹性钢条即可形成等深线），底床之上填沙后按照等深线抹平形成动床模型。原床面和工程填沙（滩肩补沙、离岸沙坝和潟湖沙坝）按照先后顺序制作。

（3）后方陆域边缘由砖干砌形成平台（宽约 1.1 m），平台向海侧的立面覆盖 100 g/m² 土工布，以便水体自由渗出同时阻拦泥沙流出，平台上表面水泥沙浆抹平。对于有直立护岸的岸段，平台前沿即护岸前沿；对于无直立护岸的岸段（浮渡河口附近岸段、北端离岸沙坝后方岸段），平台前方留出充足空间，使等深线以自然坡度向岸延伸。

图 4-6 为海床模型制作各阶段照片。

4）仪器布置

砂质岸线一般呈狭长形态，模型中涉及的工程区域平面尺寸较大，需要合理地考虑不同向波浪传播变形及海滩演化过程。营口白沙湾生态修复项目岸滩稳定性模型区域见图 4-7，沿水池宽向约 28 m（原型 5.3 km），沿水池长向约 33 m（原型 6.3 km）。工程区域沿岸流较为显著，在动床模型两侧末端修建高约 5 cm 的沉沙池避免泥沙流失。同时移除沉沙池区域对应的后方消浪网，使得沿岸流能够自由流入水池廊道（宽约 2 m），尽量减少边壁的影响。

凑波时，沿-6 m 等深线布置 3 支浪高仪，校核生成波浪的均匀性；试验过程中，利用水池上方造波机一端和水池末端架设的两台摄像机不间断进行录像；此外，试验过程中，根据波浪及海滩演化情况不定点进行拍照和录像。

采用法如三维激光扫描仪测量地形变化，考虑到动床模型尺寸较大，且离岸沙坝、潟湖沙坝、人工岛、河口等位置存在遮挡盲区，共布设 3 个测量站位。其中 2 个站位（B、C）分别位于海滩模型正面和陆域后方，仪器架设高度约 3 m，使扫描仪工作时能够以较合理的视角俯视海床模型；第 3 个测站 A 位于水池上方、靠近造波机一侧的廊桥上，重点测量人工岛-浮渡河口附近岸段高程。测量时，扫描仪设置为室内（10 m）测量模式，水平方向 0°~360°，垂直方向-62°~0°。

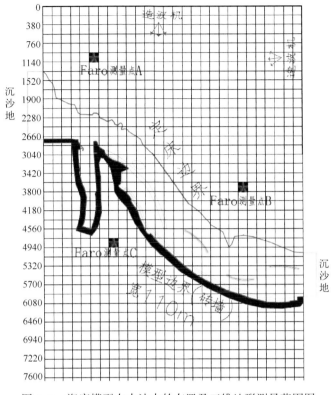

图 4-7　海床模型在水池中的布置及三维地形测量范围图

4.4.2　试验条件

1）试验波浪

按照《海港水文规范》（JTS 145-2—2013），试验采用不规则波进行，由上述原始波浪要素，将给定波浪的波高、周期换算成有效波高 $H_{1/3}$ 和有效波周期 T_s，确定试验波浪要素（目标波浪）。通过造波机系统终端输入目标波浪参数，驱动造波机运动产生波浪，不规则波频谱采用合田改进的 JONSWAP 谱。

2）试验工况

本次动床物理模型试验工况的安排主要考虑以下几点。

（1）国际上普遍认为养滩寿命 5~10 年为比较成功的养滩工程，取 10 年一遇浪为控制波浪要素，浪向主要为 NNW、NW 和 SW 向浪，作用时间取原型 24 小时；

（2）按照出现频率和危险程度，取设计高水位为控制水位，极端高水位作为校核水位，同时因为潟湖沙坝高程较低且平均高潮位是通常意义上的岸线位置，也进行平均

高潮位对应的动床物理模型试验;

（3）为模拟一次风暴潮增水过程，对应三个波浪方向也开展了循环水位试验，即平均高潮位—设计高水位—极端高水位—设计高水位—平均高潮位。

4.4.3　试验流程

动床物理模型试验按下述流程进行。

（1）在水池中按照比尺制作定床部分海滩地形（含动床部分下部的缓坡和高程控制桩）。

（2）待地形固化后，根据试验所需波浪要素，在水池中率定所需波浪，使得波浪控制参数（波高和周期）的误差均控制在5%以内，同时频谱亦满足要求，从而确定产生所需波浪的造波机信号。

（3）凑波完成后，在定床海滩模型基础上制作标志桩。

（4）标志桩固化后，采用模型沙铺设原泥面，水池加水淹没浸泡数小时后将水放干，调整沙滩模型高程直至满足设计要求。

（5）采用浸泡过的模型沙制作修复后滩肩-滩面、离岸沙坝和潟湖防护沙坝。

（6）按照预设工况开始试验。为尽量减少初始海滩模型制作误差带来的结果差异性，每个工况开始前要测量一次海滩地形。

（7）水池加水至规定水位后开始造波。为避免波浪二次反射，采用间歇造波方法生成波浪，本次试验造波约10分钟后停止待水体恢复平静后再开始进行下一轮造波，每个工况波浪总作用时间为原型24小时。

（8）每个工况波浪作用结束后，将水池水放干。在三个站位处架设三维激光扫描仪依次进行海滩高程测量。

（9）恢复动床模型为初始海滩地形，架设三维激光扫描仪进行海滩高程测量，然后重复步骤（6）至步骤（8），进行下一工况试验，直至完成所有工况。

5 岸线岸滩生态修复工程设计及实践

　　沙滩是千万年形成的宝贵自然资源，是由粒径大小在 0.06 mm 以上的沙、砾等沉积物在波浪的长期作用下形成的相对平直岸线，具有包括水下岸坡、海滩、沿岸沙坝、海岸沙丘及潟湖等组成的完整地貌体系。砂质海岸沙滩细软、阳光明媚、海水清澈、环境优美，是游客亲海的主要区域，具有较高的旅游及经济价值；同时，砂质海岸多为缓坡，岸滩宽广，对近岸波浪具有很好的消减作用，是海岸带生态系统防灾减灾功能的重要组成。

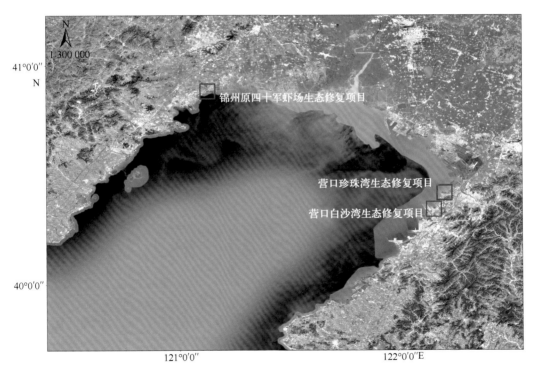

图 5-1　岸线岸滩生态修复工程位置

　　大规模的围填海活动对砂质岸线破坏较为严重，渤海的辽东湾内的绝大多数砂质岸线均面临侵蚀受损及人工破坏等问题，选择锦州及营口的 3 处砂质岸线开展岸线修复工程规划及方案设计(图5-1)，通过生态问题诊断规划修复方案，基于技术论证开展工程设计，并在修复后开展跟踪监测，保障生态修复成效。

5.1 营口珍珠湾生态修复设计及实践

5.1.1 项目位置

营口市鲅鱼圈珍珠湾生态修复项目位于鲅鱼圈区珍珠湾，珍珠湾浴场位于辽东湾东岸的鲅鱼圈北部望海街道近岸，西临辽东湾，南以沙河为界，位于营口鲅鱼圈港区鞍钢码头北侧，地理坐标为40°20′—40°22′N，122°08′—122°11′E(图5-2)。

图 5-2 营口市鲅鱼圈珍珠湾位置

5.1.2 区域生态问题诊断

1)围海养殖占用滩涂，海湾束窄，湿地功能受损

在鲅鱼圈望海街道西侧的珍珠湾于2006年建成围海养殖圈(图5-3)，该围海占用了近岸海湾大部分水域(图5-4、图5-5)，造成近岸大量滩涂消失；同时围海养殖束窄了海湾湾口，造成湾内水动力显著减弱，湾底淤涨，水质逐渐恶化，滨海湿地功能受损。

为修复该区域的生态环境，需拆除围海养殖堤坝，恢复海域滩涂及近岸水动力条件，在自我恢复为主的原则下，逐步修复珍珠湾的滨海湿地生态系统。

围海养殖占用海域

图 5-3　鲅鱼圈珍珠湾内围填海现状情况

图 5-4　鲅鱼圈珍珠湾围海养殖现状图 1

图 5-5　鲅鱼圈珍珠湾围海养殖现状图 2

2）废旧渔船、建筑垃圾侵占海岸，自然岸线受损

珍珠湾现状下的围海养殖圈（图 5-6）一方面占用了近岸的基岩岸线（图 5-7），另一方面造成近岸砂质岸线的淤积（图 5-8）；同时由于长期缺失管理，导致大量废旧渔船、建筑垃圾侵占海岸，使得自然岸线的属性逐渐消失，岸线受损严重、功能丧失。

图 5-6　鲅鱼圈珍珠湾内岸线现状情况

图 5-7 珍珠湾围海养殖后方基岩自然岸线现状图

图 5-8 珍珠湾围海养殖后方砂质自然岸线现状图

　　为修复该区域的自然岸线，在拆除围海养殖堤坝后，对后方基岩及砂质自然岸线上的废旧渔船及建筑垃圾进行清理，同时拓宽砂质岸线，回填天然砂，修复自然沙滩，恢复岸线生态环境，打造滨海旅游亲水空间。

5.1.3　生态修复工程规划

结合营口市鲅鱼圈的实际情况，突出自然恢复为主、保护优先、生态红线等原则，因地制宜地采取退养还滩、堤坝拆除、自然岸线修复措施，对珍珠湾的岸线及滨海湿地进行修复，确保珍珠湾内生态环境的稳步提升，恢复海湾生态系统功能，主要进行以下几部分修复内容。

(1)由于珍珠湾内的围海养殖占用海域面积，导致滩涂消失，水动力减弱，水质恶化，自然岸线受损。为恢复近岸水环境，修复滨海湿地，具体修复内容为：拆除珍珠湾内面积约 53 hm² 的养殖池，拆除长度约为 2 200 m 的池梗，并清理养殖池内附着物；同时考虑掩护养殖池东北侧的海星中心渔港，将池东北侧 750 m 海堤保留并进行加固维护，加固方案为：在现有海堤外侧增设大块石护面，大块石可采用堤坝拆除材料，修复滨海湿地 82 hm²。

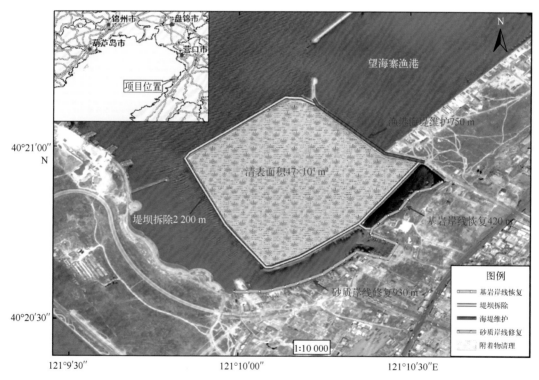

图 5-9　营口市鲅鱼圈珍珠湾生态修复项目平面布置图

(2)修复受损自然岸线 930 m，恢复基岩岸线 420 m。具体修复内容为：对珍珠湾近岸 930 m 自然岸线进行修复，首先清除沙滩上的废旧渔船、滑坡、简房及建筑垃圾，清除废旧船舶 235 艘，建筑垃圾 600 t，栅栏板拆除 250 块等；其次通过回填约 $18.6\times10^4\ m^3$ 天然砂形成 930 m 沙滩，并对沙滩形态进行整理；整理清除现状 420 m 基岩岸线处岸滩碎石、垃圾，恢复基岩自然岸线形态。

通过营口市鲅鱼圈珍珠湾生态修复项目，达到以下具体目标：

（1）恢复滨海湿地 53 hm^2，修复滨海湿地 82 hm^2，拆除围海养殖堤坝 2.2 km；

（2）通过天然块石维护，完成 750 m 人工岸线（海星渔港堤坝）的风险防范等级提升；

（3）修复自然岸线 1 350 m，其中砂质岸线 930 m、基岩岸线 420 m。

5.1.4 生态修复工程论证设计

5.1.4.1 历史岸线演变过程

统计 2003—2017 年期间鲅鱼圈望海街道海岸线变化（图 5-10 至图 5-13），本次修复区域西侧为沙河入海口，受入海泥沙影响，在 2003 年左右该区域均为砂质自然岸线，且沙河入海口存在沙坝潟湖。

图 5-10 2003 年珍珠湾附近岸线形态

图 5-11 2007 年珍珠湾附近岸线形态

图 5-12 2010 年珍珠湾附近岸线形态

图 5-13　2017 年珍珠湾附近岸线形态

2007 年左右沙河入海口东侧进行了围海养殖工程，破坏了原有的砂坝潟湖形态，且阻隔了泥沙向北侧的输移过程。而工程区域北侧，则进行了海星渔港建设，渔港堤坝的向海延伸，一方面对工程区域岸线形成了一定的掩护条件，另一方面则阻隔了北侧的沿岸输沙过程。

2010 年在本次修复岸线的外海侧进行了围海养殖的建设，造成了海域面积的骤减，工程区域水动力条件也明显减弱。2017 年时修复区域南北两侧均进行了大量的围填海工程，其向海延伸达 3 km 以上，使得工程区域形成一半封闭海湾，修复岸线前沿波浪、潮流动力进一步减弱。

5.1.4.2　临近已实施工程

为有效地改善营口市周边海域的生态环境，防止岸线蚀退和海滩退化，从 2010 年起营口市陆续开展以沙滩浴场整治修复项目为代表的海域海岸带整治修复项目；2014—2015 年利用蓬莱 19-3 油田溢油赔偿款和补偿款，对营口团山、鲅鱼圈月亮湾的受损岸线进行有针对性的修复，具体人工养滩位置见图 5-14。

渤海海洋生态保护修复规划设计及工程实践

BOHAI HAIYANG SHENGTAI BAOHU XIUFU GUIHUA SHEJI JI GONGCHENG SHIJIAN

图 5-14　临近养滩工程的相对位置示意

　　两处人工养滩工程距本次修复区域较近，其波浪及潮汐动力条件相近，且两处人工养滩工程均已实施 3 年以上，现状下人工沙滩的形态及稳定性均较好，因此本次沙滩修复的剖面设计采用类比经验方法，参考团山及月亮湾人工沙滩的剖面参数。

1）工程北侧团山人工养滩工程

　　北侧团山人工养滩工程长度约 1.3 km，人工沙滩西向开敞，最大滩肩宽度在 150 m 左右，现状下人工沙滩的高程图如图 5-15 所示，2018 年现场沙滩图如图 5-16 所示。在人工沙滩上选择 4 个位置，分析其滩面坡度变化，断面位置如图 5-17 所示，断面坡度变化如图 5-18 所示。

　　团山人工养滩后的滩面坡度在 1∶12 至 1∶17 之间，滩肩坡度在 1∶50 至 1∶60 之间，滩肩前沿高程在 2.8~3.2 m 之间，后沿高程在 3.5~4.1 m，人工养滩的中值粒径约为 0.5 mm。

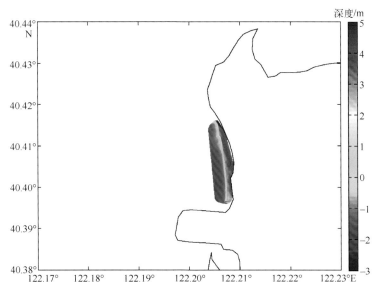

图 5-15　北侧团山人工养滩工程沙滩高程图

图 5-16　北侧团山人工养滩工程修复后的现场图

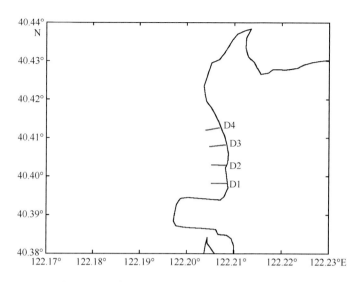

图 5-17 北侧团山人工养滩修复工程的断面示意

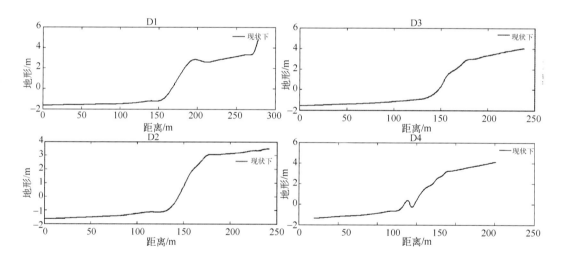

图 5-18 北侧团山人工养滩工程修复后的断面图

2）工程南侧月亮湾人工养滩工程

南侧月亮湾人工养滩的整体长度为 5 km，分一期、二期工程，其中一期位于山海广场右侧 800 m 长度，二期为月亮湾内其余岸段。月亮湾二期沙滩设计要素如下：海滩滩肩宽度 34 m，与护岸相接处高程 4.5 m，滩肩外沿高程 4.1 m。4.1 m 高程以下向海测坡度 1∶10，铺设至原泥面。填沙粒径范围在 0.55~0.65 mm，回填量约 $76×10^4$ m³。

现状下月亮湾整体沙滩高程如图 5-19 所示，南侧及北侧沙滩现场图如图 5-20 和

图5-21所示,现状下月亮湾内沙滩略有侵蚀,沙滩坡度变缓,局部出现离岸沙坝。在人工沙滩上选择27个位置,分析人工养滩不同时间后的滩面坡度变化,断面位置如图5-22所示,各个断面的坡度变化如图5-23所示。

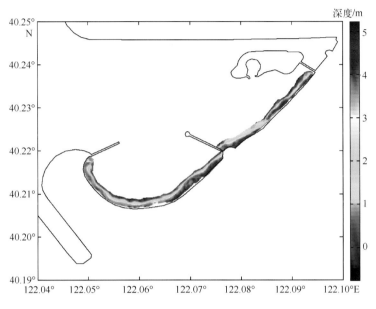

图5-19 南侧月亮湾人工养滩工程沙滩高程图

图5-20 月亮湾人工养滩工程后沙滩现场照片(北侧)

图 5-21　月亮湾人工养滩工程后沙滩现场照片(南侧)

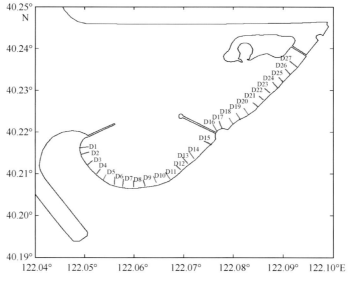

图 5-22　南侧月亮湾人工养滩工程的断面示意

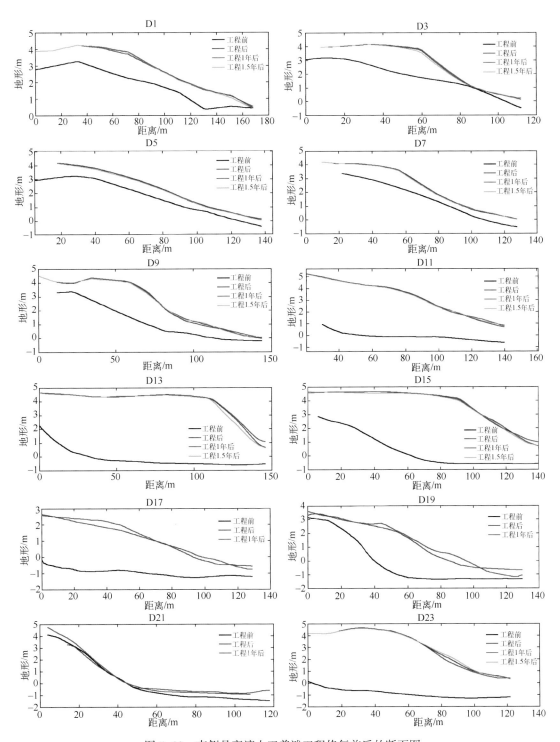

图 5-23　南侧月亮湾人工养滩工程修复前后的断面图

根据上述统计数据可知：现状下月亮湾湾内沙滩的平均坡度在 1∶10 至 1∶20 之间，人工养滩后的沙滩侵蚀量均在 10% 以内，沙滩粒径在 0.5~0.7 mm 之间。

5.1.4.3 沙滩剖面设计

沙滩剖面设计的依据是波浪对岸滩泥沙的横向作用，在泥沙横向输移中泥沙运动取决于泥沙粒径、滩面坡度及波浪要素。波浪要素是自然条件，因此基于自然条件约束的沙滩剖面通常以泥沙粒径和滩面坡度作为设计参数，基于 Dean 平衡剖面的设计原则，参考临近人工养滩项目，选择合适的填沙坡度、填沙粒径等参数。

人工养滩的剖面设计的关键要素包括填沙粒径、填沙坡度、滩肩高度、滩肩宽度以及补沙方式等。

本次修复的珍珠湾砂质岸线受人类活动影响，其破坏较为严重，原有的岸滩形态已不具备沙滩浴场功能，其坡度及粒径参数也无借鉴意义。因此，本次人工养滩工程采用类比经验方法，借鉴北侧团山及南侧月亮湾的现有沙滩参数，并参考美国工兵团出版的《海岸工程手册》（Coastal Engineering Manual）确定本次人工养滩的设计剖面。

相对团山及月亮湾，本次人工养滩的位置其动力掩护条件相对较好，因此填沙粒径选择为 0.5 mm 左右，根据 Dean 平衡的设计原则，岸滩填沙后形成的平衡剖面仅与泥沙粒径相关，即根据沙滩粒径条件下确定海滩滩面坡度。为了保证施工后海滩尽快达到平衡，保证抛填沙在最短的时间内使剖面达到动态平衡，沙滩的施工坡度应比设计剖面略陡。依据《海岸工程手册》中推荐的施工坡度，同时结合附近海滩的现状，确定本次填沙的施工坡度为 1∶15，该坡度与现状下团山、月亮湾沙滩的坡度相近。

滩肩前沿高程的确定方法主要有两种：①通过现场调查得出。滩肩前沿高程通常与自然情况下健康海滩滩肩顶高程一致。②当缺少当地或附近的天然优良海滩剖面数据时，滩肩前沿高程＝平均高潮位＋一定重现期波浪爬高值。

本次人工养滩工程受原有沙滩受损影响，已不具备调查条件，因此难以通过原有海滩确定滩肩高程，需要通过第二种途径确定滩肩的前沿高度，同时参考临近工程的沙滩参数来确定。

工程区域设计高水位为+1.72 m，受两侧向海延伸堤坝掩护作用，直接影响人工沙滩的浪向主要为 NNW 和 NW 向，取 2 年、5 年、10 年一遇 NNW 和 NW 向波浪作为控制波浪，计算 1∶15 沙滩坡度下的波浪爬高值。计算采用 Xbeach 非静压模态，该模态为短波分辨模式，空间步长取 0.5 m，CFL 数为 0.7，忽略海床底摩阻。

图 5-24 至图 5-26 依次给出了设计高水位 2 年、5 年、10 年一遇波浪作用下的爬

高过程线，表 5-1 给出了上述工况下波浪爬高的最大值和有效值。可见随着波浪的增大，其爬高逐渐增大。

本次人工养滩设计的沙滩寿命为 10 年，即 10 年内沙滩的流失率在 50% 以内，因此本次滩肩高程的确定参考 10 年一遇 NNW 向浪作用下的波浪爬高有效值，即取 3.2 m（≈1.72+1.5），综合考虑后方原有陆域的高程，滩肩后缘的高度取为 +4.0~4.5 m，基本与现场后方陆域高度协调一致。

表 5-1　波浪爬高统计　　　　　　　　　　　　　　　单位：m

波浪	2 年一遇浪		5 年一遇浪		10 年一遇浪	
	有效值	最大值	有效值	最大值	有效值	最大值
NNW	0.63	0.84	1.0	1.21	1.5	2
NW	0.62	0.81	0.85	0.99	1.23	1.43

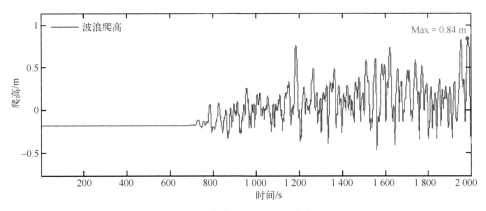

图 5-24　NNW 向波浪下 2 年一遇波浪的爬高历程

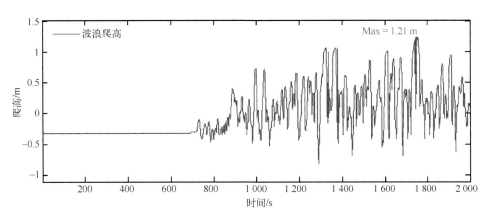

图 5-25　NNW 向波浪下 5 年一遇波浪的爬高历程

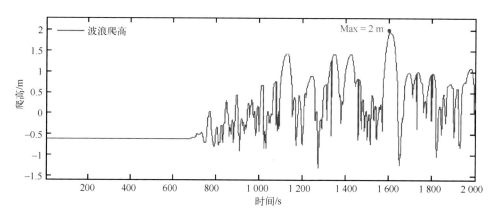

图 5-26　NNW 向波浪下 10 年一遇波浪的爬高历程

人工沙滩滩肩宽度的选择取决于工程经济、环境问题等影响，同时为满足旅游要求的海滩，海滩的使用对滩肩宽度有一定的要求。结合珍珠湾岸段现场的实际情况，本次人工养滩的滩肩宽度定为 60 m，计算得到该海滩平均低潮位时滩面宽度为 120~150 m，平均高潮位时滩面宽度为 80 m。

根据上述研究确定的参数，得到本次人工养滩的剖面设计参数：滩面坡度为 1:15，滩肩坡度约 11:70，滩肩前沿高程 3.2 m，后沿高程 4.0~4.5 m，单宽填沙量在 200 m³/m 左右，整体填沙量在 19×10⁴ m³ 左右。

根据上述分析得到本次人工养滩的设计剖面如图 5-27 所示，滩肩前沿高度 +3.2 m，滩肩后缘高度 +4.5 m，滩肩坡度 1:60，从滩肩前沿向海侧以 1:15 坡度延伸直至与原泥面相接。

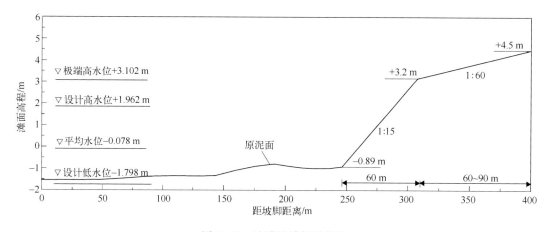

图 5-27　沙滩设计标准断面

5.1.4.4　沙滩平面设计

现状下珍珠湾人工沙滩修复区域东西两侧均有向海延伸堤坝，两侧堤坝可有效掩护修复后的人工沙滩，需首先基于岬湾平衡理论确定稳定的人工沙滩平面形态。

计算静态平衡湾线，首先选取当地垂直角度的遥感图像或地形图和波浪的入射方向，其次采用岬湾岸线应用软件 MEPBAY(Model of Equilibrium Planform of Bay Beaches)分析稳定岸线。

基本步骤如下。

(1)确定主波向：海岸长期演变取决于沿岸输沙，而沿岸输沙主要受到波能流影响。以往观测表明，合成波能流峰线与海湾下岬角控制点切线段是平行的。

(2)获取海湾岸线：珍珠湾及附近海域岸线图(图 5-13)，根据波浪资料计算控制线 R_0，确定波峰线与控制线夹角 β。

(3)计算参数 C_1、C_2 和 C_3。

(4)根据不同极角 θ，计算相应的 R_n/R_0。即可以得到若干组 (R,θ) 对应于极坐标中的坐标点。

(5)将极坐标中的数据点 (R,θ) 换算成直角坐标系中的数据点 (x,y)，将各点用光滑曲线连接即为理论平衡曲线。将理论平衡曲线和实际岸线进行对比，即可判断实际岸线的稳定情况。

合成波能流的方向可以由下式计算：

$$\bar{\alpha} = \arctan \frac{P_E}{P_N} \qquad (5-1)$$

式中，P_E、P_N 分别为波能流的东西分量和南北分量，可以由下式确定：

$$P_E = \sum H_i^2 T f_i \sin\alpha_i \qquad P_N = \sum H_i^2 T f_i \cos\alpha_i \qquad (5-2)$$

式中，H_i、T_i、f_i 分别为某级波浪的波高、周期和频率；α_i 为相应波浪方位角度。

由《珍珠湾波浪数值计算分析报告》可知，影响岸滩稳定性的主要浪向为 N、NNW、NW 和 WNW 向波浪，依据公式计算得到珍珠湾沙滩的主波能流方向为 337°，因而在评估工程后该岸滩在波浪作用下的稳定性时，可选取波能流方向(北偏西 23°)波浪下的作用过程。

同时依据岬湾平衡理论，人工沙滩北侧上岬头位置为海星渔港的坝头位置，见图 5-28 中 B 点，而下控制点则为人工沙滩的滩肩位置；人工沙滩南侧上岬头位置为填海凸出点，见图 5-28 中 A 点，下控制点与北侧一致。结合计算得到的波能流方向，得出基于平衡岬湾理论下的人工沙滩平面布置(图 5-28)，人工沙滩平面呈北侧稍窄、南侧稍宽的整体形态。

图 5-28　养殖池拆除后的人工沙滩稳定滩肩线示意

5.1.4.5　沙滩稳定性论证

　　根据上节的岬湾平衡理论设计得到的沙滩平面图，同时结合沙滩剖面形态，最终得出人工养滩后的珍珠湾内的高程（图 5-29）。在上述人工养滩后的地形基础上，模拟分析不同重现期、方向波浪作用下的岸滩侵蚀过程。

　　人工养滩后的侵蚀分析主要考虑 N、NNW、NW、WNW 四个方向波浪；同时考虑 10 年一遇以内的波浪作用，主要包括：10 年一遇、2 年一遇波浪以及年最大波浪作用；水位主要考虑设计高水位条件，重现期及年最大波浪作用时间为 3 天，即一次风暴天气作用过程，而年平均波浪主要根据四个方向波浪出现的频率，按一年的作用时间模拟计算。

　　数值模拟计算地形如图 5-29 所示，在人工沙滩区域选取 6 个断面，对波浪作用后的岸滩侵蚀过程进行分析，具体位置如图 5-30 所示。

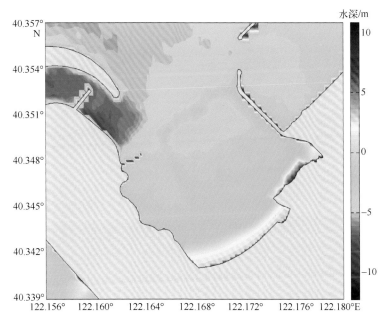

图 5-29　养殖池拆除、人工养滩完成后的水深图

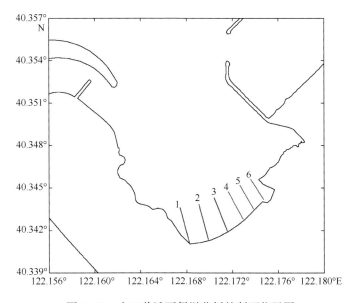

图 5-30　人工养滩下侵淤分析的断面位置图

1)10年一遇波浪作用下岸滩侵淤分析

数值模拟得到10年一遇N、NNW、NW、WNW四个方向波浪作用后的岸滩侵蚀变化。从各个方向的波高分布来看，N向和WNW向波浪已难以直接作用至人工养滩区域，仅在绕射的作用下影响人工沙滩前沿(图5-31、图5-32)，NNW向波浪为人工沙滩的主要影响浪向，其基本为正向入射至养滩区域，而NW向正向作用至人工养滩区域的东侧，人工沙滩西侧则受波浪绕射影响(图5-33、图5-37)。后文中主要给出NNW和NW波浪下的结果图。

NNW向波浪作用时，波浪直接作用至养滩区域，受人工沙滩前沿多浅滩影响，波浪发生破碎后出现向岸流，并在滩上形成多个逆流及环流体系，无连续的沿岸流形成。NNW向波浪引起人工沙滩上相对均匀的侵淤过程，主要以离岸输沙为主，一次风暴作用下的侵蚀量约为13 734 m³，单宽侵蚀量约19.6 m³/m。从剖面侵蚀变化来看，1号、2号断面以侵蚀相对较小，3号至6号断面侵淤较大，主要为滩肩以下发生侵蚀，并在滩底附近发生淤积；由于无连续沿岸流，各个断面的侵淤量较为相近(图5-34至图5-36)。

NW向波浪作用时，波浪直接作用至养滩区域东侧，人工沙滩西侧受波浪绕射影响，由于波浪绕射引起的波高梯度变化，沙滩前沿湾内形成逆时针环流，人工沙滩上分布自东向西沿岸流，沿岸流强度在0.4 m/s左右。NW向波浪主要引起人工沙滩东侧侵蚀，并在沿岸流的作用下在养滩区域中部发生淤积，一次风暴作用下的侵蚀量约为5 200 m³，单宽侵蚀量约7.4 m³/m。从剖面侵蚀变化来看，1号、2号断面以侵蚀相对较小，3号至6号断面侵淤较大，且受沿岸流影响，5号、6号断面侵蚀大于淤积，而3号、4号断面则为淤积大于侵蚀(图5-38至图5-40)。

WNW向波浪作用时，波浪已难以直接作用至养滩区域，受波浪绕射引起的波高梯度变化，沙滩前沿湾内形成多个环流体系，人工沙滩西侧分布有西向沿岸流。WNW向波浪主要引起人工沙滩东侧局部侵蚀，人工沙滩西侧受流场影响略有侵淤，一次风暴作用下的侵蚀量约为1 062 m³，单宽侵蚀量约1.6 m³/m。从剖面侵蚀变化来看，除6号断面侵蚀明显外，其余断面侵淤量均较小。

综上，整体来看NNW向波浪作用下的近岸侵蚀最大，一次风暴过程的侵淤约为整体沙滩填沙量的10%左右，以离岸输沙为主；其次为NW向和N向，其一次风暴过程的侵淤约为整体沙滩填沙量的3.5%左右，两者均存在沿岸输沙，且沿岸流方向相反；WNW向浪造成的侵蚀仅在1%以内。

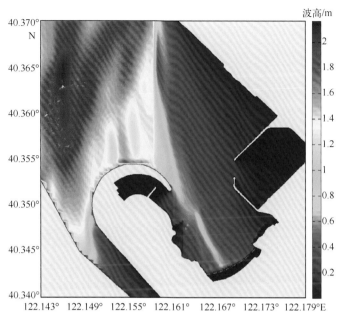

图 5-31　10 年一遇 N 向波浪下的波高分布

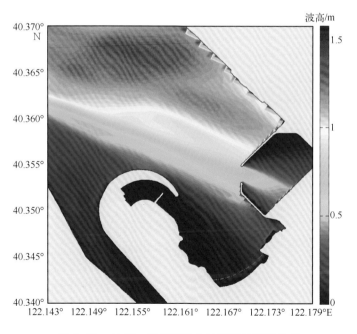

图 5-32　10 年一遇 WNW 向波浪下的波高分布

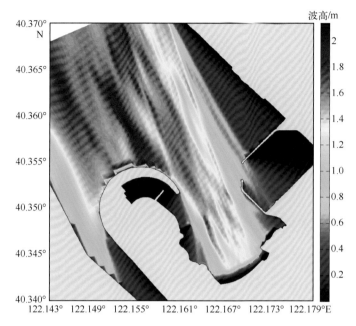

图 5-33　10 年一遇 NNW 向波浪下的波高分布

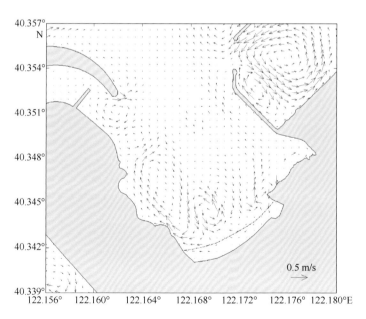

图 5-34　10 年一遇 NNW 向波浪下的波生流分布

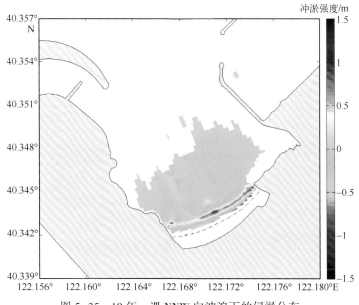

图 5-35　10 年一遇 NNW 向波浪下的侵淤分布

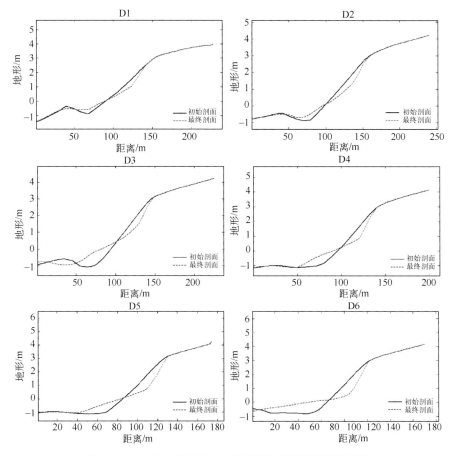

图 5-36　10 年一遇 NNW 向波浪下的不同断面侵淤变化

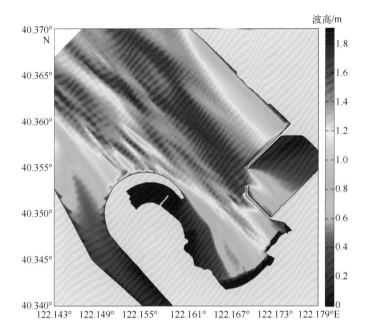

图 5-37　10 年一遇 NW 向波浪下的波高分布

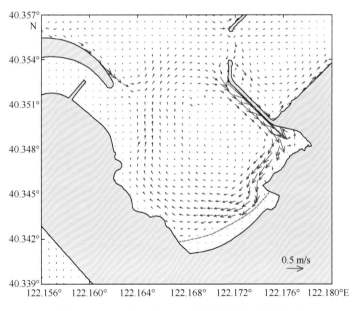

图 5-38　10 年一遇 NW 向波浪下的波生流分布

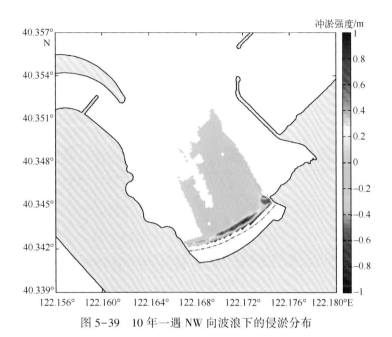

图 5-39　10 年一遇 NW 向波浪下的侵淤分布

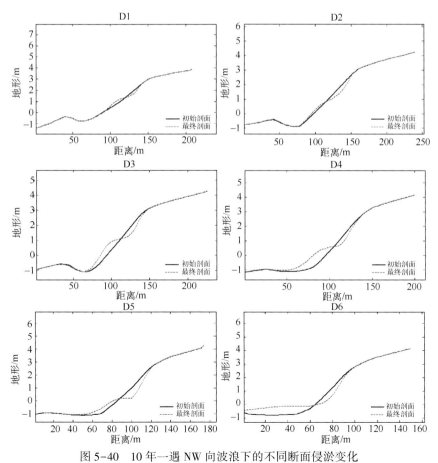

图 5-40　10 年一遇 NW 向波浪下的不同断面侵淤变化

2）2 年一遇波浪作用下岸滩侵淤分析

数值模拟得到 2 年一遇 N、NNW、NW、WNW 四个方向波浪作用后的岸滩侵蚀变化。数值模拟波高与 10 年一遇分布相同，N 向和 WNW 向波浪已难以直接作用至人工养滩区域，人工沙滩前沿近岸受波浪绕射影响；NNW 向波浪为正向入射至养滩区域，是其主要影响浪向；NW 向能影响到人工养滩的东侧，而沙滩西侧则影响相对较小。

N 向波浪作用时，人工养滩的西侧波高略大，受波浪衰减影响，离岸区域形成向岸流，然后在人工沙滩区域形成自西向东沿岸流，但沿岸流强度在 0.1 m/s 以内。波浪侵蚀主要发生在人工沙滩西侧，受沿岸流影响在其东侧发生淤积，一次风暴作用下的侵蚀量约为 3 097 m^3，单宽侵蚀量约 4.4 m^3/m。从剖面侵蚀变化来看，受沿岸流影响，2 号断面侵蚀略大于淤积，而 3 号淤积略大于侵蚀，其余断面侵淤相近。

NNW 向波浪作用时，波浪直接作用至养滩区域，受人工沙滩前沿多浅滩影响，波浪发生破碎后出现向岸流，并在滩上形成多个逆流及环流体系，无连续的沿岸流形成。NNW 向波浪引起人工沙滩上相对均匀的侵淤过程，主要以离岸输沙为主，一次风暴作用下的侵蚀量约为 9 037 m^3，单宽侵蚀量约 12.9 m^3/m。从剖面侵蚀变化来看，1 号、2 号断面以侵蚀相对较小，3 号至 6 号断面侵淤较大，主要为滩肩以下发生侵蚀，并在滩底附近发生淤积(图 5-41 至图 5-44)。

NW 向波浪作用时，波浪直接作用至养滩区域东侧，人工沙滩西侧受波浪绕射影响，由于波浪绕射引起的波高梯度变化，沙滩前沿湾内形成逆时针环流，人工沙滩上分布自东向西沿岸流，强度在 0.2 m/s 左右。其主要引起人工沙滩东侧侵蚀，并在沿岸流的作用下在西侧发生淤积，一次风暴作用下的侵蚀量约为 3 349 m^3，单宽侵蚀量约 4.8 m^3/m。从剖面侵蚀变化来看，1 号、2 号断面侵蚀相对较小，3 号至 6 号断面侵淤较大，且受沿岸流影响，5 号、6 号断面侵蚀大于淤积，而 3 号、4 号断面则为淤积大于侵蚀(图 5-45 至图 5-48)。

WNW 向波浪作用时，波浪已难以直接作用至养滩区域，受波浪绕射引起的波高梯度变化，沙滩前沿湾内形成多个环流体系，人工沙滩西侧分布有西向沿岸流。其主要引起人工沙滩东侧局部侵蚀，人工沙滩西侧受流场影响略有侵淤，一次风暴作用下的侵蚀量约为 26 m^3，单宽侵蚀量约 0.1 m^3/m。从剖面侵蚀变化来看，除 6 号断面侵蚀明显外，其余断面侵淤量均较小。

综上，2 年一遇风暴下的波高、波生流及岸滩侵淤分布基本与 10 年一遇波浪作用类似，但其强度及量级有所降低，NNW 向一次风暴过程作用下的侵淤约为整体沙滩填沙量的 6.5%左右，以离岸输沙为主；NW 向和 N 向一次风暴过程的侵淤约为整体沙滩填沙量的 2.5%左右；WNW 向浪此时已基本不会造成沙滩的侵淤。

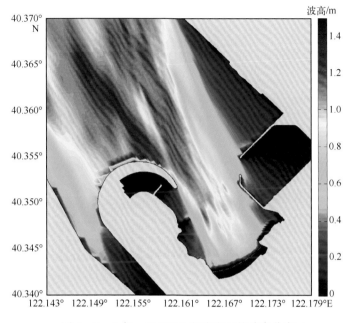

图 5-41　2 年一遇 NNW 向波浪下的波高分布

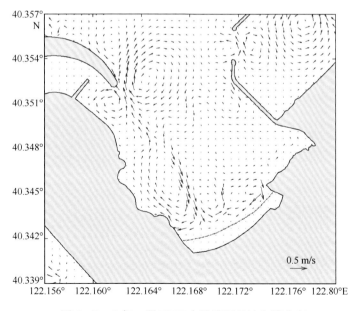

图 5-42　2 年一遇 NNW 向波浪下的波生流分布

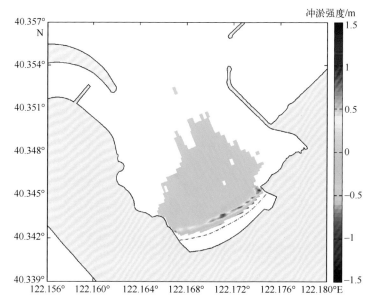

图 5-43　2 年一遇 NNW 向波浪下的侵淤分布

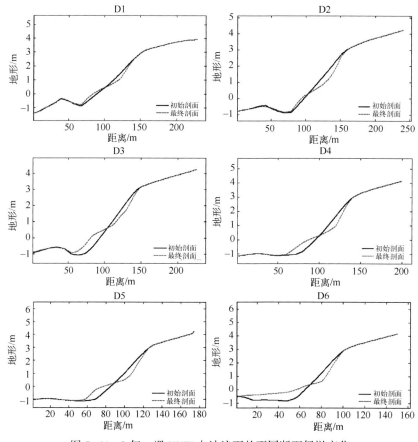

图 5-44　2 年一遇 NNW 向波浪下的不同断面侵淤变化

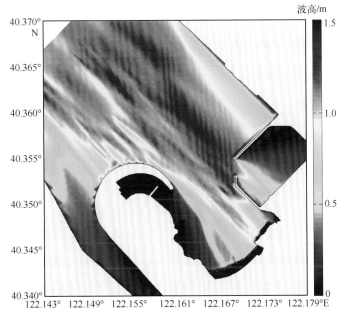

图 5-45 2 年一遇 NW 向波浪下的波高分布

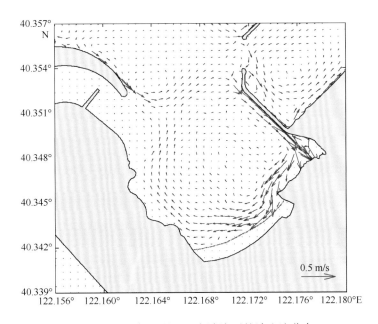

图 5-46 2 年一遇 NW 向波浪下的波生流分布

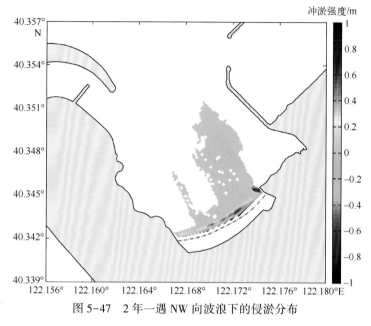

图 5-47　2 年一遇 NW 向波浪下的侵淤分布

图 5-48　2 年一遇 NW 向波浪下的不同断面侵淤变化

3）年平均波浪作用下的岸滩侵蚀分析

依据鲅鱼圈港各个方向波浪及波高出现的频率，统计得到 N、NNW、NW、WNW 四个方向波浪一年内的平均波高及影响时间（表5-2）。

表5-2　不同方向下的年平均波浪要素

波浪	频率（%）	平均波高/m	发生时长/d	周期/s
N	6.47	0.55	23.6	
NNW	3.91	0.26	14.6	
NW	5.24	0.35	19.12	3.0
WNW	4.01	0.48	14.3	

依据表5-2中统计的结果，数值模拟 N、NNW、NW、WNW 方向年平均波浪作用后的岸滩侵蚀变化。N 向波浪作用时，由于年平均波高较小，岸滩上基本无沿岸流存在，受波浪绕射引起的梯度变化，珍珠湾内存在多个环流。波浪侵蚀主要发生在人工沙滩西侧，环流存在的局部区域略有侵淤，年平均波浪作用下的侵蚀量约为 317 m³，单宽侵蚀量约 0.44 m³/m。

NNW 向波浪作用时，波浪直接作用至养滩区域，受人工沙滩前沿水浅影响，波浪发生破碎后出现向岸及离岸流场，无连续的沿岸流形成。NNW 向波浪引起人工沙滩上相对均匀的侵淤过程，主要以离岸输沙为主，年平均波浪作用下的侵蚀量约为 1467 m³，单宽侵蚀量约 2.1 m³/m（图5-49、图5-50）。

NW 向波浪作用时，波浪直接作用至养滩区域东侧，人工沙滩西侧受波浪绕射影响，由于波浪绕射引起的波高梯度变化，沙滩前沿湾内形成多个环流体系，强度在 0.1 m/s 左右。其主要引起人工沙滩东侧侵蚀，并在沿岸流的作用下在西侧发生淤积，年平均波浪作用下的侵蚀量约为 478 m³，单宽侵蚀量约 0.68 m³/m（图5-51、图5-52）。

WNW 向波浪作用时，人工沙滩西侧受波浪绕射影响，受波高梯度变化，沙滩前沿湾内形成多个环流体系，强度在 0.1 m/s 左右。WNW 向浪此时已基本不会造成沙滩的侵淤。

综上，年平均波浪作用下的波高、波生流及岸滩侵淤分布基本与重现期波浪作用类似，一年中不考虑重现期波浪条件下，NNW 向波浪作用造成的侵淤约为整体沙滩填沙量的1%左右，以离岸输沙为主；NW 向和 N 向波浪一年内的侵淤约为整体沙滩填沙量的 0.25%左右。

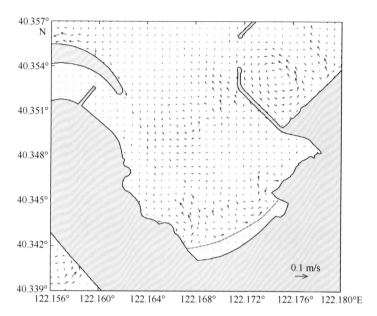

图 5-49 NNW 向年平均波浪下的波生流分布

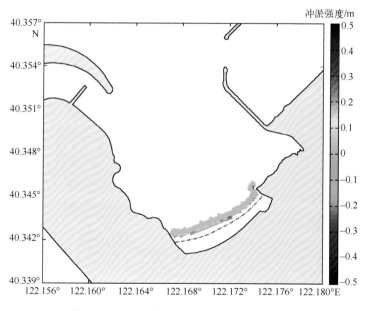

图 5-50 NNW 向年平均波浪下的侵淤分布

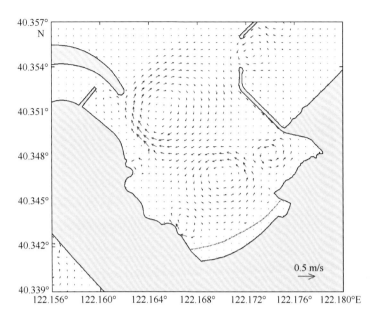

图 5-51　NW 向年平均波浪下的波生流分布

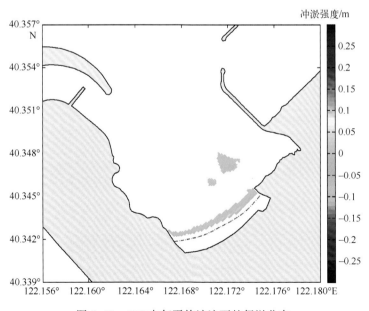

图 5-52　NW 向年平均波浪下的侵淤分布

4）人工养滩后的整体稳定性分析

为了定量分析人工养滩后的寿命即养护周期，一般以 10 年内的沙滩侵蚀量作为参考依据，以平均低潮位以上海滩侵淤量作为养滩工程质量的评价指标，要求 10 年内的沙滩流速率少于 50%。

重现期波浪作用下的岸滩侵蚀较大，尤其在 NNW 波浪作用下，10 年一遇风暴一次造成的沙滩侵蚀量约占填沙量的 10%；且影响人工养滩区域的主浪向基本为 NNW 向，其主要造成沙滩的离岸输沙，使得沙滩剖面变缓，不会形成明显的沿岸输沙过程。

通过统计不同方向波浪出现的概率，并考虑 10 年内出现 1 次 10 年一遇风暴、2 次 5 年一遇风暴、5 次 2 年一遇风暴以及年最大波浪作用 1 次和年平均波浪持续作用下的极端情况，得到极端情况下珍珠湾人工养滩 10 年后的侵蚀量在 98.6 m^3/m，约占人工补沙量的 50%，基本满足沙滩 10 年内的流速率少于 50% 的养护要求，且本次人工养滩区域基本无沿岸输沙过程，其损失的细砂仍在湾内，通过适当的养护措施即可恢复养护后的人工沙滩。

5.1.4.6 生态海堤设计

望海养殖堤坝拆除后，东北侧人工岸线将直接面对外海，考虑掩护现有堤坝东北侧的海星中心渔港，将现有 750 m 人工岸线进行加固修复，同时为了响应国家人工岸线生态化建设的理念，本工程将在修复现有人工岸线的基础上，采用天然石材进行修复，形成集防护、生态为一体的人工岸线，即生态海堤。

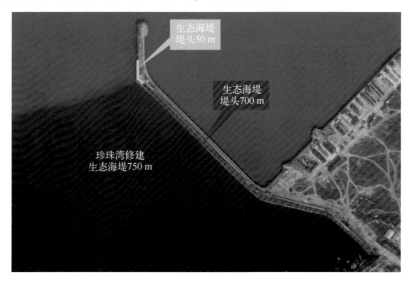

图 5-53　生态海堤修复位置图

生态海堤堤身顶高程为 4.0 m，底高程为-2.0 m，护面坡度 1∶1.5，堤身总长700 m。为了防止越浪，堤头采用大块石对堤顶进行加高，堤顶高程加高到 6.0 m，堤头总长 50 m（图 5-53）。

根据现场调研以及东侧 2005 年渔港设计图纸了解到，原有渔港防波堤护面块石为1.5 t，现有围海养殖堤坝在其基础上直接回填土石而形成。

海侧堤坝拆除后，现有东侧堤坝直接面对外海，回填土石结构无法满足结构稳定性要求，在外海波浪冲刷下存在安全隐患。因此为了提高海堤结构整体稳定，首先将回填土石全部挖除，露出原渔港防波堤结构，在原渔港防波堤结构基础上，0 m 常水位以下回填堤坝拆除块石，0 m 常水位以上采用堆砌、摆放天然石材的结构方式，进行海堤生态化建设。天然石材摆放坡度为 1∶2，平均厚度 1.5 m，平均顶高程为 4.0 m（图 5-54、图 5-55）。

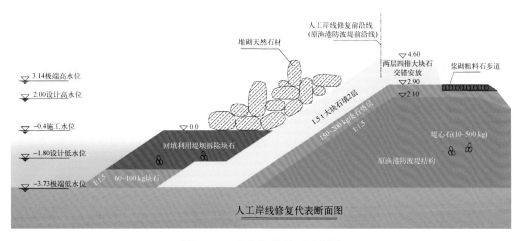

图 5-54　生态海堤断面示意图

图 5-55　生态海堤现场实景图

为防止越浪，增加堤头结构，堤头结构采用大块石护面，直接在原有堤坝结构上理砌两层，顶高程设置为 6.0 m，可以减少正向浪的越浪量。

5.1.5 生态修复工程实施效果

5.1.5.1 地形地貌修复效果

为评价堤坝拆除、局部清淤、沙滩恢复的修复效果，在工程实施前、岸上渔船及建筑垃圾清理后、施工完成后分别开展了一次地形测量，测量结果见图 5-56 至图 5-58。本修复工程位于近岸，养殖池池梗高程在 2.5~3.0 m，池内北侧水深相对较深在 -3.0 m 左右，南侧至岸线位置逐渐变浅，其中近岸原有沙滩高程在 3.0~4.5 m。在沙滩恢复前，首先对岸上渔船及建筑垃圾进行了清理，主要拆除了沙滩西侧修船坡道，清理至填沙高程。工程修复后，养殖池梗已拆除完毕，池梗处水深与周边海域基本一致，养殖池内进行了局部清淤，沙滩回填完成，修复后滩肩高程在 3.2~4.5 m 之间，滩面高程在 -1.0~3.2 m 之间，滩面坡度为 1:15，整体沙滩形态达到设计要求。

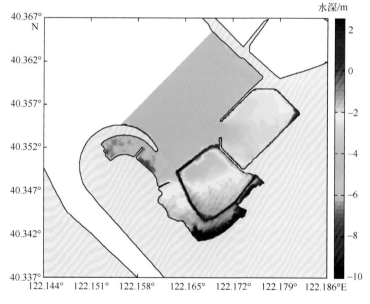

图 5-56 工程前修复区域滩涂地形图

为评估本工程的修复效果，图 5-59 给出了工程前后的地形变化，结合本工程的主要修复措施，地形变化主要分布在堤坝拆除区、养殖池清淤区以及沙滩回填区。堤坝拆除区、养殖池清淤区以高程降低为主，其中堤坝拆除区较为明显高程降低在 2.5~

3.0 m，养殖池清淤局部高程降低 0.5~1.0 m；而沙滩回填区的高程则有明显提升，其中滩肩区域回填高程为 0.5~1.0 m，滩面区域回填高程为 1.0~3.0 m。

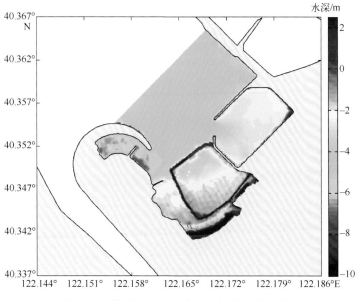

图 5-57　滑道、渔船及废弃垃圾清理后地形

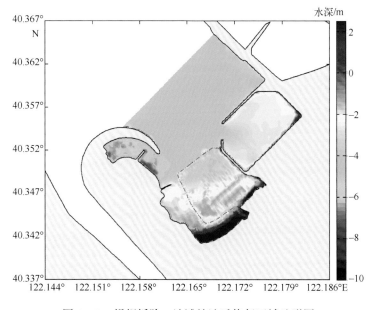

图 5-58　堤坝拆除、沙滩补沙后修复区域地形图

为评估沙滩恢复是否达到设计要求，在修复后的沙滩上选取 6 个断面，位置见图 5-60，对比修复后沙滩各个断面高程与设计剖面的差异。图 5-61 给出了各个断面施工

后的高程变化，从图中可见：修复后沙滩呈现典型的滩面-滩肩的沙滩剖面形态，各个断面滩肩前沿高程基本在 3.0m 左右，滩肩后沿高程在 3.5~4.5 m，滩面与原泥面处在高程在 -1.0~-0.5 m，滩面坡度在 1:20~1:10 之间，沙滩断面基本与设计剖面一致。从现场监测结果看：沙滩稳定性较好，未出现明显侵蚀陡坎等现象。

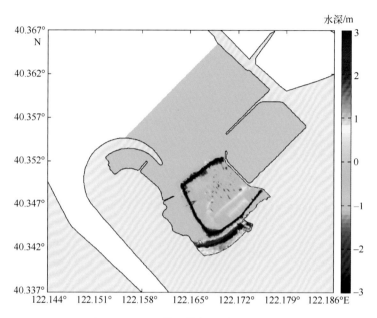

图 5-59 工程前后修复区域地形变化图

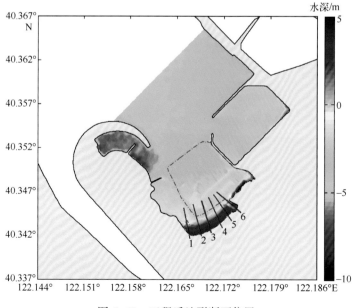

图 5-60 工程后地形断面位置

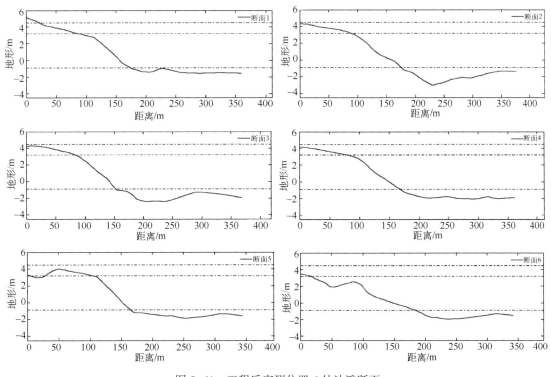

图 5-61　工程后实测位置 6 处沙滩断面

5.1.5.2　水动力改善效果

为分析工程措施对流场平面的改善情况，对工程实施前后的潮流场进行了数值模拟，在完成模型验证的基础上分析工程实施带来的水动力改善情况。

图 5-62 和图 5-63 给出工程前海域的涨落急流场变化，从结果可知：受两侧围填海影响，工程海域呈半封闭海湾形态，涨落潮时外海水体为顺岸式的往复流，而工程海域流场主要呈现为流入-流出海湾。工程前，受围海养殖束窄影响，其西侧仅存的潮流通道内流速较大，东侧中心渔港口门处流速较大，海域平面流速分布差异性较大。工程后流场见图 5-64、图 5-65，拆除养殖池梗使得修复区域的流速恢复较为明显，且原本西侧通道内流速也有所下降，整体修复区流速分布较为均匀，近岸也基本恢复了淹没-干出的湿地水动力过程，较工程前工程区域的整体水文生境明显改善。

对比工程前后的流速变化见图 5-66 和图 5-67，工程后在涨急时，养殖池海域的流速增大明显，工程后增大 0.05~0.1 m/s，同时养殖池外海域受近岸纳潮量增大影响，局部流速也略有增大；在落急时，同样养殖池区域及其外海局部海域的流速均有所增大，增大值在 0.05~0.1 m/s，而原养殖池西侧通道内流速减小明显，减小值在

0.05 m/s 左右。从计算结果可见：本修复工程在拆除养殖池埂、清理池内淤积后，主要是改善了修复区域整体水动力分布，使得修复区滩涂湿地的水动力强度分布更为均匀，涨落潮流态更趋合理，修复后的水文生境更利于滨海湿地生态功能的恢复。

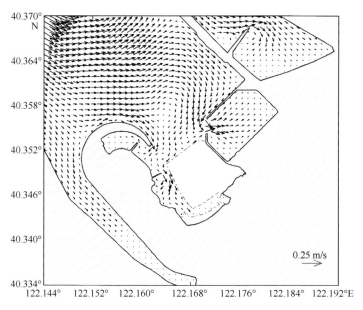

图 5-62　修复前海域涨急时流场图

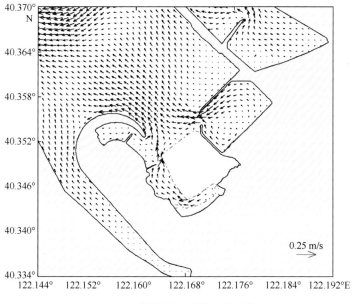

图 5-63　修复前海域落急时流场图

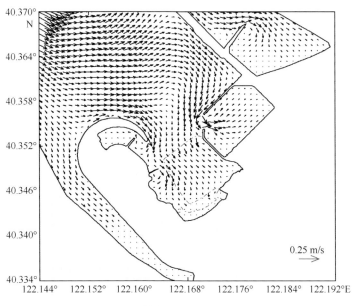

图 5-64 修复后海域涨急时流场图

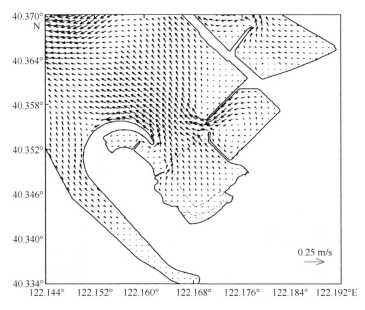

图 5-65 修复后海域落急时流场图

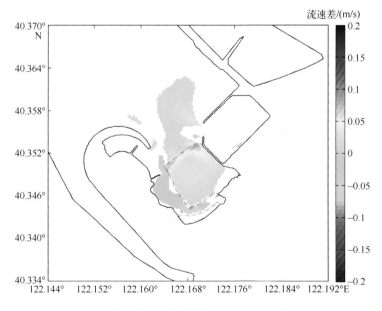

图 5-66　修复前后海域涨急时流速变化图

图 5-67　修复前后海域落急时流速变化图

5.1.5.3　岸线岸滩修复效果

本项目需要完成砂质自然岸线修复以及基岩自然岸线的恢复(图 5-68)。为评估生态修复后岸线是否达到自然岸线的认定指标，在修复前后记录每段岸线前沿及后方的现状及属性特征，获取修复后的岸线影像(图 5-69、图 5-70)。

从上述修复后的影像资料可知：针对砂质岸线区域，工程前以废旧渔船及建筑垃圾为主，局部被水泥硬化，且多处受取沙影响，存在坑洼地形，沙滩已基本消失殆尽；同时受外侧围海养殖影响，岸线前沿淤积严重，呈淤泥质滩涂形态；工程后，首先对废旧渔船、硬化地面及建筑垃圾进行了清理，恢复到砂质岸线属性，其次对岸线前沿淤泥进行了清除，最后回填天然沙，恢复了天然沙滩的平面及剖面形态，在潮流及波浪作用下，修复后沙滩基本稳定，完成了砂质自然岸线的修复，砂质岸线修复长度 972 m。

图 5-68　砂质及基岩自然岸线修复位置

(a) 工程前 　　　　　　　　　　 (b) 工程后

图 5-69　自然岸线修复前后现场对比(一)

(a) 工程前 　　　　　　　　　　　　　　(b) 工程后

图 5-70　自然岸线修复前后现场对比(二)

针对基岩岸线区域，工程前受围海养殖影响，原始基岩岸线被围在养殖池内，西侧部分基岩岸线受到填海侵占，整体岸线基岩景观遭到了较大的破坏。工程后，首先拆除了围海养殖池，恢复了自然岸线属性，其次拆除了西侧岸线上土方，露出了原始的基岩形态，修复后基岩岸线恢复至原始形态，岸线景观得到了较大提升，同时岸线前沿水质环境得到了改善，实现了基岩岸线的恢复，基岩岸线修复长度425 m。

修复后砂质及基岩岸线呈原始自然状态，达到自然岸线修复的设计指标。

5.1.5.4 生态海堤修复效果

养殖池东侧为中心渔港防波堤(图5-71)，为保障养殖池拆除后中心渔港的安全性，利用拆除的天然块石进行防护，开展生态海堤建设，提升防波堤的防护等级。

为评估生态海堤建设效果，对比生态海堤建设前后的影响变化，调查生态海堤上块石的稳定性情况，修复前后的对比如图5-72所示，修复后生态海堤的整体影像如图5-73所示。

图5-71　中心渔港生态海堤修复位置

从修复后的现场结果可知：现状下海堤坡面上采用天然块石进行了防护，防护的生态海堤以缓坡入海，生态海堤堤身的块石摆放规整，重量达到设计要求，现场调查无大块石发生滑移及倾覆现象，生态海堤防护达到设计的稳定性要求。工程后海堤天然块石的孔隙率较高，在堤脚及堤身营造了生物栖息环境，达到了生态海堤的设计要求。

(a) 工程前　　　　　　　　　　　　　(a) 工程后

图 5-72　海堤生态修复前后现场对比

图 5-73　海堤生态修复后现场情况

5.2 营口白沙湾生态修复设计及实践

5.2.1 区域位置

营口市地处辽东半岛中枢,渤海东岸,大辽河入海口处,是东北重要的出海通道。营口港是全国综合交通体系的重要枢纽和沿海主要港口之一,为"十三五"期间国务院明确的全国性综合交通枢纽城市。营口市海岸线长度约为 187.43 km,人工岸线为 154.16 km,自然岸线为 33.27 km,主要为砂质自然岸线、河口岸线;营口市四季分明,雨热同季,属大陆型季风气候,获评"2016 中国最具魅力宜居宜业宜游旅游城市"和"2020 中国宜居宜业城市"等称号,是渤海之滨的山海名城。

营口市海岸带位于大辽河及浮渡河入海口之间,受地形影响有多条河流入海,如大清河、熊岳河等,近岸自然岸线分布较广,多为砂质岸线、基岩岸线、淤泥质岸线及河口岸线等。2021 年营口市海洋生态保护修复项目位于浮渡河口-白沙湾近岸(图 5-74)。

图 5-74 营口白沙湾海洋生态保护修复项目位置图

营口白沙湾海洋生态保护修复项目位于浮渡河口东岸沙坝潟湖区域至白沙湾岸线中部区域，属营口盖州市管辖，距离营口市中心约60 km，距离沈大高速公路约20 km。白沙湾是典型的岬湾型砂质海岸，砂质细软，以细砂、粉砂为主，颜色晶白，故名"白沙湾"，素有"东北第一滩"之称。

5.2.2　区域生态问题诊断

1)围海堤坝占用沙坝-潟湖，湿地生态防灾功能受损

浮渡河口潟湖内于2010年开展了围海堤坝及人工岛建设(图5-75)，其占用了河口潟湖湿地，导致潟湖生态功能基本丧失，生态防灾空间锐减(图5-76、图5-77)。同时在围海养殖过程中，养殖废水也对周边潟湖湿地造成了二次污染，使得河口-潟湖内生物量逐年减少，生态系统基本消失。

同时部分人工堤坝直接占有潟湖外侧的沙坝主体，导致沙坝前沿波能集中，沙坝逐渐侵蚀、变窄，沙坝的消浪能力丧失，潟湖沙坝的生态防灾功能进一步减弱，沙坝侵蚀受损情况见图5-78和图5-79。

图5-75　沙坝潟湖内的围海堤坝平面位置图

图 5-76　河口潟湖内人工岛现状图

图 5-77　河口潟湖人工岛的现状照片

渤海海洋生态保护修复规划设计及工程实践
BOHAI HAIYANG SHENGTAI BAOHU XIUFU GUIHUA SHEJI JI GONGCHENG SHIJIAN

图 5-78 潟湖沙坝受损现状图

图 5-79 潟湖沙坝受损现状照片

养殖围堰不仅割裂和损害了沙坝-潟湖生态系统的完整性，同时对河口生态防灾功能也产生了较大影响，河口-海湾旅游资源价值大大受损。无论从经济效益还是生态防灾的功能性看，拆除潟湖内人工堤坝、人工岛，修复外侧沙坝形态，恢复潟湖生态系统，提升生态防灾空间势在必行，十分必要。

2）人工堤坝阻隔河口沿岸流，潟湖-岸滩沙源供给中断

浮渡河为河口沙坝潟湖及白沙湾岸滩的重要沙源，2013年河口修建了向海延伸的堤坝，其阻隔了河口沿岸流及沿岸输沙（见图5-80、图5-81），导致河口沙坝潟湖及白沙湾岸滩沙源锐减，沙坝及岸滩逐渐侵蚀变窄。

河口堤坝阻隔沿岸流及沿岸输沙

浮渡河口

图 5-80　河口向海延伸人工堤坝平面位置图

图 5-81　河口人工堤坝现状图

在潟湖沙坝外侧人为修建了多道丁坝，其对河口输沙及沙坝的整体完整性影响较大，现状图如图 5-82 和图 5-83 所示。为恢复潟湖及白沙湾内的沙源供给，修复潟湖沙坝的整体形态，拟拆除河口向海延伸堤坝及沙坝上的人工堤坝，恢复河口水动力条件及浮渡河的向岸输沙过程。

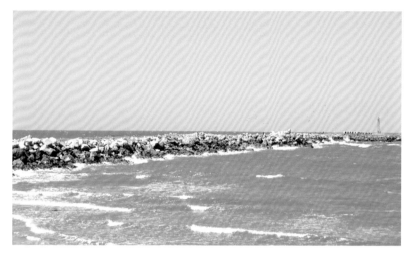

图 5-82 河口非透水堤坝现场照片

图 5-83 沙滩中部人工堤坝现场照片

3）离岸沙坝、沙滩侵蚀变窄，海岸生态减灾功能缺失

白沙湾内多为沙坝（沙岗）、潟湖以及沙滩自然岸线，在滨海路建设之前，其岸滩及后方防风林均较宽，具有较强的生态防灾功能。但在滨海路修建后以及受经济开发

活动影响，沙滩及防风林的海岸带宽度锐减，同时受沙源减少，沙岗、沙滩侵蚀速率加快，滨海路及其后方生产活动受到较大威胁。

白沙湾内现有沙坝、沙滩及防风林平面图如图5-84所示，现状下沙滩滩肩宽度较窄，离岸沙坝分散分布，沙坝高程相对较低，沙滩后方防护空间遭到违章建筑侵占，防风林面积锐减；白沙湾修复区仅北侧保留有50~80 m的沙滩滩肩，其余区域滩肩宽度仅为10~20 m；护岸前沿滩肩侵蚀情况如图5-85所示，由于沙滩消浪功能缺失，后方护岸侵蚀破坏较为严重（图5-86）；岸线后方防风林违章建筑平面图如图5-87所示，受违建开发影响，沙滩后方防风林锐减，生态减灾功能降低。

为增加白沙湾内海岸的生态防灾能力，需采用海滩养护措施，恢复堤前的沙滩宽度，增加堤前岸滩的防护能力；同时在离岸恢复离岸沙坝（沙岗），以增加海岸的消浪能力，保护近岸砂质岸线；最后通过堤后植被种植、绿道系统建设等措施构建生态廊道，恢复原有的砂质岸线防风林系统。

图5-84 白沙湾内沙滩、沙坝、防风林现状平面图

图 5-85　白沙湾内沙滩侵蚀位置及现状图

图 5-86　白沙湾内直立堤前的沙滩侵蚀情况

图 5-87　岸滩后方生态防护空间内的违章建筑遥感图

5.2.3　生态修复工程规划

"营口市海岸带保护修复工程"按照财政部、自然资源部等有关部委关于海岸带保护修复工程工作方案的要求,坚持"尊重自然、生态优先"的原则,遵循自然规律和生态系统特征,促进海岸带区域生态、减灾协同增效,因地制宜开展海岸带保护修复工程,结合营口市浮渡河口海洋保护区、白沙湾休闲娱乐区以及大清河口区域的实际情况,通过"沙坝潟湖湿地生态修复工程""河口水动力恢复工程""砂质海岸带生态防护工程""海堤生态化修复改造工程""生态减灾监测预警能力建设"的实施,修复河口-海湾-海岸生态系统,提高河口-海湾-海岸生态减灾能力,实现海岸带生态保护修复与生态减灾功能的协同增效(图 5-88)。

1)沙坝潟湖湿地生态修复工程

浮渡河口潟湖内于 2010 年开展了围海堤坝及人工岛建设,其占用了河口潟湖湿地,导致潟湖生态功能丧失,生态防灾空间锐减。通过退围还海的方式,拆除浮渡河口潟湖内的围海堤坝以及填海形成的人工岛(图 5-89),清理潟湖内的杂乱土方垃圾,修复河口-潟湖-海湾湿地 200 hm²,增加河口生态防灾减灾空间。

拟拆堤坝多为斜坡式,堤心多为碎石,堤坝总长 2 040 m,其中约有 800 m 位于潟湖沙坝两侧,拟拆堤坝顶宽约 7 m,顶高程在 3.0 m 左右;拟拆除填海小岛多为开山土填筑,顶高约 3.0 m,面积约 2.65×10⁴ m²,拆除下来的土方运输至指定回收处进行堆放处理。其中人工岛拆除及部分围堰拆除由盖州营口港仙人岛港区至浮渡河口围填

图 5-88　营口市白沙湾海洋生态保护修复工程平面图

图 5-89　沙坝潟湖湿地生态修复工程方案布置图

海项目生态保护修复方案专项实施，其经费由地方配套实施。

同时，由于部分人工堤坝直接占有沙坝主体，导致沙坝前沿波能集中，沙坝的消浪能力丧失，潟湖沙坝逐渐侵蚀、变窄，河口防灾减灾能力进一步减弱。在拆除占用潟湖沙坝的人工堤坝后，拟通过人工补沙方式，恢复潟湖沙坝的形态及宽度，提升沙坝消浪功能。拟修复生态防护沙坝 2 030 m，恢复其宽度至 80 m 左右，恢复沙坝高程 1.0~1.5 m。

2）河口水动力恢复工程

浮渡河为河口沙坝潟湖及白沙湾岸滩的重要沙源，2013 年河口修建了向海延伸的堤坝，其阻隔了河口沿岸流及沿岸输沙，导致河口沙坝潟湖及白沙湾岸滩沙源锐减，沙坝及岸滩逐渐侵蚀变窄。为恢复潟湖及白沙湾内的沙源供给，拟拆除河口向海延伸堤坝，恢复河口水动力条件及浮渡河的向岸输沙过程。拟拆除堤坝平面布置如图 5-90 所示，拆除后修复河口湿地面积 200 hm²。

图 5-90　河口水动力恢复工程方案布置图

拟拆堤坝的长度分别为 565 m、145 m 和 190 m，堤坝结构为抛石斜坡堤，堤坝顶高程在 2.5~3.0 m 之间，堤坝宽度 10~70 m。拆除堤坝所得的天然块石可进行资源再利用，本次项目只作运输、存储处理。

3）砂质海岸带生态防护工程

白沙湾内多为沙坝（沙岗）、潟湖以及沙滩自然岸线，在滨海路建设之前，其岸滩及后方防风林均较宽，具有较强的生态防灾功能。但在滨海路修建后以及受经济开发活动影响，沙滩及防风林的海岸带宽度锐减，同时受沙源减少，沙岗、沙滩侵蚀速率加快，滨海路及其后方生产活动受到较大威胁。

为降低海岸侵蚀后退速度，2014 年营口市开展了护岸维护工程，但受资金限制，多采用直立防浪护岸，其占用了原有的防护沙滩宽度，造成了堤前波浪动力集中，直立堤受损严重。为增加白沙湾内海岸的生态防灾能力，拟采用海滩养护措施，恢复堤前的沙滩宽度，增加堤前岸滩的防护能力；同时在离岸 300~500 m 位置处恢复离岸沙坝（沙岗），一方面增加海岸的消浪能力，保护近岸砂质岸线，另一方面对后方沙滩形成沙源补充，进而拓宽了白沙湾海岸的防灾减灾空间，修复海湾滨海湿地 100 hm²。

本次修复除对白沙湾内侵蚀严重岸段进行补沙外，同时对沙坝-潟湖后方的砂质岸线也开展人工修复，但潟湖内历史围填海遗留问题中未确权的区域前沿暂不开展修复。

为保护海岸带的生态防灾功能，仙人岛管委会开展了岸线以内 500 m 范围内的违章建筑拆除工程。在违章拆除后，拟通过堤后植被种植、绿道系统建设等措施构建生态廊道，恢复原有的砂质岸线防风林系统，同时满足生态休憩、亲水、娱乐、观景等需求，逐步恢复海岸带的生态防灾减灾功能。

砂质海岸带生态防护工程的平面布置如图 5-91 所示。拟开展砂质岸线修复长度 4 550 m，离岸沙坝长度 1 800 m，岸线生态防护带面积 7.4×10⁴ m²，房建拆除面积 7 974 m²。修复后效果如图 5-92 所示。

图 5-91　砂质海岸带生态防护工程平面布置图

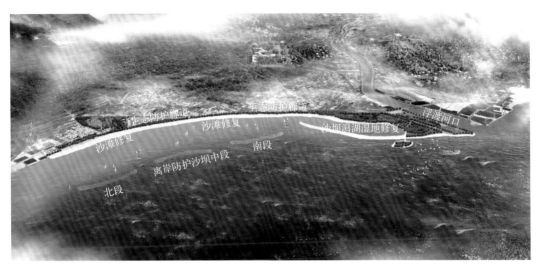

图 5-92　营口白沙湾生态修复实施后的效果

5.2.4　生态修复工程论证设计

5.2.4.1　堤坝拆除论证分析

1）堤坝拆除前潮流场特征

通过数值模型分析了工程前大范围海域大潮涨急、落急时刻流场（图 5-93），白沙湾附近涨急、落急时刻流场（图 5-94）以及工程前河口-潟湖附近逐时流场及水位图（图 5-95）。

本次修复区的高程位于近岸砂质浅滩上，涨落潮期间为淹没-干出过程。涨潮时水体从浮渡河口顺潟湖外侧沙坝流向近岸浅滩，漫滩时涨潮流向基本垂直于近岸；潟湖口门附近呈顺岸式流动，且受束窄影响，口门处涨急、落急时流速较大；落潮时白沙湾内水体自 NE 向 SW 向流动，潟湖内水体自口门流出向 SW 向偏转，两股水体合并后顺岸流向浮渡河口近岸。工程前由于潟湖沙坝较高，且后方存在堤坝阻隔，潟湖东侧口门是其水体唯一通道。

涨潮时，潮波主要由渤海海峡及渤海中部流向辽东湾湾底，工程附近大范围的涨落潮方向主要为 SW-NE 向，工程北侧的仙人岛港防波堤具有明显的挑流作用，防波堤口门附近流速较大；由于仙人岛港防波堤的阻隔效应，白沙湾内涨落潮流呈南强北弱趋势，尤其是在浮渡河口外侧顺岸式的往复流较大，涨急、落急时最大流速约 0.6 m/s；受河口向海延伸堤坝的挑流影响，堤坝两侧在涨落潮时存在挑流旋涡，影响范围约 0.5 km。

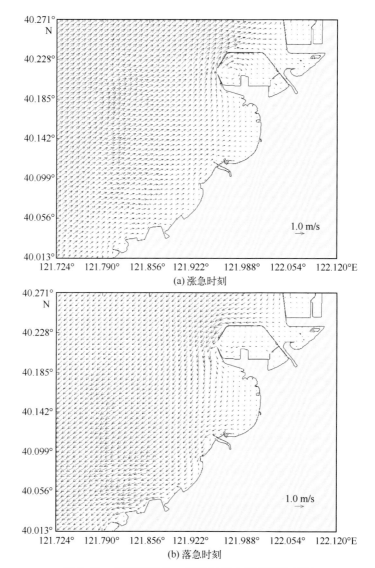

图 5-93　工程前涨急、落急时刻大范围整体流场

　　由于沙坝的向海延伸及其对东侧湾内沙滩的掩护作用，拟修复的潟湖外侧区域流场相对较强，涨急、落急时流速为 0.3~0.6 m/s，而其东侧沙滩前沿附近流场则整体相对较弱，为 0.1~0.4 m/s，且在拟修复沙滩中部区域存在一浅滩潮沟，潮沟内流速相对较大，其涨急、落急时流速较大。

　　小潮涨急、落急时刻的流态与大潮基本类似，仅是流速大小有些差异。总的说来，本生态修复工程位于浮渡河口东侧白沙湾内，涨落潮时水体顺岸流动；河口潟湖附近流速较大，湾内沙滩前沿流速较小。拟修复区域处于近岸浅滩，在涨落潮时处于淹没-干出状态，现状下近岸浅滩大部分区域处于 1 m 以下，涨憩时刻基本处于淹没状态，小潮期涨落急时流速为 0.1~0.5 m/s。

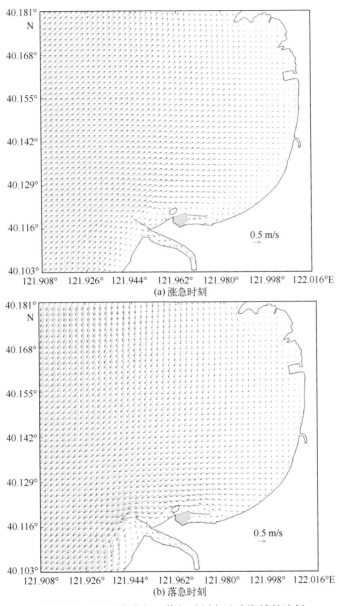

(a) 涨急时刻

(b) 落急时刻

图 5-94　工程前涨急、落急时刻白沙湾海域的流场

2) 堤坝拆除后潮流场特征

为了研究生态修复方案中堤坝拆除对附近水动力环境的改善情况，通过数值模型，对堤坝拆除后的潮流场进行了预测。图 5-96 给出了堤坝拆除后大范围海域整体涨急、落急流场图；图 5-97 给出了堤坝拆除后白沙湾海域的涨急、落急流场图；图 5-98 给出了堤坝拆除后河口-潟湖区域流场及水位逐时变化图。

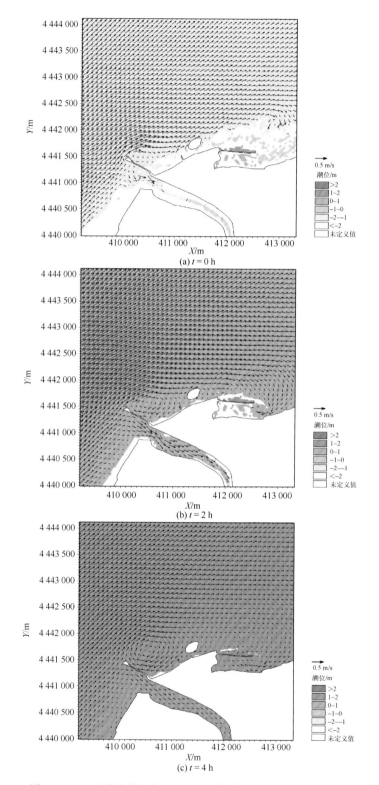

图 5-95　工程前涨落潮期间河口-潟湖附近逐时流场及水位图

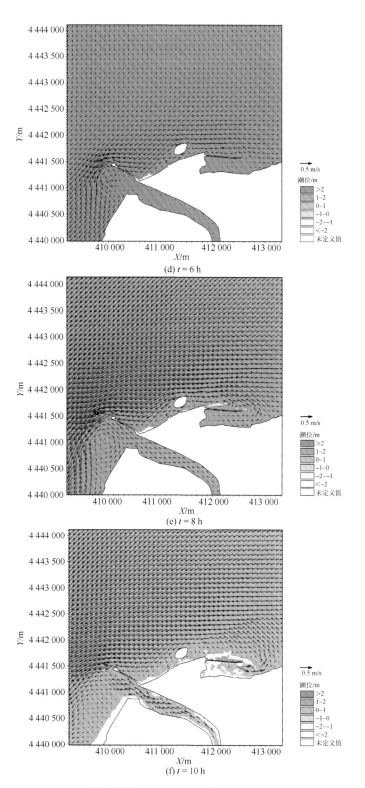

图 5-95　工程前涨落潮期间河口-潟湖附近逐时流场及水位图(续)

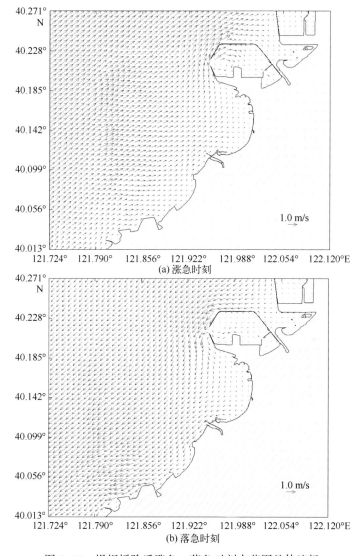

(a) 涨急时刻

(b) 落急时刻

图5-96 堤坝拆除后涨急、落急时刻大范围整体流场

从上述结果可知：本次堤坝拆除工程主要位于浮渡河口外侧向海延伸堤坝以及沙坝潟湖湿地内的围堰及人工岛。整体来看堤坝拆除对大范围整体的流场影响较小，对白沙湾内的涨落潮影响也有限，主要影响修复区域附近的河口、潟湖及岸滩湿地区域，尤其对河口流场及潟湖的纳潮影响较为明显。

河口堤坝拆除后，浮渡河口东西两侧流场基本恢复，挑流旋涡已不复存在；堤头处流速较工程前略有减小，堤坝两侧流速则略有增大，流向基本恢复为顺岸往复流。而潟湖内由于纳潮面积的增大，堤坝拆除后其流场略有增大；且由于沙坝内侧围堰的拆除，落潮时部分水体直接漫过沙坝较低处，潟湖口门处流速增大明显。

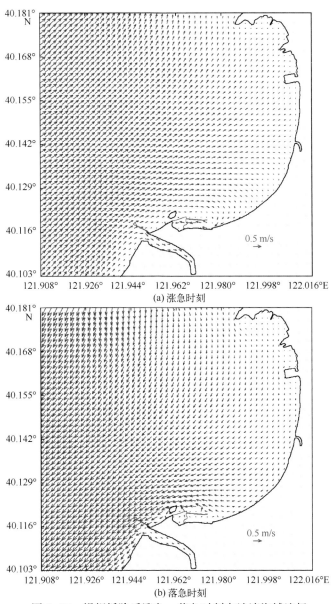

图 5-97　堤坝拆除后涨急、落急时刻白沙湾海域流场

　　河口堤坝拆除对恢复河口水动力具有明显效果，有利于浮渡河口向两侧岸滩的输沙过程，建议全部拆除向海延伸的堤坝。而潟湖内围堰的拆除，拓宽了潟湖湿地面积，改善了潟湖整体的水动力条件，提升了潟湖口门处的流速大小，有利于潟湖口门的稳定性。

3）堤坝拆除前后流场变化

　　为分析堤坝拆除及沙坝、沙滩修复后的水动力变化情况，图 5-99 给出了堤坝拆除前后的滩涂上流速的逐时变化。

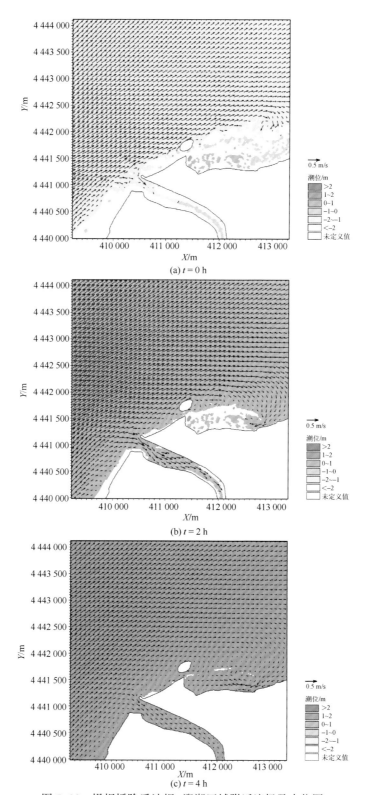

图 5-98　堤坝拆除后沙坝-潟湖区域附近流场及水位图

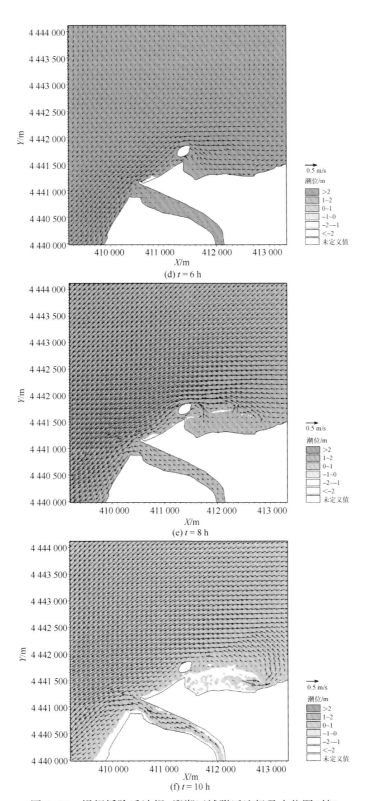

图 5-98　堤坝拆除后沙坝-潟湖区域附近流场及水位图(续)

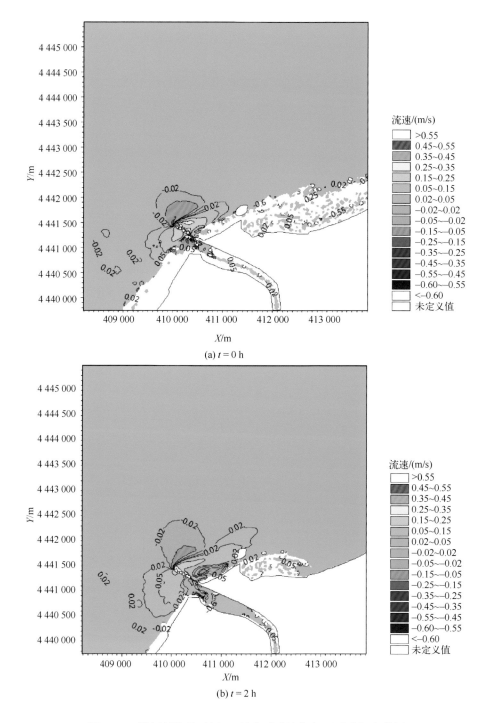

(a) t = 0 h

(b) t = 2 h

图5-99　堤坝拆除前后河口-潟湖涨落潮期间逐时流场变化图

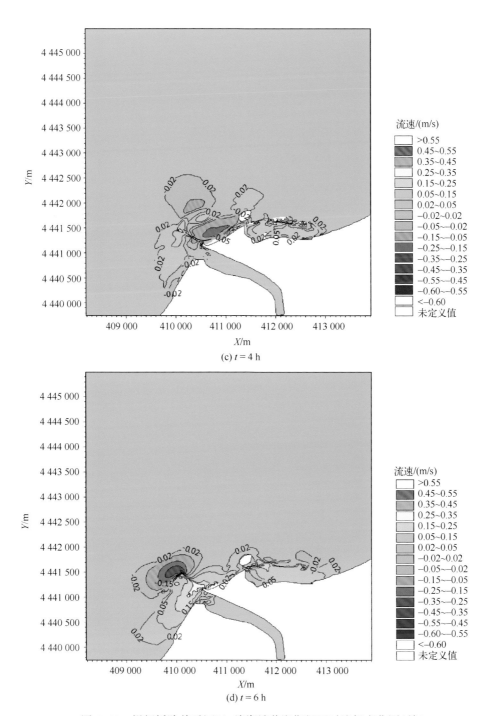

图 5-99 堤坝拆除前后河口-潟湖涨落潮期间逐时流场变化图(续)

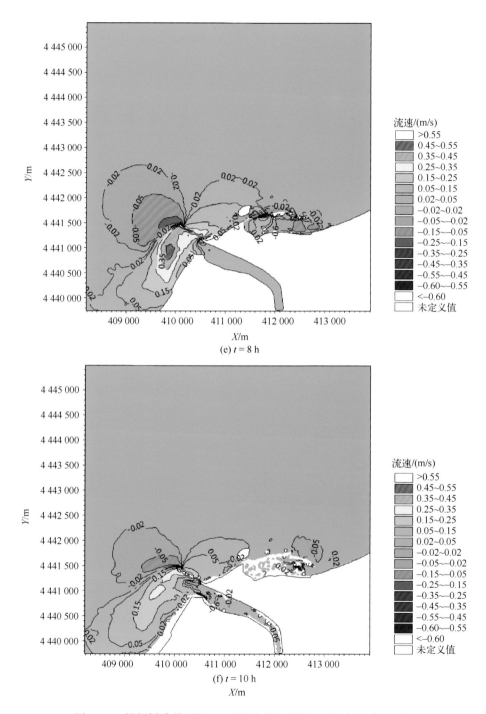

图5-99 堤坝拆除前后河口-潟湖涨落潮期间逐时流场变化图(续)

从上述结果可知：河口堤坝拆除后，受堤坝挑流和阻隔引起的流速改变基本恢复，拆除后堤头流速略有减小，减小在 0.15 m/s 以内，而堤坝两侧流速则略有增大，增大为 0.05~0.3 m/s，落急时的影响要大于涨急时。

潟湖围堰及人工岛拆除后，一方面部分水体可直接漫过沙坝进入潟湖，沙坝上部分区域流速增大；另一方面，受潟湖面积增大，纳潮量增加，使得东侧潟湖口门处流速明显增大，流速增大 0.05~0.15 m/s，整体潟湖内流速均有所改善。

5.2.4.2 沙滩设计参数确定

1）人工养滩粒径

利用白沙湾大范围的泥沙粒径调查和分析结果，得到白沙湾底质粒径分布图，如图 5-100、图 5-101 所示。白沙湾粒度总体分布趋势为离岸越近泥沙粒径越小，靠近岸边的浅水区域上部粒径比下部稍大。

白沙湾水下部分剖面平均坡度较缓，符合 Dean 的平衡剖面理论。工程区域内近岸 200 m 范围表层泥沙取样点粒度分析结果同样表明此区域内泥沙粒径属于中粗沙范围，分选较好，砾石和黏性沙成分较小。

鉴于白沙湾泥沙调查结果，同时，为了减少填筑沙料的流失，通常考虑应选取原来海滩沉积物中值粒径 1.0~1.5 倍的沙料用于填埋。如果采用中值粒径比天然海滩的中值粒径要细的沙料，则由于沙料组成中的细颗粒泥沙会流向海中，因此还必须考虑超量填沙，使得即使在大量细颗粒泥沙流失后，仍能保持设计所要求的填沙剖面。

为此，结合潟湖沙坝位置及历史侵蚀特征、工程海域波浪作用特征以及工程海域沿岸输沙特性，考虑潟湖沙坝可能受到相对较大的侵蚀作用，潟湖沙坝的填沙粒径可选择为 0.65~0.80 mm，以提升潟湖沙坝的抗侵蚀能力；同时，结合沙滩位置及平面设计，沙滩受到前沿沙坝的保护，一定程度上有助于降低沙滩受到的侵蚀作用，由此，沙滩的填沙粒径可选择为 0.50~0.65 mm。

2）人工养滩坡度

根据 2021 年 2 月在工程区北端现存较好的沙滩的坡度及高程的测量结果，沙滩的坡度基本在 1∶8.7 至 1∶10.7 之间，滩肩高程在 3 m 左右（图 5-102、图 5-103）。

通常，为了保证施工后海滩尽快达到平衡，保证抛填沙最短的时间内使剖面达到动态平衡，沙滩的施工坡度应比设计剖面略陡。依据《海岸工程手册》中推荐的施工坡度，同时结合附近海滩的现状，确定填沙坡度为 1∶10。

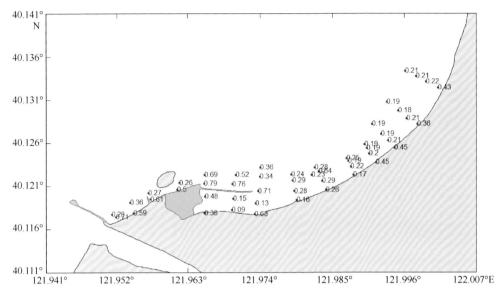

图 5-100　岸滩底质粒径分布图

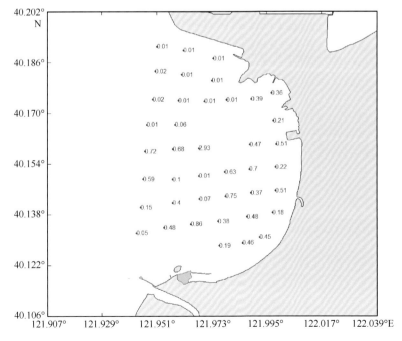

图 5-101　海域底质粒径分布图

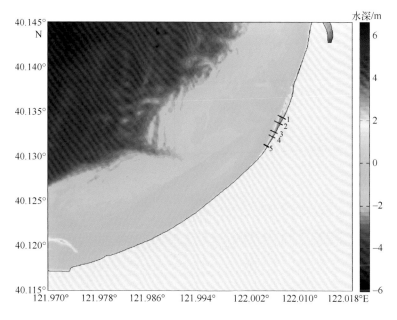

图 5-102　工程北端现存沙滩调查剖面位置示意

3）人工养滩高程

滩肩前沿高程的确定方法主要有两种：①通过现场调查得出。滩肩前沿高程通常与自然情况下健康海滩滩肩顶高程一致；②当缺少当地或附近的天然优良海滩剖面数据时，滩肩前沿高程=平均高潮位+一定重现期波浪爬高值。

根据 2021 年 2 月在工程区北端现存较好的沙滩的坡度及高程的测量结果，沙滩滩肩高程在 3 m 左右。同时，根据白沙湾海岸形态及作用波浪特征，并考虑工程海域设计水位特征，计算得到不同波浪方向 10 年一遇波浪作用下的波浪爬高基本在2.5~2.8 m 之间，与北端现存较好的沙滩的滩肩高程相近。综合考虑人工养滩设计的沙滩寿命及维护，这里选择滩肩高程为 3.0 m。

此外，根据 2021 年 2 月在工程区北端现存较好的沙滩高程的测量结果，滩肩宽度在 15~65 m 之间。考虑西侧沙滩位于潟湖沙坝系统的后方掩护区，波浪的侵蚀作用相对较弱，因此，选取滩肩宽度为 20 m，滩肩后沿高度为 3 m。东侧沙滩位于白沙湾南部，靠近白沙湾中部，为波浪直接侵袭区，考虑滩肩宽度应满足旅游沙滩不低于 30 m 的规定以及补沙量的合理范围，并兼顾北端现存保存较好沙滩滩肩宽度和坡度，由此，综合考虑经济等因素，选取滩肩宽度为 40 m，滩肩后沿高度为 3 m。

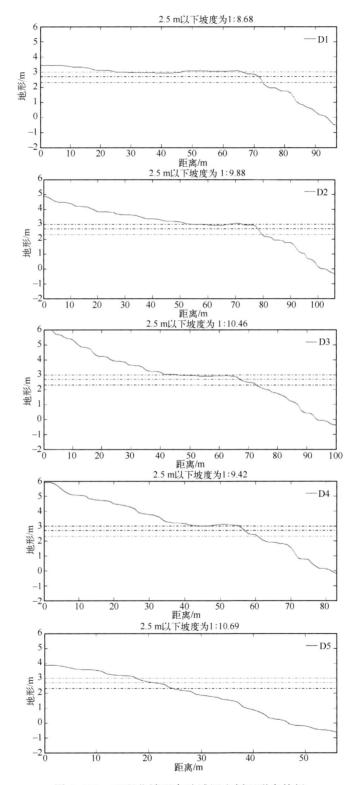

图 5-103　工程北端现存沙滩调查剖面形态特征

5.2.4.3　离岸沙坝的平面优化

为了研究潟湖沙坝养护、沙滩恢复及新建离岸沙坝对附近水动力环境的改善情况，通过数值模型，对沙坝、沙滩修复后的水动力进行了预测。

1）初步方案实施后流场特征

首先基于工可阶段的修复方案开展数值计算工作，图 5-104 给出了工可阶段沙坝、沙滩修复方案，图 5-105 则给出了沙坝、沙滩修复后工程附近浅滩上的逐时流场及水位变化图，基本描述了工程后的涨潮漫滩及落潮干出过程。

图 5-104　沙坝-沙滩生态修复平面布置方案（一）

从上述计算结果可知：本次沙坝、沙滩修复工程主要位于白沙湾南岸、浮渡河口以北区域，其对大范围整体及白沙湾的流向影响较小，主要影响潟湖及岸滩附近海域，且新建离岸沙坝对流场的影响较大，而沙滩恢复及潟湖沙坝养护对流场影响较小。

潟湖沙坝修复后的整体顶高程在 1.5 m，其在大潮期间水体可漫滩进入潟湖内，落潮时部分水体由沙坝流向外海，较修复前沙坝上的流场分布更为均匀，修复整体流场有利于潟湖沙坝的稳定性；沙滩恢复则由于近岸 100 m 范围内，其主要造成涨憩时近岸漫滩流速略有减少，影响范围有限。

新建的三道离岸沙坝由于其位于近岸浅滩前沿，坝顶高程在 0 m，沙坝布置方向与岸线平行，导致涨落潮时沙坝对流场阻隔明显，而沙坝之间缺口束流显著，导致沙坝处流速较小、沙坝之间流速增大，且在涨落急时形成明显的向岸及离岸流，对浅滩游客亲水的安全性以及沙坝的整体稳定性均有一定的影响。

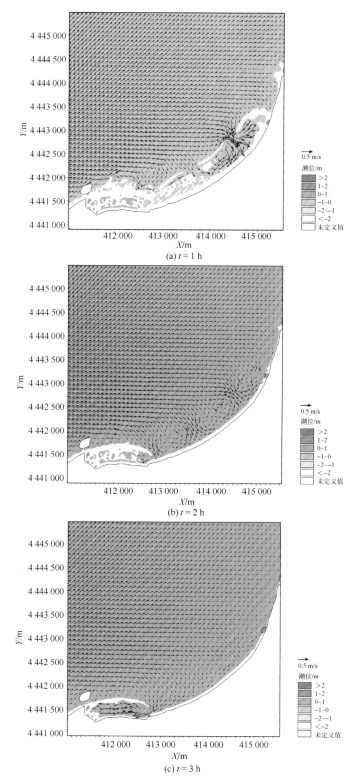

(a) t = 1 h

(b) t = 2 h

(c) t = 3 h

图 5-105　沙坝-沙滩修复后涨落潮期间逐时流场及水位图

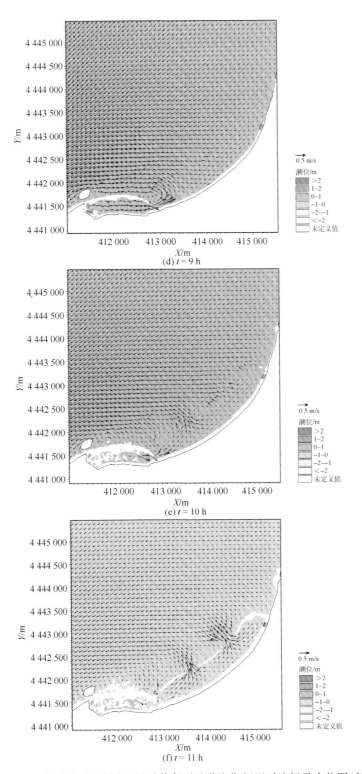

图5-105 初步方案下沙坝-沙滩修复后涨落潮期间逐时流场及水位图（续）

综上，结合修复后离岸沙坝附近的流场形态，需对沙坝布置方案进行优化，在保障沙坝对后方沙滩掩护效果的浅滩下，减少离岸沙坝对近岸浅滩流场的影响。

2）优化方案修复后流场特征

基于前一节的模拟结果，对离岸沙坝方案进行优化，离岸沙坝优化后的方案见图5-106，对中间沙坝的位置进行了调整，将中间沙坝调整至近岸潮沟后方处，同时利用三道沙坝离岸位置的差异，形成顺岸方向的潮流通道；通过上述调整一方面避免了中间沙坝对原始天然潮沟的直接阻隔，另一方面增加了各个沙坝之间的距离，改善了涨落急时刻沙坝之间的流场形态。图5-107给出优化后的涨落急时刻的流场图。

图5-106　沙坝-沙滩生态修复平面布置方案（二）

从上述结果可知：方案优化后，涨落急时刻沙坝之间的流速明显减弱，同时向岸流及离岸流方向也发生偏转，由原先垂直于岸线方向转变为与岸线呈一定角度。优化后的流场对浅滩上游客安全性的影响较小，其对后方沙滩的防护效果与工可方案中基本一致。

3）不同方案修复前后流场变化

为分析堤坝拆除及沙坝、沙滩修复后的水动力变化情况，图5-108给出了初步方案修复后的逐时流速及水位变化图，图5-109给出了优化沙坝方案修复后的逐时流速及水位变化图。

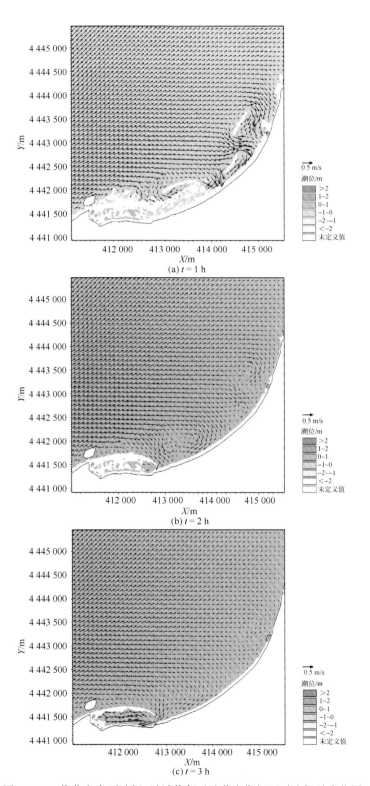

图 5-107　优化方案下沙坝-沙滩修复后涨落潮期间逐时流场及水位图

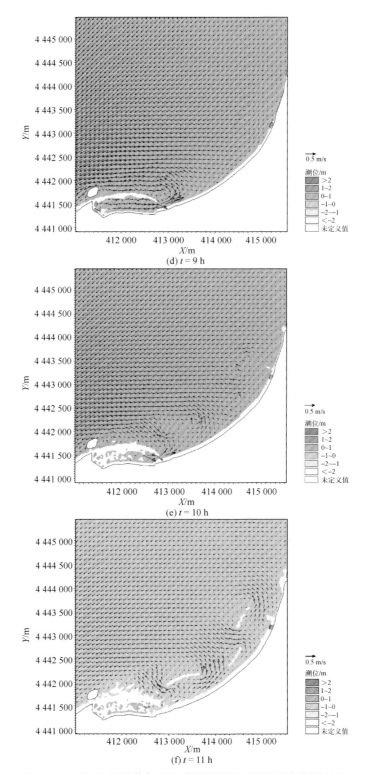

图 5-107　沙坝-沙滩修复后涨落潮期间逐时流场及水位图(续)

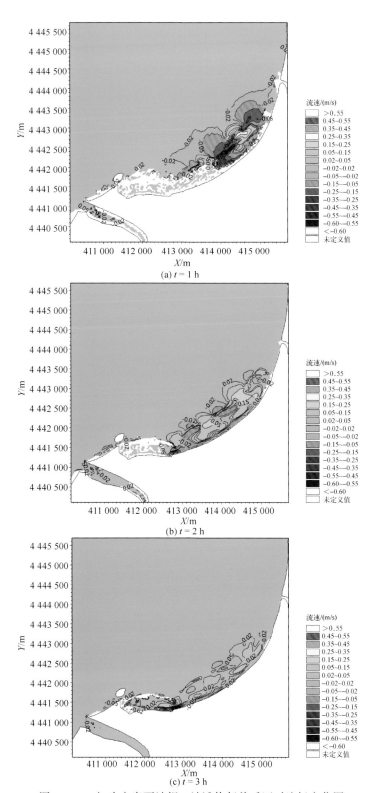

图 5-108　初步方案下沙坝、沙滩修复前后逐时流场变化图

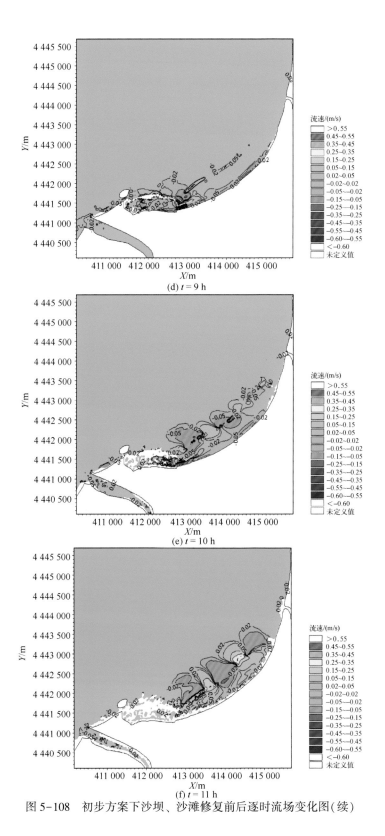

图5-108　初步方案下沙坝、沙滩修复前后逐时流场变化图(续)

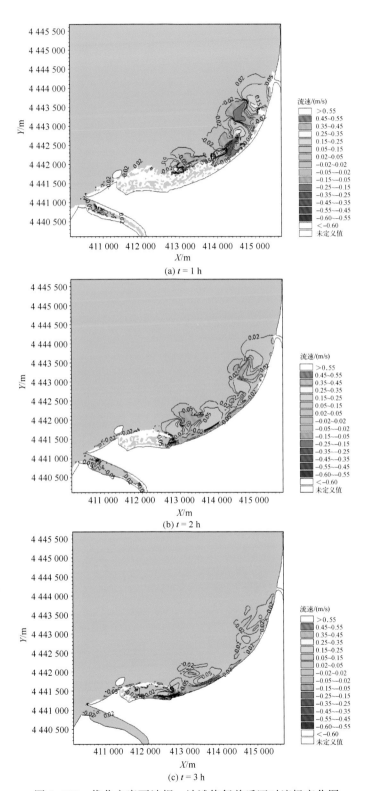

(a) $t = 1$ h

(b) $t = 2$ h

(c) $t = 3$ h

图 5-109　优化方案下沙坝、沙滩修复前后逐时流场变化图

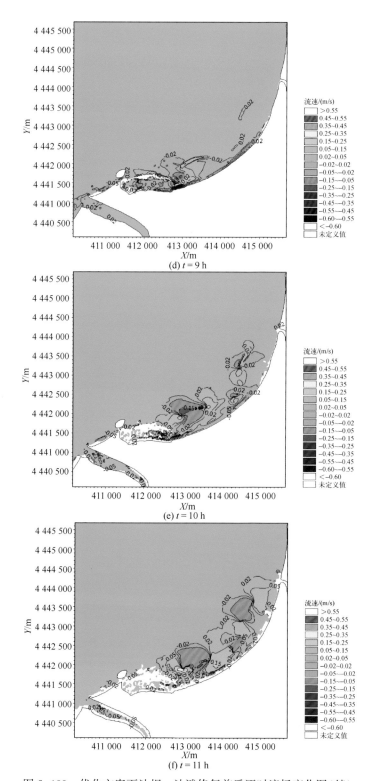

图 5-109　优化方案下沙坝、沙滩修复前后逐时流场变化图(续)

从上述结果可知：两种方案下修复后的流场变化趋势基本一致，针对潟湖沙坝来说，修复后其宽度增加，高度略有降低，仅在潮位漫过沙坝时流速有所改变；同样对于近岸沙滩来说，其主要减少了近岸的漫滩流速，影响范围仅限填沙区域；对于离岸沙坝，其一方面对涨落潮流形成了阻隔作用，另一方面沙坝之间空隙束窄了涨落潮流，导致离岸沙坝处流速减小，而沙坝之间流速增大明显。

潟湖沙坝养护后整体高程略有降低，受水体漫滩影响，涨憩时刻潟湖沙坝处的流速略有增大，增大约 0.1 m/s；离岸沙坝修复后，受沙坝阻隔影响，流速减小约 0.5 m/s，而沙坝之间束窄处，流速增大 0.3~0.5 m/s；沙坝方案优化后，沙坝的阻流影响变化较小，优化后流速减小仍在 0.5 m/s 左右，沙坝束窄处流速增幅减弱，其中涨急时沙坝之间流速增大约 0.3 m/s，而落急时流速增大在 0.2 m/s 左右；可见沙坝优化方案会减小离岸沙坝建设对潮流的影响，降低沙坝之间的流速增大幅值，有利于沙坝及近岸沙滩的整体稳定性，同时离岸流减小，也降低了离岸沙坝建设对游客亲水的安全威胁。

5.2.4.4 人工养滩稳定性数值分析

1）计算工况选取

根据文献资料中白沙湾的动力过程分析可知，影响修复区域岸滩的主要浪向分别为 NNW、NW、W 和 SW，具体方向如图 5-110 所示。数值计算时主要考虑设计高水位下的风暴侵蚀过程，波浪要素选用 10 年一遇设计波要素。

图 5-110 沙坝、沙滩冲淤数值计算工况示意

数值计算得到四种工况下波浪向近岸的传播过程见图5-111至图5-114，从波高分布图可知：受仙人岛港防波堤掩护影响，NNW和NW向波浪主要影响白沙湾南侧近岸，而W向浪主要影响整体白沙湾近岸，SW向浪主要影响白沙湾北侧近岸。但浮渡河口区域由于其向海延伸，受各个方向波浪影响均较为明显。设计高水位下近岸波浪主要在沙坝及沙滩前破碎，进而引起离岸输沙，导致岸滩发生侵蚀，同时波浪破碎后的沿岸流也是岸滩侵淤变形的主要因素。

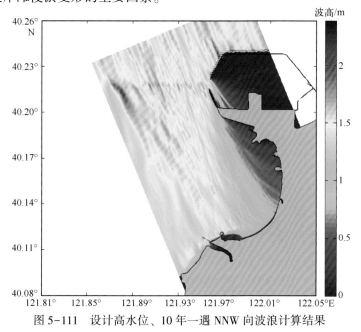

图5-111　设计高水位、10年一遇NNW向波浪计算结果

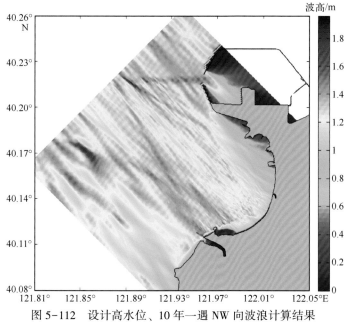

图5-112　设计高水位、10年一遇NW向波浪计算结果

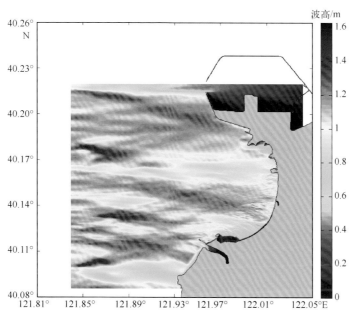

图 5-113 设计高水位、10 年一遇 W 向波浪计算结果

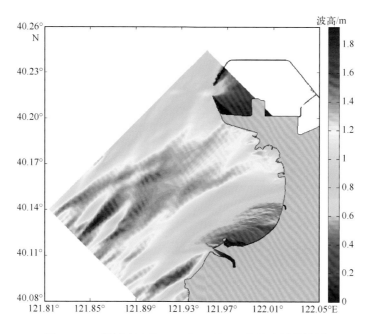

图 5-114 设计高水位、10 年一遇 SW 向波浪计算结果

2）无离岸沙坝计算结果

为分析沙坝潟湖及沙滩恢复后，近岸波浪作用下的侵蚀、淤积情况，同时分析离岸沙坝的掩护作用。首先模拟了沙滩修复后、离岸沙坝未建时的波生流及侵淤分布，得到 NNW、NW、W 和 SW 向、10 年一遇波浪下近岸的波生流及沙滩侵淤分布，见图 5-115 至图 5-118。

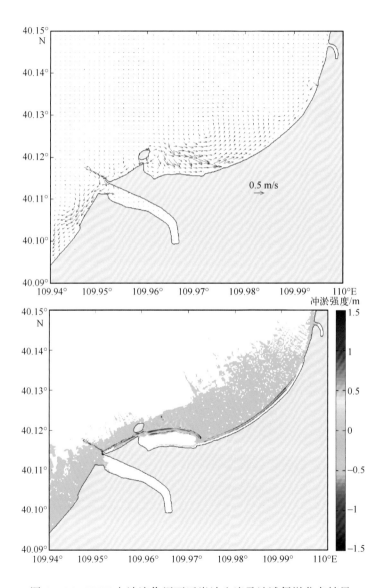

图 5-115　NNW 向波浪作用下近岸波生流及沙滩侵淤分布结果

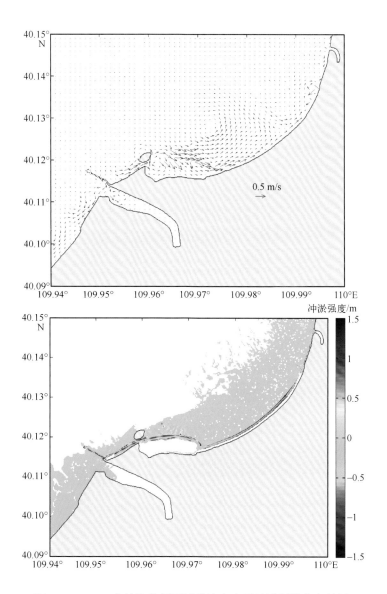

图 5-116　NW 向波浪作用下近岸波生流及沙滩侵淤分布结果

从图中可知，波浪传播至近岸后主要在潟湖沙坝外侧及近岸沙滩前沿发生破碎，并形成波生沿岸流。在 NNW 向波浪作用下，人工岛西侧以自南向北沿岸流为主，浮渡河口南侧沿岸流较大，浮渡河口与人工岛之间沿岸流相对较弱，量级在 0.2 m/s 左右；人工岛东侧以自西向东的沿岸流为主，潟湖沙坝处沿岸流方向基本顺沙坝走向，沙坝上沿岸流相对较大，为 0.3~0.5 m/s，近岸浅滩上均分布有沿岸流场；波浪作用下近岸沙坝及沙滩侵蚀均较为明显，一方面受离岸输沙影响，近岸侵蚀、离岸浅滩淤积；另一方面在沿岸流作用下发生沿岸输沙，人工岛两侧以侵蚀为主，沿岸输运方向处以淤积为主。

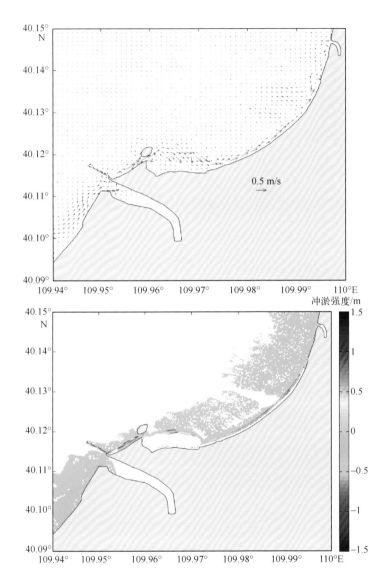

图 5-117　W 向波浪作用下近岸波生流及沙滩侵淤分布结果

在 NW 和 W 向波浪作用下，浮渡河口南侧以自南向北沿岸流为主，强度均小于 NNW 向浪；浮渡河口北侧沿岸流则均为自西向东，沙坝前沿沿岸流较强，NW 向波浪下沿岸流分布要宽于 W 向。侵淤分布规律与波浪直接作用区域及沿岸流方向息息相关，人工岛两侧潟湖沙坝侵蚀较为明显，相对较深的近岸潮汐通道后方沙滩侵蚀较大，大部分浅滩具有一定的消浪作用，其后方沙滩侵蚀相对较小。

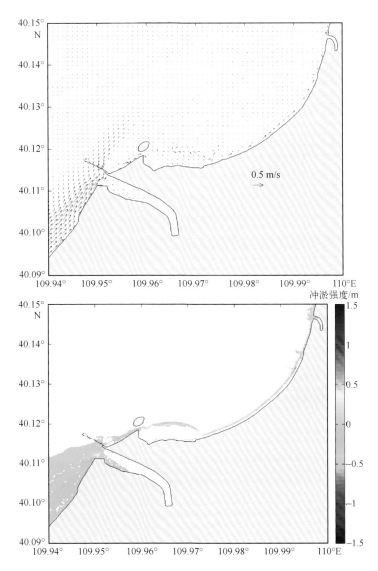

图 5-118　SW 向波浪作用下近岸波生流及沙滩侵淤分布结果

　　在 SW 向波浪作用下，浮渡河口南侧沿岸流为自北向南，北侧为自西向东，与岸线走向连续一致，且南侧强度明显大于北侧，北侧沿岸流强度在 0.1 m/s 以下，仅分布于沙坝及沙滩前沿；该方向下侵淤主要发生在浮渡河口南侧，北侧整体侵蚀相比其他浪向要小。

3）初步方案修复后计算结果

　　从上节无离岸沙坝的计算结果可知：NNW—W 向波浪可直接作用至近岸沙滩区域，

其一方面受离岸输沙影响，近岸侵蚀、离岸浅滩淤积；另一方面在沿岸流作用下发生沿岸输沙。近岸浅滩具有一定的消浪作用，但水深相对较深的近岸潮汐通道后方沙滩侵蚀较大。

为提高近岸沙滩的稳定性，在沙滩前沿新建三道离岸沙坝，数值模拟得到离岸沙坝新建后的波生流及沙滩侵淤分布如图 5-119 至图 5-121 所示。

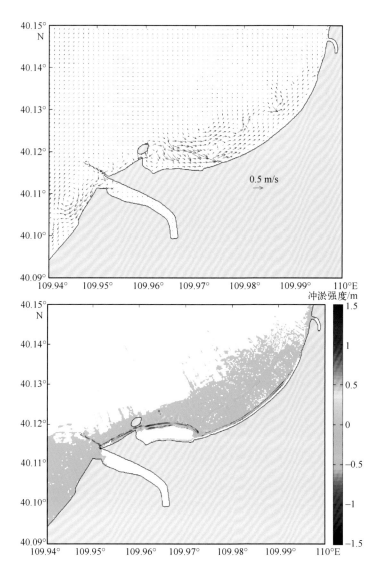

图 5-119　初步方案实施后 NNW 向波浪作用下近岸波生流及沙滩侵淤分布结果

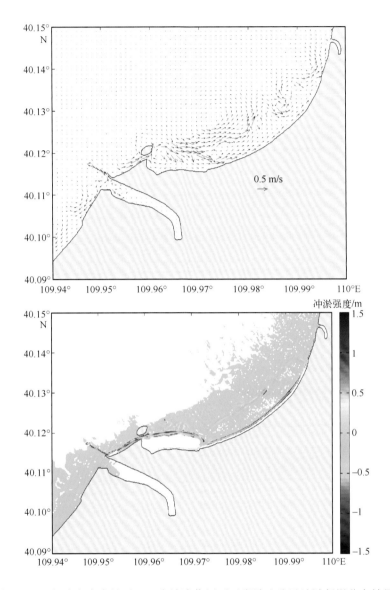

图 5-120　初步方案实施后 NW 向波浪作用下近岸波生流及沙滩侵淤分布结果

从计算结果可知：离岸沙坝主要位于人工岛东北侧，其主要影响沙坝周边的波生流场以及沙坝后方沙滩的侵淤强度；新建离岸沙坝后，附近浅滩波生流仍主要为自西向东，但被沙坝分割为前后两部分，东侧两处沙坝上存在向岸流场；沙坝建成后，其直接掩护的后方沙滩侵蚀明显减小，但沙坝之间空隙后方沙滩侵蚀强度与建成前基本一致，沙坝对其后方的直接掩护较为明显。

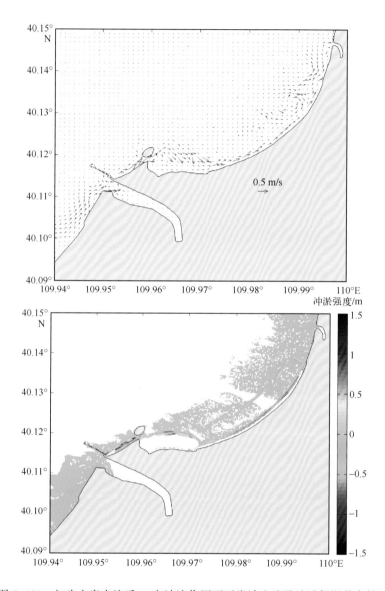

图5-121　初步方案实施后W向波浪作用下近岸波生流及沙滩侵淤分布结果

4）优化方案修复后计算结果

根据前章流场分析结果，工可方案下沙坝离岸距离基本一致，沙坝之间距离较小。工程后，涨落急时易形成较为明显的向岸及离岸流场，对沙坝稳定性及旅游安全性产生影响，需对沙坝布置方案进行优化。

数值模拟得到该沙坝方案下近岸波生流及沙滩侵淤分布如图 5-122 至图 5-124 所示，相较于初步方案，本方案主要变化是中间沙坝位置向岸移动。新建离岸沙坝后，附近浅滩波生流仍主要为自西向东，但被第一道沙坝分割为前后两部分，三道沙坝上均存在向岸流场，较初步方案更为明显；沙坝建成后，其直接掩护的后方沙滩侵蚀明显减小，与初步方案沙坝的掩护范围基本一致，沙坝对其后方的直接掩护较为明显，沙坝之间空隙处侵蚀稍大。

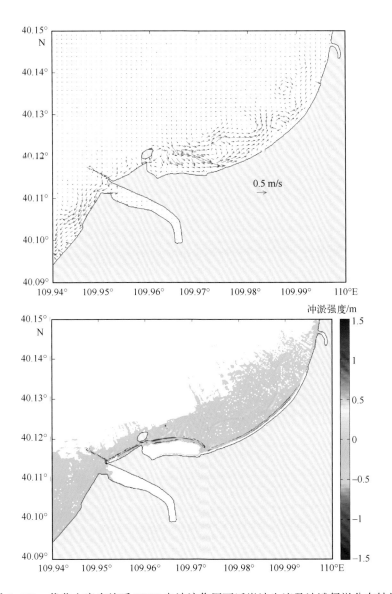

图 5-122　优化方案实施后 NNW 向波浪作用下近岸波生流及沙滩侵淤分布结果

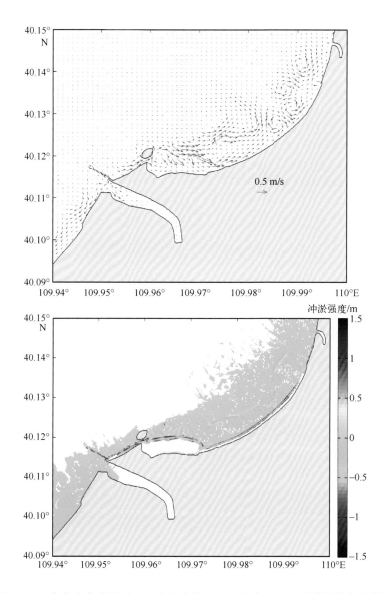

图 5-123　优化方案实施后 NW 向波浪作用下近岸波生流及沙滩侵淤分布结果

5.2.4.5　人工养滩稳定性物模分析

利用物模分析了不同水位下沙滩修复后的侵蚀过程，图 5-125 为 NW 向浪与海滩相互作用照片（设计高水位），图 5-126 为 NNW 向、NW 向和 SW 向浪作用后海滩形态照片。海床模型在实验水池中的布置及分区图如图 5-127 所示。实验中，在设计高水位+1.96 m 下，其对应的静水线正处于滩肩补沙工程滩面的上部（滩肩高程+3.0 m），冲泻区波浪能直接作用到整个滩面，受到波浪及波生流的直接作用，滩肩和滩面处泥沙运动和沙滩演化变形显著；此时，潟湖沙坝上方较大波浪会发生破碎，泥沙起动、输运和水下沙坝侵淤变化也较为明显，而水下沙坝上方波浪发生破碎的概率较小，侵淤变形不明显。

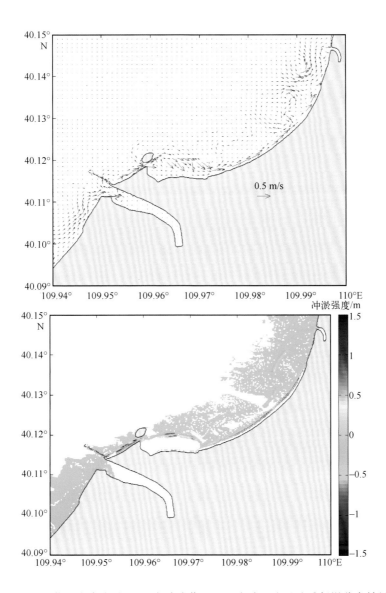

图 5-124　优化方案实施后 W 向波浪作用下近岸波生流及沙滩侵淤分布结果

图5-125　NNW向浪与海滩相互作用照片(设计高水位)

图5-126　各向浪作用后海滩形态照片(设计高水位)

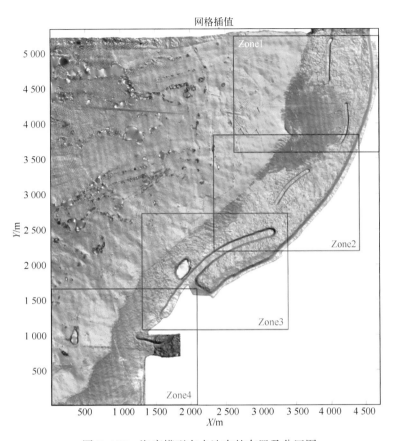

图 5-127　海床模型在水池中的布置及分区图

海滩总体演化变形特征为如下。

(1)较平均高潮位而言，水位升高后，滩肩补沙岸段海滩侵蚀程度整体加剧，出现两处明显的侵蚀热点岸段，即 $x=3\,500\sim3\,700$ m 岸段和 $x=4\,200$ m 附近岸段。平均高潮位时，侵淤变形最剧烈的岸段位于人工岛后方岸段附近。

(2)虽然潟湖沙坝完全淹没于水下，但由于其上水深较浅，且坝顶泥沙向岸输运导致部分区域高程升高，部分大波在沙坝顶端及其附近发生破浪或者产生高次谐波，削弱了作用于后方沙滩的波浪能量，有较好的防护作用，潟湖后方沙滩侵淤变形微弱，较好地维持了设计剖面形态。

(3)人工岛后方形成连岛沙坝，其后方岸线上游(浮渡河口北侧)和下游(人工岛右后侧潟湖沙坝)仍然是侵蚀严重岸段，但侵蚀程度较平均高潮位时弱，也没有出现溃决。这是由于水位升高后，潟湖沙坝完全淹没于水下，仅有部分大波发生破碎，泥沙悬移运动变弱，主要是以推移质形态运动，其在非线性波浪作用下向岸运动，导致潟湖沙坝整体向岸侧淤积和运动。同时潟湖沙坝末端，沙嘴向岸发展。相比较而言，平均高潮位时，潟湖沙坝向岸运动并不明显，仅集中于沙嘴以及人工岛附近岸段。

（4）三道离岸沙坝顶高程较低（0.0 m），水位升高后，破浪效果微弱，仍然以往复振荡的波浪运动为主。相应的，泥沙以推移质运动为主，推移质在波浪（沙坝上方非破碎波浪具有较强的非线性）作用下向岸运动并淤积，导致水下沙坝迎浪侧侵蚀，背浪侧淤积，整体向岸运动。但由于水位的增加，这种侵淤变化强度较平均高潮位时降低。

1）NNW 向浪作用

图 5-128 为设计高水位时 NNW 向浪作用 24 小时后岸滩地貌形态和侵淤分布。可见，初始较为平整的滩肩-滩面、离岸水下沙坝、潟湖沙坝在波浪作用下发生了较为显著的演化变形。浮渡河口北侧至人工岛岸段仍然侵蚀，但侵蚀程度较平均高潮位时大幅度下降；人工岛右后方潟湖沙坝迎浪侧侵蚀、背浪侧向潟湖内移动，沙坝整体向岸运动，平均高潮位时出现的溃决现象消失；滩肩补沙岸段较平均高潮位时侵淤变形增大，在沿岸流和沿岸输沙作用下，岸线形状凹凸交错；水下离岸沙坝侵淤程度较平均高潮位时弱。

Zone1：

$y=4\,000$ m 岸滩侵蚀最大，达 1.0 m；$y>4\,200$ m 岸段滩面下部淤积明显，淤积带呈长条状分布，淤积深度为 0.5~1.0 m；两个沙坝均出现迎浪侧侵蚀，背浪侧淤积，侵淤范围弱，侵淤深度最大值均为 0.5 m 左右，导致沙坝呈向岸运动趋势。

Zone2：

该岸段侵淤变化非常显著，潟湖沙嘴延伸对应的岸段（$x=3\,600$ m 附近）侵蚀严重，侵蚀深度达 2.0 m 以上，侵蚀泥沙在沿岸流作用下向北输运，淤积于 $x=3\,800\sim3\,950$ m 岸段，最大淤积深度 2.0~2.5 m。南侧沙坝也出现迎浪侧侵蚀、背浪侧淤积、整体向岸输运的演化形态，最大侵淤深度均为 0.5 m 左右。南端和中部沙坝间也出现较为显著的侵蚀区域（$x=4\,150\sim4\,250$ m），最大侵蚀深度接近 2.0 m。

Zone3：

在自南向北沿岸流作用下，浮渡河口北侧岸段（$x=1\,600\sim1\,850$ m）普遍侵蚀，最大侵蚀深度 1.5 m 左右；潟湖沙坝沿长度方向迎浪侧普遍侵蚀，人工岛右后侧岸段（$x=2\,200$ m）侵蚀最严重，最大侵蚀深度 1.0 m 左右；人工岛后方形成明显的连岛沙坝，沙坝高程达到 2.0 m。潟湖沙坝在波浪作用下迎浪侧侵蚀，部分泥沙向岸运动堆积，使得沙坝整体呈向岸运动趋势，末端沙嘴向岸延伸。

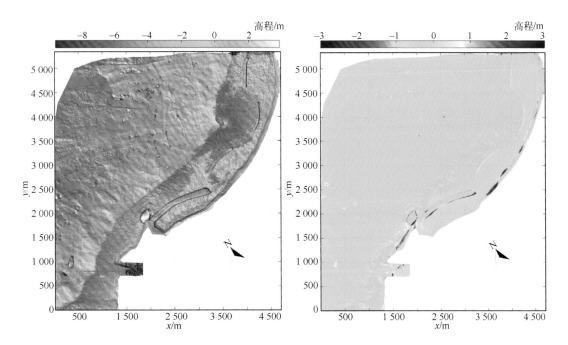

图 5-128　NNW 向浪作用后海滩形态和侵淤分布（设计高水位）

Zone4：

浮渡河口附近整体呈淤积状态，淤积厚度普遍为 0.5 m 左右，浮渡河口南侧 $y =$ 200 m 附近岸段出现侵蚀，侵蚀深度约为 0.5 m。

2）NW 向浪作用

图 5-129 为 NW 向浪作用后海滩形态和侵淤分布。工程区域最大侵蚀区位于 $x = 3\,500 \sim 3\,750$ m 与 $x = 4\,200 \sim 4\,300$ m 岸段，这两个岸段之间泥沙水下淤积明显；潟湖沙坝整体呈现迎浪侧侵蚀、背浪侧淤积和整体向岸运动趋势，潟湖沙坝两端侵淤变化较中间强，沙嘴向岸延伸显著；人工岛后形成连岛沙坝，其上游浮渡河口以北岸段侵蚀显著；水下沙坝侵淤变化不明显，但仍然为迎浪侧侵蚀，背浪侧淤积，整体向岸运动。

Zone1：

岸滩侵蚀深度为 0.5~1.0 m，侵蚀最严重区域位于中部沙坝后方 $y = 4\,000$ m 岸段附近，最大侵蚀深度约为 1.0 m；$y = 4\,200 \sim 5\,200$ m 岸段均有淤积，呈带状分布，淤积深度为 0.5~1.5 m；两个沙坝均出现迎浪侧侵蚀，背浪侧淤积，最大侵淤深度均为

0.5 m 左右，沙坝呈向岸运动趋势。

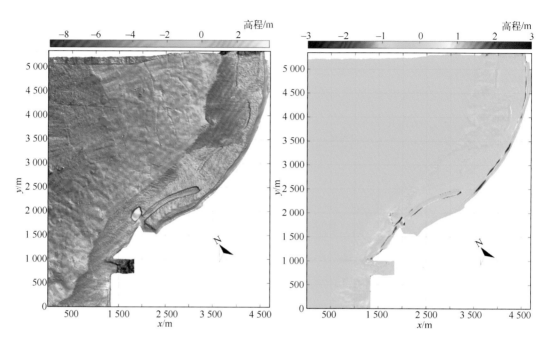

图 5-129 NW 向浪作用后海滩形态和侵淤分布（设计高水位）

Zone2：

潟湖沙坝迎浪侧侵蚀深度为 0.5~1.0 m，淤积深度为 0.5~1.5 m。滩肩侵蚀泥沙在沿岸流作用下向北输运，淤积于 $x=3\,800~4\,050$ m 岸段，最大淤积深度 2.0 m。南侧沙坝也出现迎浪侧侵蚀、背浪侧淤积、整体向岸输运的演化形态，但淤积和侵蚀均不明显。南端沙坝和中间沙坝缺口处（$x=4\,200$ m）侵蚀最为严重，侵蚀深度接近 3.0 m，南端沙坝和潟湖沙坝间也出现较为显著的侵蚀区域（$x=3\,500~3\,800$ m），最大侵蚀深度接近 2.0 m。

Zone3：

在自南向北沿岸流作用下，浮渡河口北侧岸段（$x=1\,400~1\,900$ m）侵蚀，人工岛南部（$x=1\,800~1\,900$ m）发生该区域最大侵蚀，深度达 1.5 m 左右；泥沙被冲上坝顶形成淤积，人工岛后方形成明显的连岛沙坝，最大淤积深度达到 2.5 m（$x=1\,950$ m）。潟湖沙坝迎浪侧侵蚀，部分泥沙向岸运动堆积，沙坝整体呈向岸运动趋势，沙嘴向岸延伸。潟湖内以及潟湖后方岸段侵淤变化微弱。

Zone4：

浮渡河口北侧（$x=1\,400$ m，$y=1\,000$ m）附近岸段侵蚀较明显，深达 1.0 m。其余河口岸段出现近岸略微淤积、离岸略微侵蚀的状态，最大淤积厚度 0.5 m 左右。

3）SW 向浪作用

图 5-130 为 SW 向波浪作用 24 小时后海滩形态和侵淤分布。滩肩补沙岸段呈现侵淤交错，其中 $x=3\,550\sim3\,800$ m、$x=4\,100\sim4\,250$ m 与 $y>4\,500$ m 岸段侵蚀，呈内凹形态，$y=3\,000$ m 和 $y=3\,900$ 岸段淤积，呈外凸形态；潟湖沙坝整体迎浪侧侵蚀，泥沙落淤潟湖内侧，沙坝整体向岸运动，沙嘴向岸延伸；人工岛上游至浮渡河口北侧岸段侵蚀，沿岸输运泥沙淤积于人工岛后方形成连岛沙坝；水下离岸沙坝整体呈迎浪侧侵蚀、泥沙落淤沙坝向岸侧，导致沙坝整体向岸运动，最北侧水下沙坝侵淤变化最大。

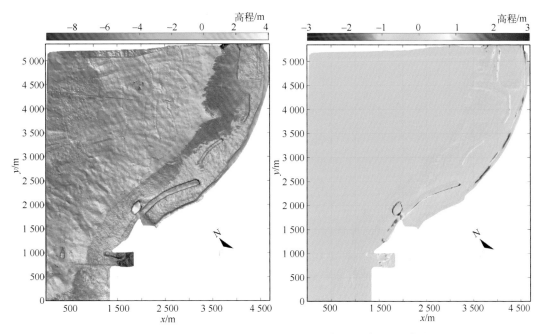

图 5-130 SW 向浪作用 24 小时后海滩形态和侵淤分布（设计高水位）

Zone1：

岸滩侵蚀深度为 0.5～1.5 m，侵蚀最严重区域位于中部沙坝附近岸滩区域 $x=4\,500\sim4\,600$ m，水下淤积深度为 0.5～1.0 m；水下沙坝均出现迎浪侧侵蚀和背浪侧淤积的状态，导致沙坝呈向岸运动趋势，其中北端沙坝侵淤更为明显，最大侵淤深度为 1.0 m 左右，中部沙坝侵淤深度为 0.5 m 左右。

Zone2：

该岸段侵淤变化剧烈，其中 $x = 3\ 550 \sim 3\ 800$ m 间、$x = 4\ 100 \sim 4\ 250$ m 间岸段侵蚀严重，最大侵蚀深度接近 3.0 m；岸滩处被侵蚀的泥沙在沿岸流作用下向北输运，淤积于 $x = 3\ 850 \sim 4\ 050$ m 岸段，最大淤积深度 1.5 m。南侧的水下沙坝也出现迎浪侧侵蚀、背浪侧淤积、整体向岸输运的演化形态，侵淤深度均为 0.5 m 左右。南端沙坝和潟湖坝缺口处 $x = 3\ 500 \sim 3\ 900$ m，侵蚀最大深度接近 3.0 m。

Zone3：

浮渡河口北侧岸段($x = 1\ 600 \sim 1\ 900$ m)侵蚀，人工岛南部发生该域内最大侵蚀深度 1.5 m 左右($x = 1\ 870$ m 附近)，侵蚀泥沙随自南向北沿岸流输运至人工岛后方后淤积，人工岛后方形成明显的连岛沙坝，最大淤积深度达到 1.5 m($x = 1\ 950$ m)。潟湖沙坝迎浪侧整体呈侵蚀趋势，侵蚀深度 0.5 m 左右，部分泥沙向岸运动堆积，沙坝整体呈向岸运动趋势，沙嘴向岸延伸。潟湖内以及潟湖后方岸段侵淤变化微弱。

Zone4：

浮渡河口附近岸段侵淤变化弱。

4) 泥沙输运和岸滩演化趋势

试验结果表明，尽管水位和波浪条件发生变化，对于本次整体动床物理模型试验考虑的工况，波浪运动、泥沙输运和海滩变形存在一些共性特征，并且与工程区域历史观测及现状相符合，现予以阐述。

(1) 波浪及沿岸流。除平均高潮位时部分波浪在离岸沙坝附近发生破碎外，波浪主要在近岸浅水区发生破碎并产生波生流。波浪在浮渡河口人工岛处均发生较明显的绕射传播现象。除平均高潮位外，离岸人工沙坝对于波浪传播的影响不显著。除 NNW 向浪作用时，浮渡河口南侧及北侧附近岸段沿岸流为自北向南外，其余情况工程区域沿岸流均自南向北，也是泥沙输运的主导方向(图 5-131、图 5-132)。

(2) 离岸沙坝演化变形特征。离岸沙坝顶标高较低(+0.0 m)，除平均高潮位可见其上发生波浪破碎外，设计高水位和极端高水位时破浪效果弱。沙坝总体呈迎浪侧侵蚀、背浪侧淤积、顶高程消减和向岸输运的演化特征。

(3) 潟湖-沙坝演化变形特征。在自南向北沿岸流作用下，沙嘴逐渐延伸，有与岸线相接趋势；沙坝顶高程削减，向潟湖内侧移动；人工岛后方均会出现不同程度的淤积，形成连岛沙坝，对应的后方岸线两侧出现不同程度侵蚀，其中北侧沙坝有侵蚀至决口趋势。由于潟湖沙坝的防护作用，潟湖后方岸线变形不明显，潟湖内海床高程变化微弱。

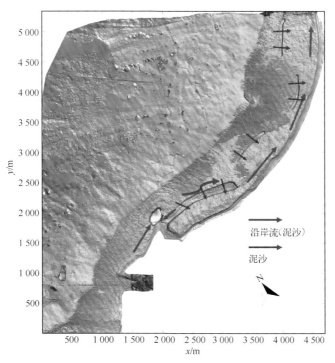

图 5-131　沿岸流及泥沙输运方向示意图

图 5-132　潟湖沙坝及岸滩沿岸流运动

(4)滩肩和滩面演化变形特征。潟湖沙坝的沙嘴对应的岸段($x = 3\ 500$ m)在不同波浪和水位组合作用下,岸滩侵蚀、滩肩蚀退显著,是侵蚀热点(详见后文各工况详细分析)。北端水下沙坝后方岸段(原有沙滩)侵蚀演化程度弱,形态以及宽度均保持较好。

上述泥沙输运和岸滩演化特征与工程区域现状符合(图5-133)。卫星图片显示,2013—2019年6年间,沙嘴水平方向延伸发育260 m;人工岛后方岸段泥沙淤积并向人工岛不断延伸,有形成连岛沙坝的趋势;人工岛后方侵蚀严重岸段目前为水泥硬化和块石堆砌;直立护岸前侵蚀严重,泥沙粗化,无明显沙滩存在。

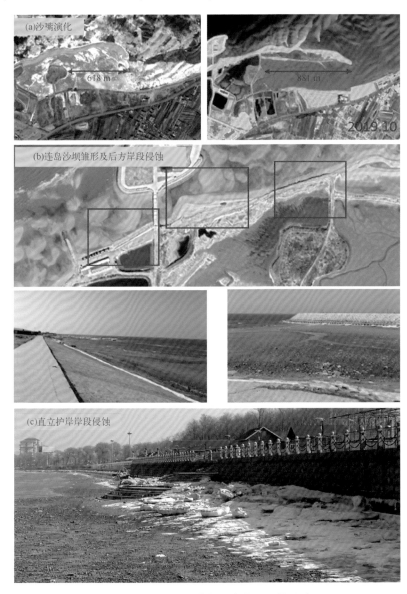

图5-133　工程区域岸滩演化及现状照片

5.2.4.6 沙滩沙坝的防护功能分析

根据上节的计算结果，结合现状和设计方案下的水深地形条件，选取对工程区影响较大的 N、NNW 和 WSW 向波浪，计算在不同水位 50 年一遇波浪作用下的波浪分布情况，计算结果如图 5-134 至图 5-142 所示。

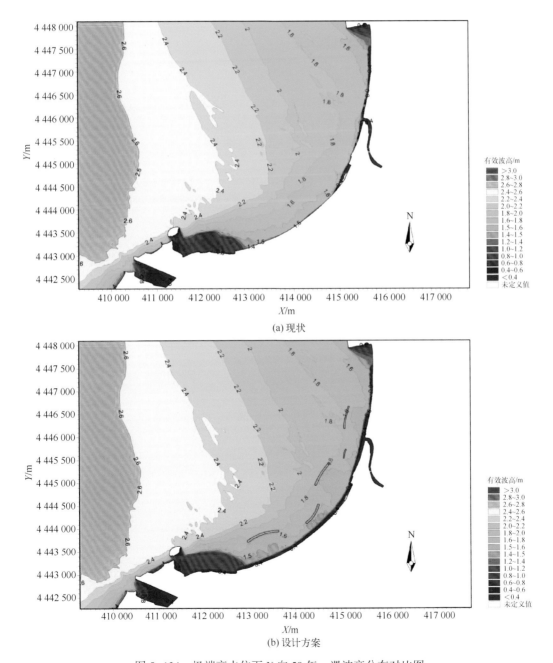

图 5-134 极端高水位下 N 向 50 年一遇波高分布对比图

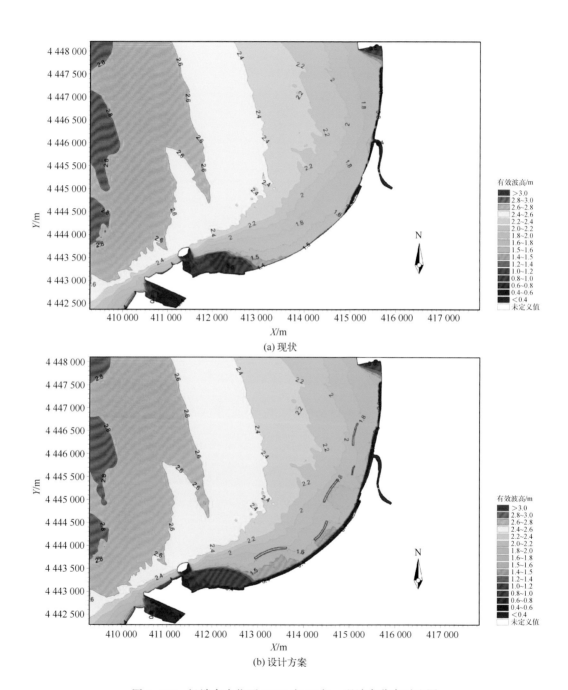

(a) 现状

(b) 设计方案

图 5-135　极端高水位下 NNW 向 50 年一遇波高分布对比图

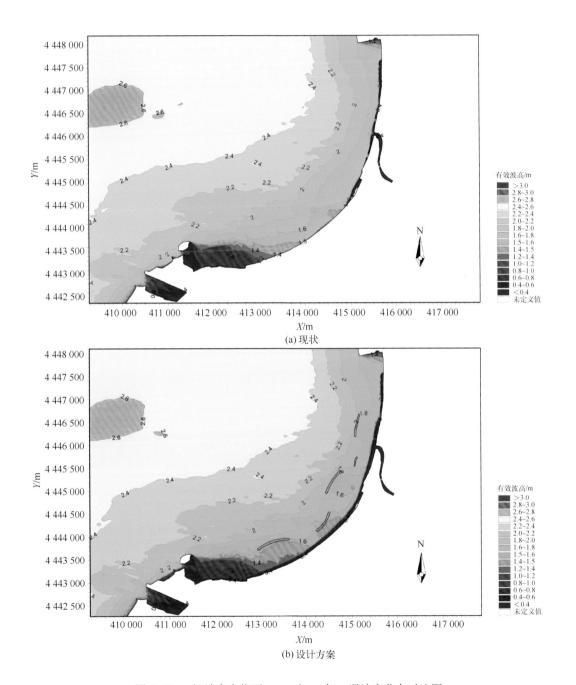

图 5-136　极端高水位下 WSW 向 50 年一遇波高分布对比图

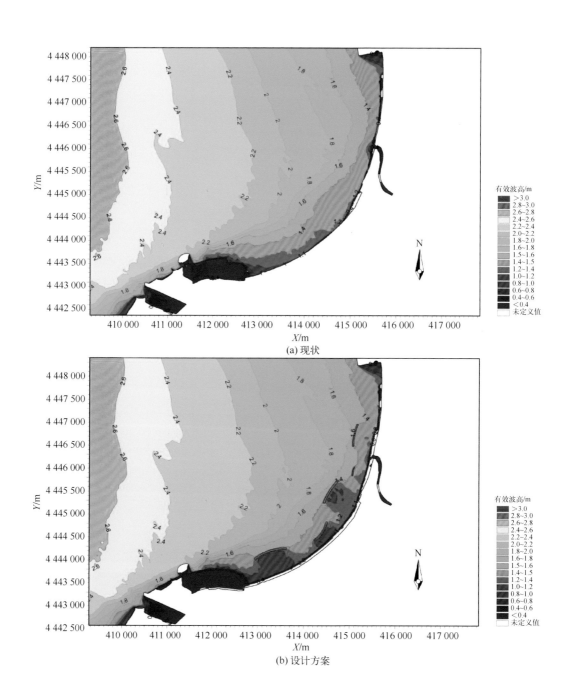

(a) 现状

(b) 设计方案

图5-137　设计高水位下N向50年一遇波高分布对比图

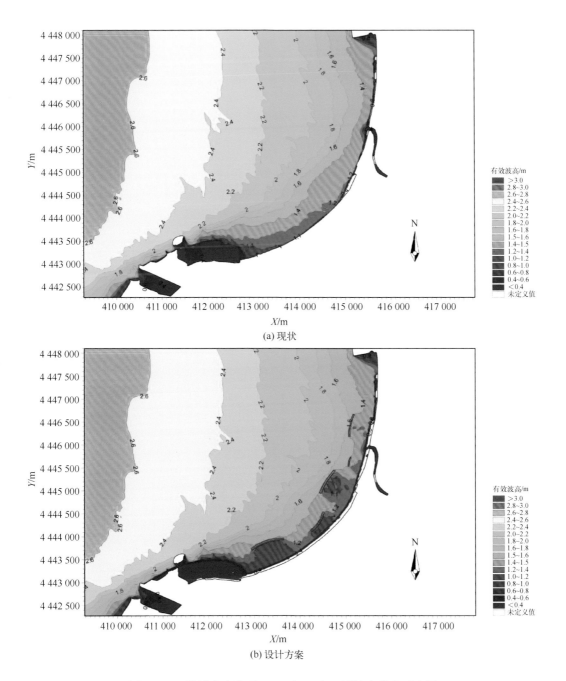

(a) 现状

(b) 设计方案

图 5-138　设计高水位下 NNW 向 50 年一遇波高分布对比图

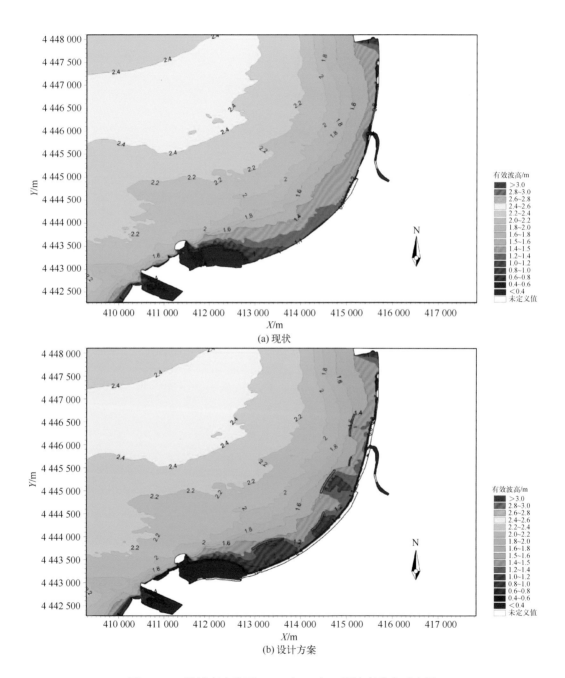

图 5-139　设计高水位下 WSW 向 50 年一遇波高分布对比图

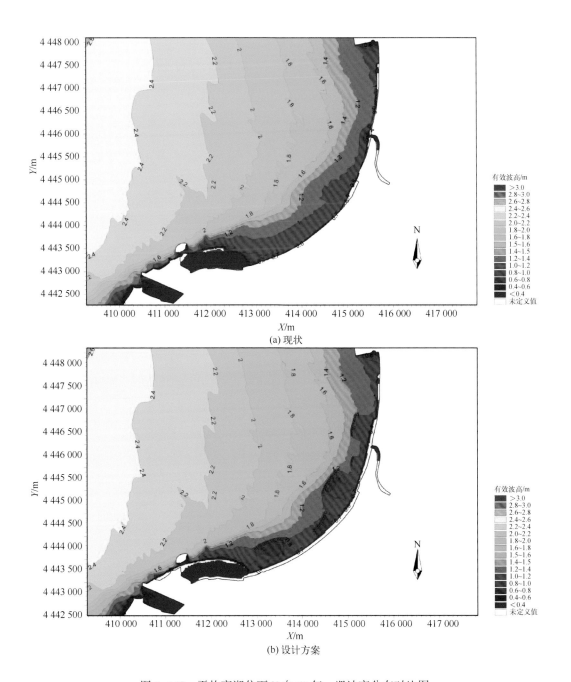

图 5-140 平均高潮位下 N 向 50 年一遇波高分布对比图

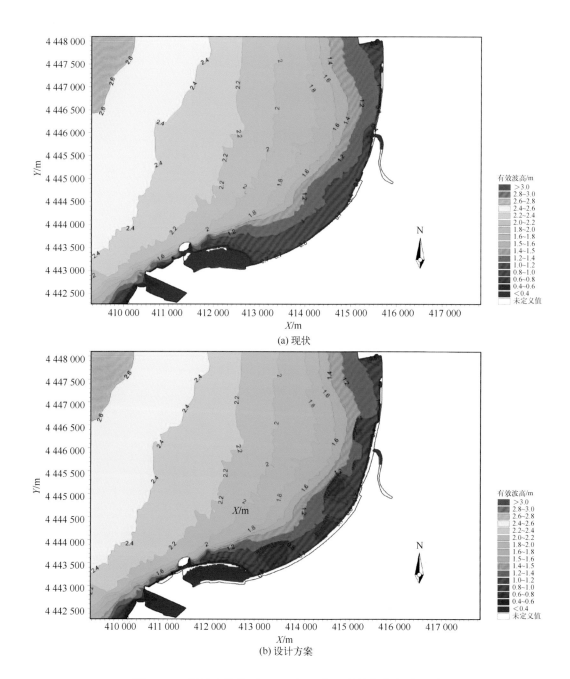

图 5-141　平均高潮位下 NNW 向 50 年一遇波高分布对比图

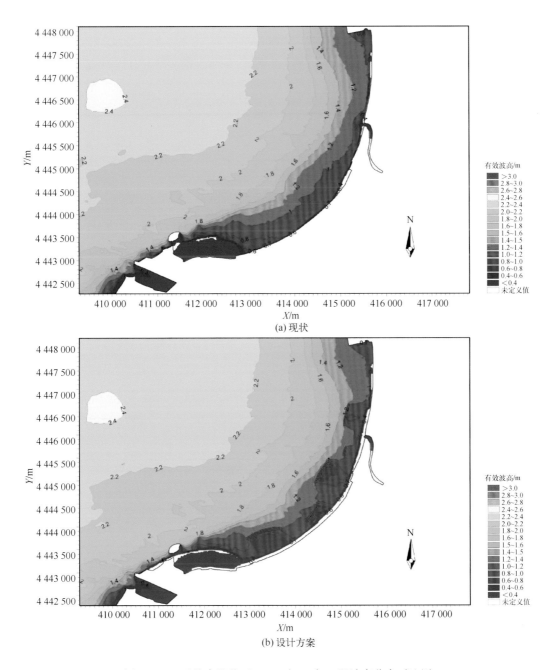

图 5-142　平均高潮位下 WSW 向 50 年一遇波高分布对比图

1）现状下 N、NNW 和 WSW 向波浪分布情况

由于白沙湾海域人工岛与河口沙坝的存在，对其后方起到了较好的掩护作用。

在极端高水位 50 年一遇波浪作用下，浮渡河河口与人工岛之间海域的波高较大，有效波高在 1.4~2.5 m 之间；人工岛后方受掩护作用较好，有效波高在 0.8 m 以内；现状沙坝处的有效波高在 0.8~1.5 m 之间；潟湖内海域受沙坝掩护作用最好，有效波高在 0.5~1.0 m 之间；在工程区东侧离岸沙坝和近岸补沙海域的有效波高在 1.4~2.0 m 之间。

在设计高水位 50 年一遇波浪作用下，浮渡河河口与人工岛之间海域的波高较大，有效波高在 1.0~2.3 m 之间；人工岛后方受掩护作用较好，有效波高在 0.6 m 以内，部分区域已干出；现状沙坝处水深较浅，有效波高在 0.1~1.1 m 之间；潟湖内海域受沙坝掩护作用最好，有效波高在 0.5 m 以内；在工程区东侧离岸沙坝和近岸补沙海域的有效波高在 1.0~1.8 m。

在平均高潮位 50 年一遇波浪作用下，浮渡河河口与人工岛之间海域的波高较大，有效波高在 0.5~2.1 m 之间；人工岛后方受掩护作用较好，有效波高在 0.5 m 以内，部分区域已干出；现状沙坝处的有效波高在 0.1~0.8 m 之间，部分区域已干出；潟湖内海域受沙坝掩护作用最好，有效波高在 0.3 m 以内；在工程区东侧离岸沙坝和近岸补沙海域的有效波高在 0.6~1.6 m 之间。

2）修复后 N、NNW 和 WSW 向波浪分布情况

河口沙坝、离岸沙坝对近岸波浪起到了较好的消浪作用，近岸补沙后地形有所抬高，消浪作用较好，近岸沙滩区域的波高迅速衰减至破碎波高。

在极端高水位 50 年一遇波浪作用下，近岸沙滩区域的有效波高在 0.3~1.4 m 之间，现状沙坝后方潟湖内有效波高减小至 0.9 m 以内；在设计高水位 50 年一遇波浪作用下，近岸沙滩区域已大部干出，有效波高在 1.0 m 以内，沙坝后方潟湖内有效波高减小至 0.35 m 以内；在平均高潮位 50 年一遇波浪作用下，近岸沙滩与沙坝区域已基本干出，沙坝后方潟湖内有效波高仍在 0.3 m 以内。

3）修复方案的消浪作用分析

河口沙坝、离岸沙坝设计方案对其后方海域均起到了较好的掩护作用，消浪效果较为明显，不同工况下，掩护的区域、范围和消浪效果略有差异。为分析工程实施前后离岸沙坝的消浪作用，在每条沙坝后方海域选取若干代表点。

计算结果表明：与工程前相比，在极端高水位下，沙坝处波高降低值在 0.2 m 左右，波浪通过沙坝后的平均波高衰减率为 7.24%；在设计高水位下，沙坝处波高降低值在 0.3 m 左右，波浪通过沙坝后的平均波高衰减率为 14.34%；在平均高潮位下，沙坝处波高降低值在 0.4 m 左右，波浪通过沙坝后的平均波高衰减率为 24.98%。

综合来看，由于沙坝高程限制，沙坝对平均高潮位下波浪作用的消浪效果最好，设计高水位次之，极端高水位最差；沙坝设计方案的布置方式较为科学，对近岸沙滩的掩护作用较好，消浪效果较好，起到了明显的减灾防浪作用。

5.2.4.7 海岸防护林设计

1）林带配置与结构

防护林沿现有岸线后方布置，走向与海岸线一致。

根据当地条件和防护功能需求，海堤后方林带结构采用行间交错、针阔混交林结构，品种为沙地柏、山杏、紫穗槐，其防护高度较低；后方主种植落叶乔木。品种以柽柳、刺槐为主，穿插针叶油松（图 5-143）。区域预留人行通道，宽度 3 m，纵横交错。

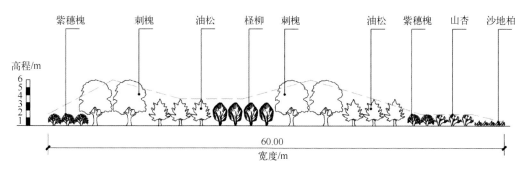

图 5-143　栽植立面空间分布示意图

2）造林密度

依据辽宁省地标规范，沙荒地、风口地段，应合理密植，加大造林密度，根据不同树种、不同立地条件科学确定。一般落叶乔木间距 3～5 m、针叶树和灌木间距 1～2 m。冠幅覆盖率超过 50%。主要树种造林密度参见《沿海防护林体系工程建设技术规程》（DB21/T 2733—2017）。

3）整地要求

（1）整地时间不宜提前，可随造林随整地。流动沙地、沙丘、沙堤等，植穴宜小，避免风蚀；固定沙地，可进行带状或大穴整地；地下水位过高时，要深翻沙土，开沟排水，堆沙起垄，进行高垄、高台整地。拟种植区域没有树木，土质含盐量较大，不利于树木成活，应更换种植土，并采取隔盐措施进行土质改良。结合整地可客土施肥，改良土壤肥力。

（2）滩涂地为了降低土壤盐分，应适当提早整地，一般在造林前一年的秋冬季完成，有利于土壤经过一段时间的风化、雨淋，降低土壤中含盐量。常用的整地方法有：①全面翻犁或隔行翻犁：平坦有机耕条件的地区，可全面翻犁作畦或隔行 1~2 m 翻犁作畦，畦宽 1.4 m，畦高 50 cm 左右；②筑大畦高垄：适宜在低洼地，畦宽 2.4 m，畦高 60~70 cm；③筑堆：一般堆高 70~80 cm，堆径 100~140 cm，4.5×10^3 堆/hm²。上述各种方法，挖穴都宜浅（一般 20 cm 左右），结合整地应施足基肥。

（3）水平沟整地：适宜在土壤侵蚀严重的山地，如切沟侵蚀。水平沟一般深度 50~60 cm，外筑地埂，在沟间每隔 30~50 m 修一个土墩，以防止水土流失。

4）造林方法

造林苗木应选用容器苗或大土球苗，植苗以穴植为主，选择雨季，适当密植，施足基肥，深栽踏实，搞好防护，做到 1 年造，2 年、3 年补植。树木成活率不低于95%，并对未成活植物适时进行补栽。

造林时间建议 5 月 20 日之前完成。5 月 21 日至 11 月 1 日不适合栽植阔叶乔木。11 月 1 日至 3 月 15 日不适合栽植针叶树。

5.2.5 生态修复工程实施效果

5.2.5.1 地形地貌修复效果

为了掌握海湾及岸滩剖面形态，认识海湾冲淤及岸滩侵蚀现状，在工程前及工程后分别开展了浮渡河及白沙湾的地形测量，沙坝潟湖附近工程前后的地形如图 5-144和图 5-145 所示。由图可以看出：现状下白沙湾近岸无连续沙滩分布，近岸护岸高程在 4~5 m，护岸前沿沙滩高程在 0~0.5 m，无明显的滩肩及坡面发育；近岸向海分布有一浅滩，浅滩水深在-2~0 m，浅滩的坡度较缓；浅滩外坡度较陡，水深由-2 m 降至-4 m 左右；外海水深在-6~-10 m，变化较缓。

工程后主要地形改变位于浮渡河口附近的沙坝潟湖区域，原有的河口堤坝、潟湖内的人工岛及围堰均已拆除、清理完成，恢复了原始海域的地形；而河口沙坝进行了人工补沙，沙坝地形得到了提升，恢复了沙坝的防护功能。

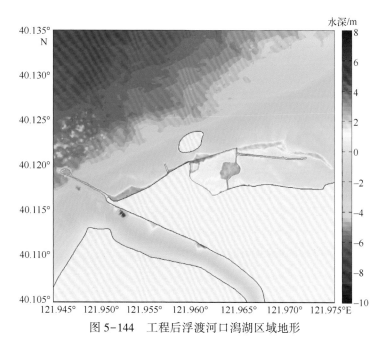

图 5-144　工程后浮渡河口潟湖区域地形

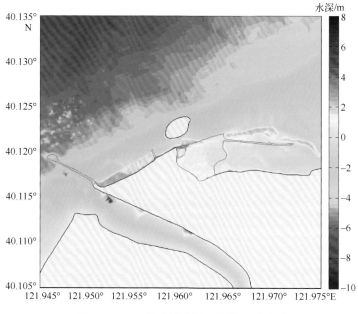

图 5-145　工程后浮渡河口潟湖区域地形

浮渡河口向海延伸的堤坝工程前区域遥感影像如图 5-146 所示。为分析拆除工程量，于工程前 2020 年 12 月开展了工程前堤坝附近地形及水深测量，得到拆除前堤坝上及其附近的水深（图 5-147），从测量结果可知：拟拆堤坝的高程在 2.5～3.0 m

（85 高程，以下同），堤坝外水深在 −4~−1 m，由海向岸逐渐变浅，其中堤头两侧水深在 −4~−3 m，堤身两侧水深在 −3~−2 m，堤根两侧水深在 −2~−1 m，堤坝南侧水深略大于堤坝北侧。

图 5-146　拟拆除浮渡河口堤坝工程前遥感影像

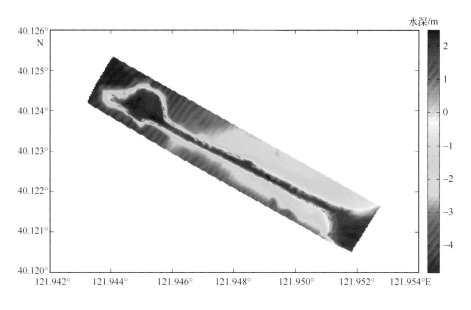

图 5-147　河口堤坝工程前水深图

河口堤坝于2021年10月拆除(图5-148)，在堤坝完全拆除后开展了原堤坝附近的水深测量，工程后原堤坝处的水深如图5-149所示，从测量结果可知：拆除后原堤坝处的水深在-4~-1.5 m，其中原堤头处水深在-4 m左右，原堤身处水深在-3 m左右，原堤根处水深在-3~-1.5 m。总体来看原河口堤坝区域按设计要求拆除至原泥面，拆除后的原堤坝处的水深相对两侧略深，达到了设计要求。

图5-148　拆除后浮渡河口堤坝处遥感影像

针对潟湖内的人工岛及围堰，工程前区域遥感影像如图5-150所示，工程前拟拆区域的高程及水深如图5-151所示，工程后分4次获得了拆除后的地形及水深如图5-152和图5-153所示。从测量结果可知：工程前人工岛的高程在2.0~2.5 m，围堰在2.0 m左右，靠近人工岛附近的沙坝在3.0 m左右，潟湖内的水深在0~0.5 m，靠近潟湖口门处的水深略大。工程后，人工岛拆除后的水深在0 m左右，略低于潟湖内水深；围堰拆除后的水深在-0.5~0 m，自西向东拆除后的水深逐渐增大，同样也略低于周边潟湖水深，拆除后一段时间内略有淤积；靠近人工岛附近沙坝内填有山皮土，本次也对其进行了清除，清除后的局部沙坝地形由3.0 m降至0.5~1.0 m。总体来看，人工岛及围堰拆除基本拆至原潟湖水深以下位置，达到了设计要求。

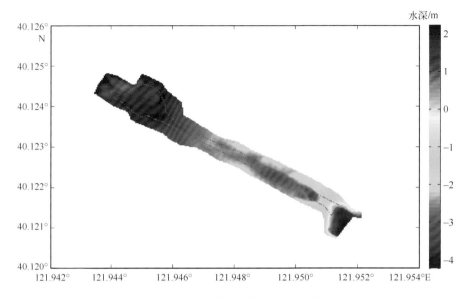

图 5-149　河口堤坝拆除工程后水深图

图 5-150　拟拆除的潟湖内人工岛及围堰工程前遥感影像

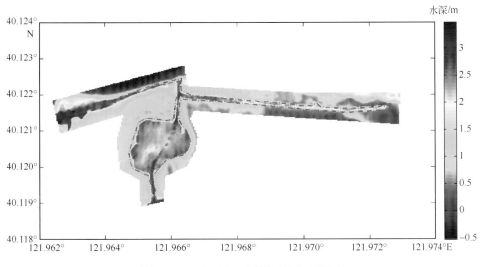

图 5-151　人工岛、围堰工程前水深图

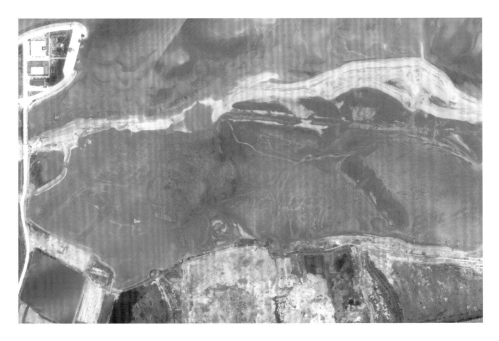

图 5-152　拆除后的潟湖内人工岛及围堰处遥感影像

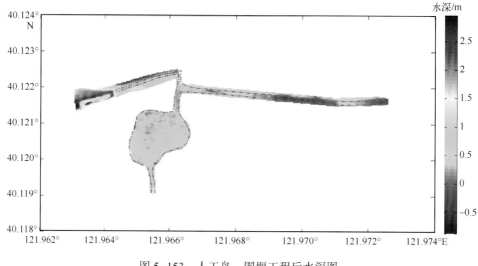

图 5-153　人工岛、围堰工程后水深图

　　潟湖沙坝补沙区域工程前后的遥感影像如图 5-154 和图 5-155 所示，工程前后的地形图分别如图 5-156 和图 5-157 所示。可见工程后受填沙影响，西侧区域高程变化明显，由工程前的-1.0～-0.5 m 增至工程后的 1.5 m，达到了沙坝初步设计高程的要求。

图 5-154　拟补沙的潟湖沙坝工程前影像

图 5-155 补沙后的潟湖沙坝处影像

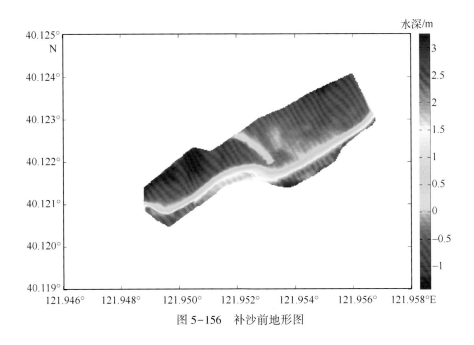

图 5-156 补沙前地形图

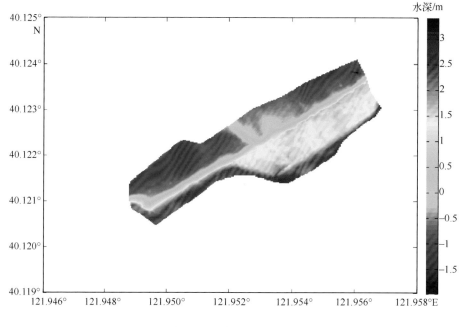

图 5-157　补沙后地形图

对比设计要求，本项目中拟拆除的人工岛、围堰、河口堤坝其拆除后的高程达到了设计要求，且通过高程变化统计的工程量略大于施工图工程量，符合实际情况；潟湖沙坝的表层碎石、人工岛桥西侧的混凝土和碎石填层以及河口西侧道路的乱石护岸其以拆除表层覆盖物并整理土方为主，综合现场拆迁清理情况，可以采用施工图量作为工程量进行统计；潟湖沙坝人工补沙区域通过填沙前后的地形变化对比，统计得到工程量大于设计填沙量，结合现场施工情况，为达到设计标高及坡度，实际填沙量略大于设计量，满足项目设计要求。

5.2.5.2　水动力改善效果

本项目通过拆除河口堤坝、潟湖人工岛及围堰恢复了浮渡河口及白沙湾的地形及水动力条件，根据工程前后水动力调查及分析数据，浮渡河口的堤坝对河口水流起到明显的阻隔效应，导致堤坝两侧的水动力显著减弱，而堤头处则由于挑流，流速明显增大；潟湖内人工岛及围堰占用了湿地面积，减少了潟湖纳潮量的流速大小。工程后分析潮周期内的流速平均变化（图 5-158），水动力改善的范围主要位于堤坝附近及沙坝潟湖内侧，且以堤坝附近的改善更为明显，可见本工程能有效改善浮渡河口-白沙湾区域的水动力条件，通过修复后的水动力实现潟湖沙坝及岸滩生态系统的自我恢复，保障生态修复效果的长效性。

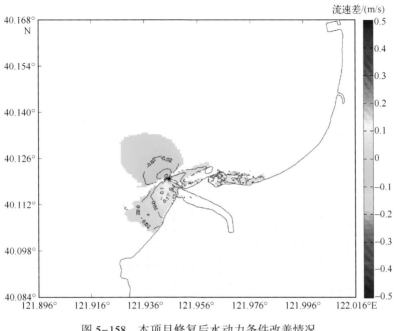

图 5-158　本项目修复后水动力条件改善情况

5.2.5.3　海岸植被恢复效果

为支撑海岸防风林修复设计，对比分析海岸防风林种植完成后的整体效果，在工程前后分别对修复区域海岸植被情况进行调查。工程前海堤后方北侧局部原有防风林植被生长较好，主要以刺槐、杨树、油松、皂角、玉兰、旱柳、黄杨、连翘、水蜡、沙地柏、红瑞木等为主，以人工种植为主。本工程修复海岸防风林采用落叶乔木、针叶树和灌木交错种植，包括：刺槐、皂角、五角枫、沙枣、柽柳、丹东桧柏、侧柏、油松、水蜡、丁香、连翘和沙地柏等植被。

植被种植区域包括海堤后方及人工岛，植被种植前后整体对比如图 5-159 至图 5-161 所示，工程前完成了夏季植被分布的调查，而工程后种植时间为冬季，尚未获得夏季植被成活后的调查数据，只分析工程前后海岸防风林植被的变化。从对比可知：工程前，海堤后方尤其靠近浮渡河口的南侧近岸，受违章旅游房屋的影响，只有少量的乔木分布，已基本无法发挥海岸防风林的功能；工程后，对滨海路西侧原有占用防风林的房屋进行了拆除清理，整体恢复了连续、成片的防风林植被系统，其中靠近海岸区域以灌木为主，灌木后方以针叶树为主，针叶树与滨海路之间以落叶乔木为主，形成了错落有致的海岸植被生态系统；在修复区北侧，工程前分布有较多的乔木植被，在局部分布有房屋等构筑物，在构筑物拆除后，保留原有的乔木植被，在空隙区域种植针叶树及灌木，增加防风林植被的密度，提高其防风、固沙、涵养水体的效果；由于灌木主要均在乔木下方，从对比照片中难以直观反映修复后的效果，且工程前后季节的不同也对效果对比产生一定影响。

(a) 工程前

(b) 工程后

图 5-159　工程前后海堤后方夏季植被变化(P1 点)

(a) 工程前

(b) 工程后

图 5-160　工程前后海堤后方夏季植被变化(P2 点)

(a) 工程前

(b) 工程后

图 5-161　工程前后海堤后方夏季植被变化(P3 点)

　　在人工岛区域，工程前岛上仅分布有少量油松，未形成系统的海岸带植被系统，工程后由外向内构建了落叶乔木—针叶树—灌木的植被分布，提高了人工岛的海岸防护功能。

海岸防风林是海陆之间的重要缓冲空间，其防护效果取决于植被恢复的整体性及系统性，对工程前后修复区海岸植被的整体平面分布进行遥感分析，海堤后方植被情况如图 5-162 至图 5-165 所示，由于季节原因工程后夏季的调查结果在后续进行补充。

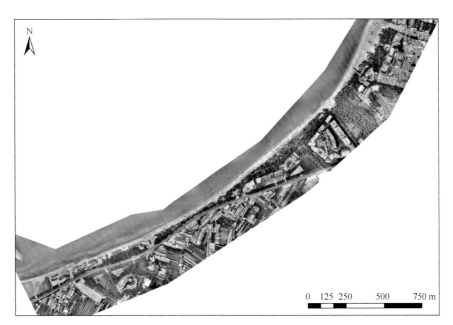

(a) 工程前

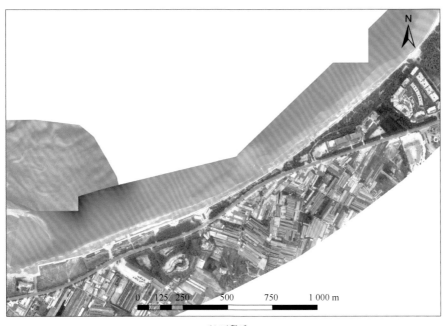

(b) 工程后

图 5-162　工程前后海堤后方区域植被整体情况

(a) 工程前

(b) 工程后

图 5-163　工程前后海堤后方区域植被局部情况(一)

(a) 工程前

(b) 工程后

图 5-164 工程前后海堤后方区域植被局部情况(二)

(a) 工程前

(b) 工程后

图 5-165　工程前后海堤后方区域植被局部情况(三)

从对比结果可见：工程前除海堤北侧后方陆域存在有成片的乔木带外，其余区域的植被均未成片，未达到海岸防护的预期效果。从工程后的防护林平面调查结果可见：修复后海堤后方形成了行间交错、紧密联系的海岸防护林带结构，而人工岛区域则形成了区域围合、内部组团成片的林带结构，修复植被以灌木、针叶木及阔叶木为主。针对海堤后方：在临近海域一侧主要补植了灌木，如水蜡、丁香、连翘、沙地柏、紫穗槐，其主要起挡沙作用；其后方陆域为少量针阔混交林，品种为沙地柏、侧柏、丹东桧柏、油松，进一步提高其防护高度；与滨海路之间则种植落叶乔木，品种以刺槐为主，穿插皂角、五角枫、沙枣、柽柳，局部可以栽连翘、紫穗槐，增加抗性。针对人工岛区域，由于其受风影响较大，且基本无挡沙需要，其外侧种植落叶乔木，内侧种植针叶木及灌木，以发挥乔木的抗风性能，提高海岸植被的成活率。工程后落叶乔木间距在 3~5 m、针叶树和灌木间距在 1~2 m，满足海岸防护及设计要求。

从工程前后的植被分布来看，本次修复工程系统恢复了浮渡河口-白沙湾区域的海岸带植被系统，工程后海岸防风林连成一体，乔木、灌木错落有致，充分发挥了不同海岸植被的防护功能，提高了海岸带植被系统的生态价值。

5.3　锦州原四十军虾场生态修复设计及实践

5.3.1　区域位置

锦州原四十军虾场位于锦州市辽东湾顶部的海岸带区域，属于锦州市滨海新区，地理坐标范围介于 $40°52'~40°53'N$，$121°7'~121°9'E$ 之间，围海养殖虾场堤坝的修建导致水体与外界海域完全分割，近岸水动力消失，滨海湿地及砂质海岸均受损严重，有待修复的岸线长度为 1.7 km、湿地面积约 80 hm^2。

本工程拟通过退养还湿、拆除构筑物、恢复自然岸线及滨海湿地功能等方式逐步改善原四十军虾场所在海域的海洋生态环境，具体修复工程的地理位置如图 5-166 所示。

5.3.2　区域生态问题诊断

1）围海养殖占用海域，导致滩涂消失，滨海湿地有待恢复

锦州市海域自然滨海湿地有逐年减少的趋势，围海和填海致使海洋生态系统完整性受到一定影响，导致部分海洋生物物种多样性有所下降，高营养层次生物生产力有所降低。原四十军虾场围海养殖占用了当地海域，导致自然的滩涂消失，从而造成当地生态环境受损。具体情况如图 5-167、图 5-168 所示。

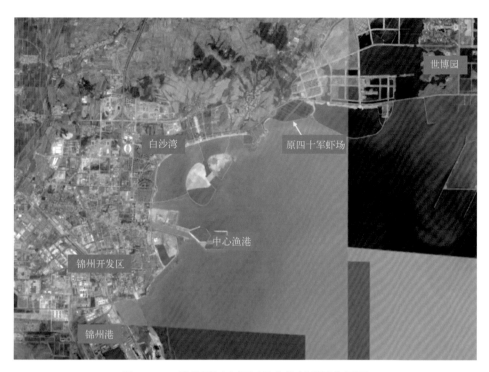

图 5-166　锦州原四十军虾场态修复项目位置图

图 5-167　原四十军虾场围海养殖占用海域情况

图 5-168　原四十军虾场围海养殖池现状图

2）围海养殖占用岸线，导致自然岸线资源受损

辽宁自然岸线受损的原因较多，在很多砂质海岸，海岸侵蚀是构成岸滩受损的主要原因。另外一类就是自然岸线被其他工程项目占用，导致岸线受损也是常见原因。原四十军虾场本身是围海养殖工程，其占用了自然岸线，导致自然岸线资源受损，后方岸线情况如图 5-169 和图 5-170 所示。

图 5-169　原四十军虾场围海养殖占用岸线现状

总之，锦州原四十军虾场生态工程由于围海养殖工程导致的滨海湿地和自然岸线受损，亟待修复。

图 5-170　原四十军虾场后方岸线现状

5.3.3　生态修复工程规划

因地制宜地采取退养还滩、退养还湿、构筑物拆除、自然岸线修复等措施，对原四十军虾场后方的岸线及其占用的滨海湿地进行修复，实现生态不退化，功能不降低，重建绿色海岸，恢复生态景观。

1）堤坝拆除

在四十军虾场的围海养殖占用海域面积，导致滩涂消失，自然岸线受损。为恢复近岸水环境，对锦州原四十军虾场的围海养殖工程堤坝进行拆除，拆除原四十军虾场围海养殖堤坝约 10 km，恢复滨海湿地面积 75 hm^2。

2）岸线修复

在原四十军虾场养殖堤坝拆除后，将堤坝后方 1 700 m 的人工岸线恢复为砂质自然岸线，使其与东西两侧沙滩合理衔接，保证自然岸线的连续性，修复后提升该海域岸滩生态价值及亲水效果。修复工程平面布置如图 5-171 所示。

从现有的岸线形态来说，拆除养殖围堰后其后方整体将形成一弧形岬湾形态，是适宜恢复为砂质自然岸线的；同时其西侧老龙头岸段为 2016 年锦州市蓝色海湾整治修复项目，现已恢复至 50~70 m 宽的砂质岸线，从恢复后的沙滩保持形态来看，已修复沙滩的稳定性较好。因此，从上述两个角度来说，在原四十军虾场养殖池拆除后恢复其砂质岸线是较为科学、可行的。

本次岸线修复的东侧为一封闭围堰，围堰内部为沙滩浴场，该封闭围堰可有效减少砂质岸线恢复后的沿岸输沙情况，对保持本次修复后人工沙滩的稳定性起积极作用。

　　通过"锦州原四十军虾场生态修复项目"，达到以下具体目标：①恢复砂质岸线1.7 km；②恢复滨海湿地75 hm^2。

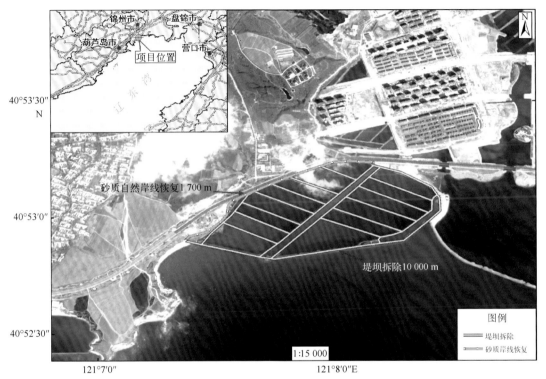

图5-171　锦州原四十军虾场生态修复项目位置及平面图

5.3.4　生态修复工程论证设计

5.3.4.1　沙滩设计参数确定

1）海滩坡度确定

　　本次修复工程西侧为老龙头及白沙湾岸滩，经过海滩回填养护后岸滩的形态保持稳定，对紧靠拟拆除养殖池西侧岸滩进行滩面沉积物粒度分析，此岸段表层沉积物中值粒径约为0.4 mm，同时考虑周边沙源调研情况，结合国际通用回填沙应为原来海滩沉积物中值粒径1.0~1.5倍经验值，为保证修复后新沙滩能在波浪和潮流的作用下保持较为稳定，因此初步确定本次岸滩修复工程的填沙粒径在0.4~0.6 mm之间。

　　依据《海岸工程手册》中推荐的施工坡度，同时结合西侧已修复海滩的现状，确定本次填沙的施工坡度为 1∶30。

2）滩肩高度和宽度确定

滩肩前沿高程的确定方法主要有两种：①通过现场调查得出；②当缺少当地或附近的天然优良海滩剖面数据时，滩肩前沿高程＝平均高潮位＋一定重现期波浪爬高值。

工程区域西侧虽然存在沙滩，但大部分区域在白沙湾外侧填海工程的掩护下，与工程区波流动力条件不同，而龙头东侧岸滩在波流侵蚀下已形成明显的侵蚀陡坎，因此难以通过原有海滩确定滩肩高程。本次设计采用第二种方法确定滩肩的前沿高度，工程区域平均高潮位为＋1.03 m，取平均高潮位、10 年一遇 SSE 向波浪作为控制波浪，计算波浪的爬高值，不规则波浪选用 Jonswap 谱。计算程序采用 Xbeach 非静压模态，该模态为短波分辨模式，空间步长取 0.5 m，CFL 数为 0.7，忽略海床底摩阻。

图 5-172 和图 5-173 依次给出了平均高潮位 10 年及 25 年一遇波浪作用下的爬高过程线，表 5-3 给出了两种工况下波浪爬高的最大值和有效值。可见，在平均高潮位下，波浪爬高的有效值变化不大，10 年一遇波浪的有效爬高为 0.6 m 左右，25 年一遇波浪对应的有效爬高为 1.0 m 左右。

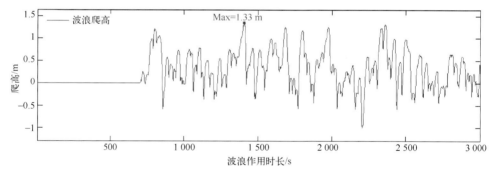

图 5-172　平均高潮位时 10 年一遇波浪的爬高历程

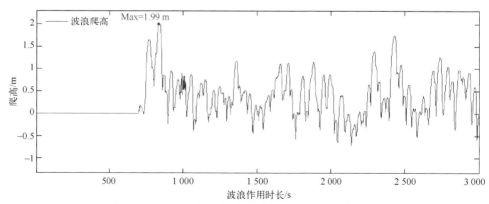

图 5-173　平均高潮位时 25 年一遇波浪的爬高历程

表 5-3 波浪爬高统计

单位：m

波浪	10 年一遇波浪		25 年一遇波浪	
	有效值 $R_{1/3}$	最大值 R_{max}	有效值 $R_{1/3}$	最大值 R_{max}
平均高潮位(+1.06 m)	0.6	1.33	1.0	1.99

为最大程度延长养滩寿命、增强养滩效果和降低再次养滩的投入成本，本次设计滩肩前沿高程取平均高潮位+25 年一遇浪的有效爬高值，即取 2.0 m(≈1.03+1.0)，综合考虑后方原有陆域的高程，滩肩后缘的高度取为 2.0~3.0 m，基本与现场后方陆域高度一致。

设计滩肩宽度的选择取决于工程的目的，经常受比如工程经济、环境问题等影响。对于满足旅游要求的海滩，根据海滩的实际使用功能对滩肩宽度有一定的要求，以满足游人亲海的需要。结合原四十军虾场岸段现场的实际情况，人工沙滩滩肩的平均宽度为 60 m，计算得到该海滩平均低潮位时滩面平均宽度为 120 m，平均高潮位时滩面平均宽度为 60 m。

3) 填沙剖面的优化及粒径确定

粒径的优化要考虑当地的沙源情况，综合考虑当地沙滩养护的旅游功能、不同粒径填沙设计剖面的保持能力、沙源到工程位置的距离以及沙源的价格等因素，选择合适的填沙粒径，达到安全、经济、实用的目的。

由平衡剖面理论可知，要想增加滩肩宽度，填沙粒径要大于自然状态下沙滩粒径，但填沙粒径的增加导致养滩剖面较陡，天然状态下的海滩会在波浪的长期作用下存在分选效应，因而需要进一步通过数值模拟确定不同粒径在当地水动力条件下的演化过程。

数值优化利用海滩剖面的演变模型选取 Xbeach 模型一维海滩剖面演变模块，分别模拟不同粒径、重现期波浪作用 240 小时后的设计剖面的演变情况，给出剖面演变结果并比较不同的初始剖面对于同种波浪条件的适应性(表 5-4)。

表 5-4 设计平衡剖面主要设计参数表

剖面号	填沙坡度	滩肩高程/m	滩肩宽度/m	填沙粒径/mm
设计剖面 1	1：30	2.0	60	0.20
设计剖面 2	1：30	2.0	60	0.40
设计剖面 3	1：30	2.0	60	0.60

计算条件如下：

波浪：2 年、5 年、10 年及 50 年重现期波浪；

水位：实际潮位以及风暴潮引起的增水；

代表波向：SSW；

地形：设计剖面；

网格尺寸：1 m；

模拟时间：240 h；

模拟目标：模拟不同填沙粒径条件下设计剖面的动力响应过程，对设计剖面进行评价，对方案设计进行初选。

图 5-174 至图 5-176 分别给出了实时潮位下、10 年一遇波浪作用下，不同粒径（D_{50}=0.2，0.4，0.6 mm）时的沙滩剖面演化过程，分别给了 60 h、120 h 和 240 h 后的剖面形态。

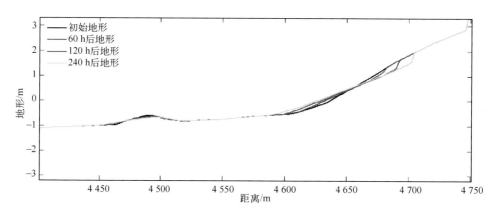

图 5-174　变水位、D_{50}=0.2 mm 时 10 年一遇波浪下的设计剖面演变

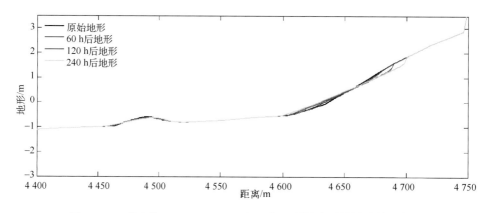

图 5-175　变水位、D_{50}=0.4 mm 时 10 年一遇波浪下的设计剖面演变

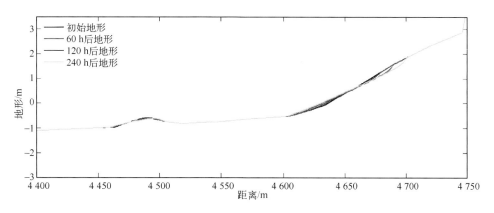

图 5-176　变水位、$D_{50}=0.6$ mm 时 10 年一遇波浪下的设计剖面演变

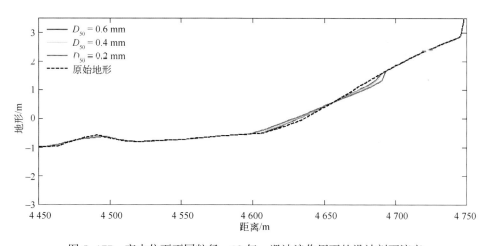

图 5-177　变水位下不同粒径、10 年一遇波浪作用下的设计剖面演变

图 5-177 给出了变水位情况下，不同粒径剖面在重现期分别为 10 年波浪连续作用 120 小时后不同粒径下剖面的演变情况。

表 5-5 给出了变水位下，不同粒径在不同重现期波浪作用下的最大侵蚀深度、形成新沙坝的最大高度、侵蚀宽度(向海方向)、单位侵蚀量的统计结果。

从上述计算结果可知，不同粒径下，波浪作用的时间越长，沙滩的侵淤变化越大。沙滩剖面的侵淤分布于整个滩面上，侵蚀主要发生在平均水位以上，并在设计高水位处形成侵蚀陡坎，随着粒径的增大陡坎逐渐变小，淤积主要发生在平均水位以下和坡脚处，沙滩在波浪和潮位的共同作用下，沙滩坡度逐渐变缓。

相同重现期波浪作用下，随着粒径的增大，侵蚀深度、形成沙坝的高度逐渐减小，侵蚀宽度略有减小但不显著，而侵蚀量逐渐降低。不同重现期波浪的侵蚀深度在 0.1~

0.3 m 之间，单宽侵蚀量在 1~7 m³ 之间。

表 5-5　变水位下填沙剖面形态的演变分析

重现期	粒径/mm	侵蚀深度/m	形成沙坝高度/m	侵蚀宽度/m	单位侵蚀量/(m³/m)
2 年一遇	0.6	0.08	0.05	84	1.16
	0.4	0.17	0.08	90	2.50
	0.2	0.18	0.11	98	2.98
10 年一遇	0.6	0.14	0.11	96	2.78
	0.4	0.17	0.13	102	3.65
	0.2	0.27	0.17	102	5.94
25 年一遇	0.6	0.16	0.13	96	3.49
	0.4	0.20	0.15	102	4.70
	0.2	0.27	0.18	104	6.42
50 年一遇	0.6	0.18	0.14	98	4.33
	0.4	0.21	0.16	102	5.13
	0.2	0.29	0.19	106	7.14

由计算得出以下结果。

（1）对于 2 年、10 年、25 年和 50 年重现期波浪作用下，重现期越大岸滩的侵蚀量越大，侵蚀主要发生在岸滩剖面的平均水位以上，并在设计高水位处形成侵蚀陡坎，淤积主要发生在平均水位以下以及坡脚处；整体岸滩在波浪作用下坡度逐渐变缓，随粒径增大，侵蚀陡坎逐渐变小；在风暴增水影响下，沙滩侵蚀会延伸到滩肩以上的区域。

（2）当补沙粒径越小时，沙滩的年冲刷量就会越大，沙滩的维护周期越短，但补沙粒径越大时补沙的成本就会越高，同时沙滩的功能性就会降低。为保持沙滩适宜的功能性，一般认为回填沙滩经过 5~7 年后才需要再次回填则认为海滩养护是成功的，设计阶段建议沙滩的使用周期为 10 年（即回填沙滩量损失一半的时间为 10 年）。根据本次沙滩的补沙量，本次新沙滩 10 年一遇波浪作用的冲刷量应小于 6 m³/m，侵蚀深度小于 0.2 m，参考在 10 年一遇变水位和设计高水位时侵蚀量，0.4 mm 和 0.6 mm 粒径的沙滩基本满足要求，0.2 mm 粒径的沙滩侵蚀量过大。

（3）综合上述的分析并结合当地沙源的条件，建议采用 $D_{50} \geqslant 0.4$ mm 的沙进行补沙。

（4）沙滩设计标准断面。根据上述模拟结果，图 5-178 为养滩剖面的标准断面，滩肩前沿高度+2.0 m，滩肩后缘高度+3.0 m，滩肩平均宽度 60 m，最大宽度在 120 m 左右，滩肩坡度(1∶60)~(1∶120)；从滩肩前沿向海侧以1∶30坡度延伸直至与原泥面相接；填沙粒径0.4~0.6 mm。

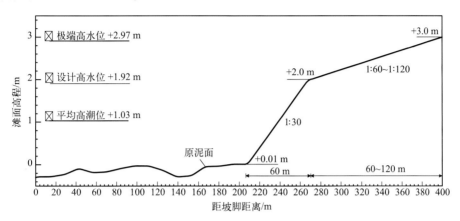

图5-178 沙滩设计标准断面

5.3.4.2 原始平面方案沙滩稳定性分析

1）平面方案

根据《锦州原四十军虾场生态修复项目实施方案》报告，原四十军虾场生态修复方案主要包括：①堤坝拆除，对锦州原四十军虾场的围海养殖工程堤坝进行拆除，拆除原四十军虾场围海养殖堤坝约10 km，恢复滨海湿地面积75 hm²。②岸线修复，将堤坝后方1 700 m的人工岸线恢复为砂质自然岸线，使其与东西两侧沙滩合理衔接，保证自然岸线的连续性。具体平面布置见图5-179，沙滩的剖面布置见图5-180。

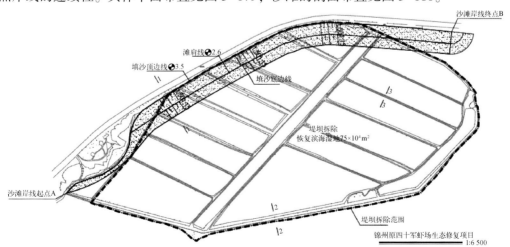

图5-179 原四十军虾场沙滩修复的平面布置图

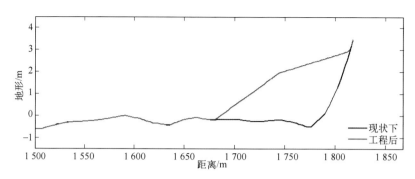

图 5-180　原四十军虾场沙滩修复的断面图

在实施方案申请阶段，砂质自然岸线的恢复主要沿后方滨海路的走向布置，除局部凸起地形，恢复后的人工沙滩沿程的滩肩宽度基本一致，为 60~80 m。

2）计算工况确定

根据工程附近海域的动力过程分析可知，影响原四十军虾场岸滩的主要浪向分别为 SSW 和 SW，其所在频率分别在 18% 以上；同时原四十军虾场附近海域向 SE 向波浪开敞，但 SSE、SE、ESE 向波浪出现频率均在 2% 左右，其影响相对较小。

由于沿岸输沙主要受到波能流影响，根据不同来向波浪的出现频率，利用波能流方法计算该海域的主波向。

依据公式计算得到原四十军虾场海域附近外海的主波能流方向为 170°，即南偏东 10°，基本与 S 向相同，因此后续分析波能流方向波浪的影响主要参考 S 向波浪结果。

综上，为综合分析原四十军虾场岸滩的侵蚀过程，后续分析研究时主要考虑 SSW、S、SSE、SE 和 ESE 向波浪的作用过程，计算选取 10 年一遇重现期波浪，计算时长为 3 天。

由于沙滩的功能性区域主要为滩肩后方陆域，因而在分析沙滩稳定性时，主要考虑波浪对滩肩及其后方陆域的侵蚀影响，在综合沙滩剖面设计结果确定的滩肩前沿高程（2 m），数值模拟分析时计算水位选取为设计高水位（+1.92 m）。

数值模拟计算水深如图 5-181 所示，数值计算时已考虑沙滩恢复后的水深变化，水深资料来自本次项目 1∶500、1∶5 000 的周边测深图以及航海保证部的部分海图数据，每个波浪方向采用不同的网格，确保波浪在开边界处的正向入射，数值模型的最大网格为 80 m，近岸采取局部加密至 5 m，以满足对复杂岸线和地形的刻画要求。

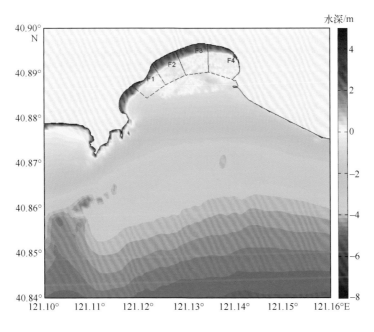

图 5-181　在原四十军虾场的人工沙滩计算水深

3) 岸滩稳定性评估

本次人工沙滩修复区域位于近岸浅水区域，受两侧向海延伸地形的掩护作用，其潮流场的强度较弱，对沙滩的影响稍小。人工沙滩主要受波浪及其破碎后产生的沿岸流影响，数值模拟分析时主要考虑波浪对沙滩的侵蚀作用，同时分析波浪破碎后的沿岸流产生的沿岸输沙影响。

模型中主要考虑影响岸滩的 SSW、S、SSE、SE 四个方向波浪的作用，数值计算考虑一个完整的风暴过程，波浪的作用时间为 3 天，水位考虑极端条件下的设计高水位。数值模拟统计得到人工沙滩前沿的波高分布、波浪破碎后的波生流分布；同时将沙滩分为四段区域（图 5-181），分别统计各个区域的侵蚀及淤积量以及各分区中间位置处的断面侵淤变化。数值模拟得到 SSW—SE 方向波浪作用下的上述结果分别如图 5-182 至图 5-193 所示，同时统计各个分区的侵蚀淤积量见表 5-6。

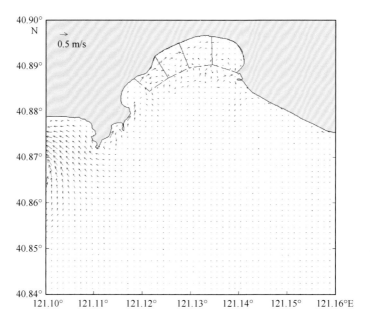

图 5-182　SSW 方向 10 年一遇波浪、设高水位下的流场分布

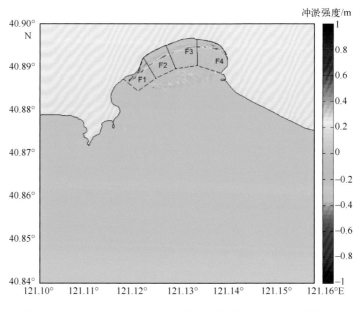

图 5-183　SSW 方向 10 年一遇波浪、设高水位下的冲淤分布

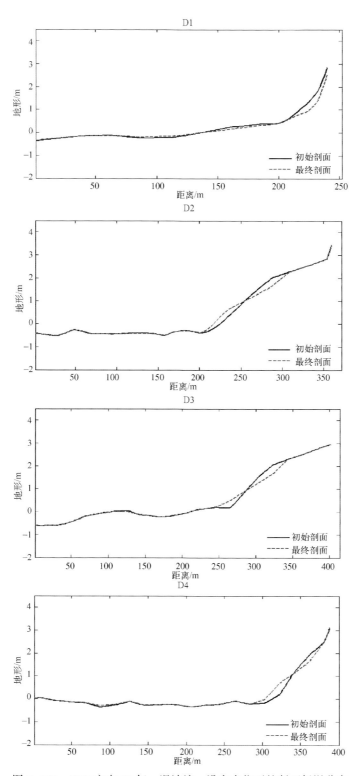

图 5-184　SSW 方向 10 年一遇波浪、设高水位下的断面侵淤分布

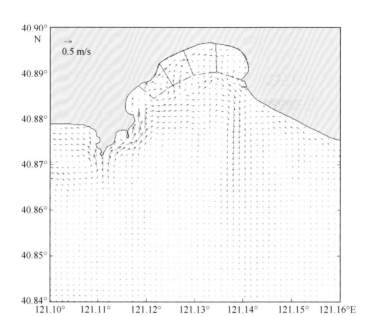

图 5-185 S 方向 10 年一遇波浪、设高水位下的流场分布

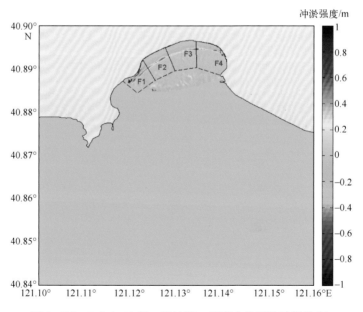

图 5-186 S 方向 10 年一遇波浪、设高水位下的冲淤分布

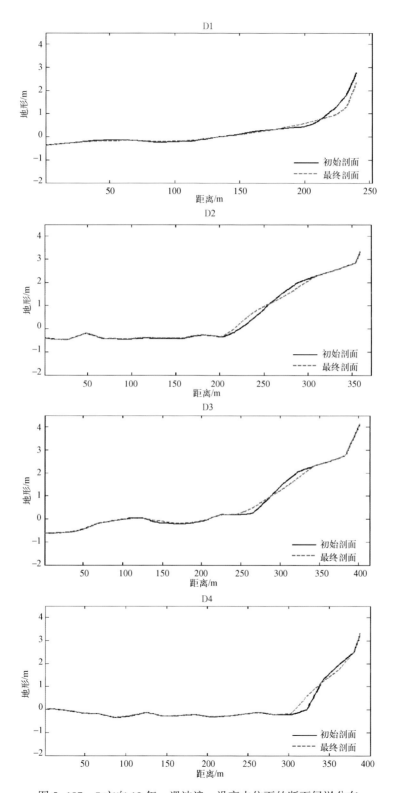

图 5-187 S 方向 10 年一遇波浪、设高水位下的断面侵淤分布

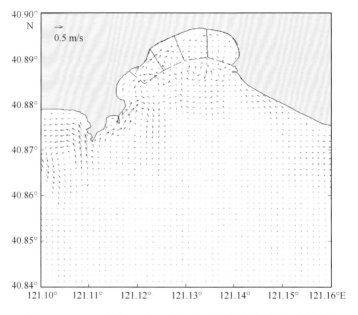

图 5-188　SSE 方向 10 年一遇波浪、设高水位下的流场分布

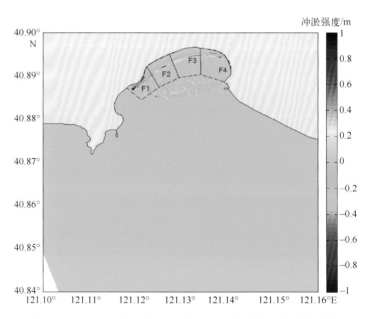

图 5-189　SSE 方向 10 年一遇波浪、设高水位下的冲淤分布

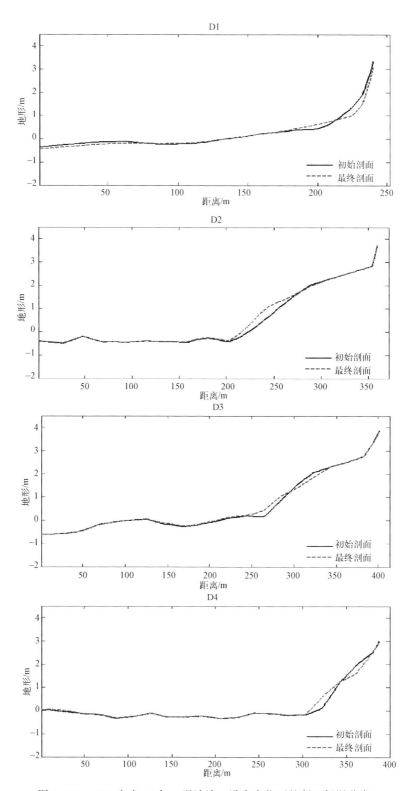

图 5-190 SSE 方向 10 年一遇波浪、设高水位下的断面侵淤分布

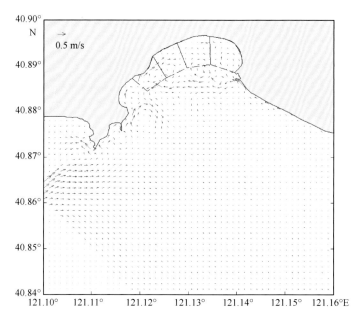

图 5-191　SE 方向 10 年一遇波浪、设高水位下的流场分布

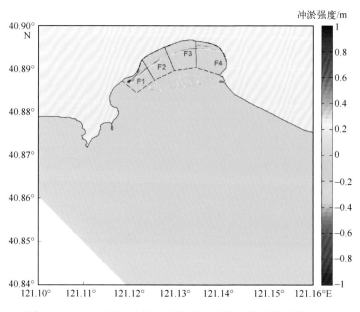

图 5-192　SE 方向 10 年一遇波浪、设高水位下的冲淤分布

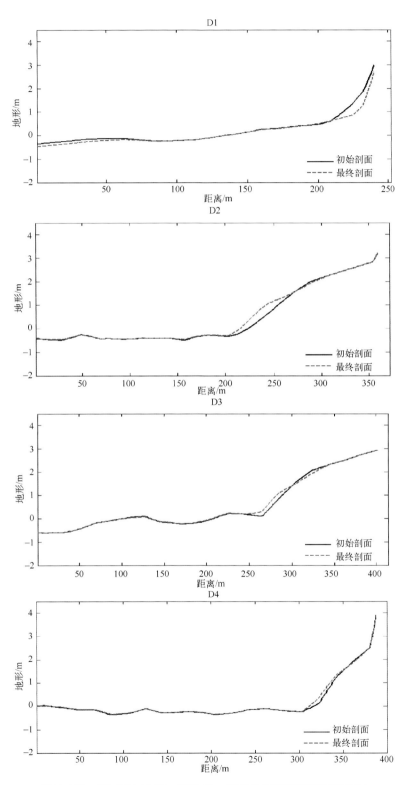

图 5-193　SE 方向 10 年一遇波浪、设高水位下的断面侵淤分布

表 5-6 各个方向波浪作用下的岸滩分区的侵蚀、淤积量统计

10 年一遇波浪　设计高水位　作用时长 3 天						
分区	SSW		S		SSE	
	淤积/m^3	侵蚀/m^3	淤积/m^3	侵蚀/m^3	淤积/m^3	侵蚀/m^3
F1	3 360.0	−4 779.9	4 449.1	−6 945.4	3 913.8	−6 129.1
F2	4 068.8	−3 238.6	5 158.3	−3 641.6	3 920.9	−2 500.8
F3	4 024.2	−4 212.3	4 674.1	−3 711.2	4 309.0	−2 466.1
F4	4 966.3	−3 852.7	4 047.3	−4 256.1	2 599.9	−3 663.7
合计	单宽侵蚀量−10.7m^3/m		单宽侵蚀量−12.4 m^3/m		单宽侵蚀量−9.8 m^3/m	
分区	SE		ESE		按频率叠加结果	
	淤积/m^3	侵蚀/m^3	淤积/m^3	侵蚀/m^3	淤积/m^3	侵蚀/m^3
F1	2 414.7	−3 136.8	301.8	−315.9	3 692.5	−5 541.6
F2	2 058.4	−1 591.8	173.2	−169.3	4 271.3	−3 155.0
F3	2 330.2	−1 486.0	181.9	−154.2	4 087.2	−3 583.9
F4	1 309.5	−1 871.6	70.3	−90.0	4 041.6	−3 768.0
合计	单宽侵蚀量−5.4 m^3/m		单宽侵蚀量−0.5 m^3/m		单宽侵蚀量−10.7m^3/m	

根据上述模拟结果可知：除 ESE 方向波浪难以直接作用至岸滩区域外，SSW—SE 向波浪均能直接影响工程区域。由于人工沙滩前的拟拆围堰内的高程在−0.5～0 m，堤坝拆除后会在沙滩前形成一浅水滩涂，波浪在滩涂前沿发生首次破碎，会在人工沙滩坡面上发生二次破碎。

SSW 向波浪作用下时，会在 F1 和 F2 分区形成向东的沿岸流，而在 F3 和 F4 分区形成相向沿岸流，并在两者中间形成离岸逆流；受沿岸输沙影响，F1 分区的侵蚀大于淤积，F2 分区淤积大于侵蚀，F3 分区侵蚀略大于淤积，F4 分区淤积大于侵蚀；从断面侵蚀分布来看，主要侵蚀发生在滩肩位置，而淤积则发生在滩脚附近，各个分区的侵淤差异与表中统计值相似；总体来看在 SSW 向波浪作用下，F1 和 F3 分区易受到沿岸输沙的侵蚀影响，而 F2 和 F4 分区在沿岸输沙作用下发生淤积。

S 向波浪作用下时，会在 F1、F2 和 F3 分区形成向东的沿岸流，而在 F4 分区形成离岸逆流；受沿岸输沙影响，F1 分区的侵蚀大于淤积，F2 和 F3 分区淤积大于侵蚀，F4 分区侵蚀略大于淤积；从断面侵蚀来看，侵蚀主要发生在滩肩，而淤积发生在滩脚；受沿岸输沙影响，F1 和 F4 分区发生侵蚀，而 F2 和 F3 分区以淤积为主。

SSE 向波浪作用下时，会在 F1、F2 和 F3 分区形成向东的沿岸流，而在 F4 分区形成向西沿岸流；受沿岸输沙影响，F1 分区的侵蚀大于淤积，F2 和 F3 分区淤积大于侵

蚀，F4 分区侵蚀大于淤积；从断面侵蚀来看，侵蚀主要发生在滩肩，而淤积发生在滩脚；受沿岸输沙影响，F1 和 F4 分区发生侵蚀，而 F2 和 F3 分区发生淤积。

SE 向波浪作用下时，会在 F1 和 F2 分区形成向东的沿岸流，而在 F3 和 F4 分区形成向西沿岸流；受沿岸输沙影响，F1 分区的侵蚀大于淤积，F2 和 F3 分区淤积大于侵蚀，F4 分区侵蚀大于淤积；从断面侵蚀来看，侵蚀主要发生在滩肩，而淤积发生在滩脚；受沿岸输沙影响，F1 和 F4 分区发生侵蚀，而 F2 和 F3 分区则以淤积为主。

ESE 向波浪作用下时，影响人工沙滩的波高较小，只在 F1 和 F2 分区形成向东的沿岸流，而在 F3 和 F4 分区形成向西沿岸流，沿岸流强度也较弱，各个分区的侵蚀、淤积量也相对较小。

同时临近海域的长期波浪测站的统计数据，按频率叠加获得的不同方向波浪共同作用下的岸滩侵蚀淤积量见表 5-6。从表中可知：F1 分区侵蚀大于淤积，而其余分区均是淤积大于侵蚀，整体的单宽侵蚀量在 $-10.7\ \mathrm{m^3/m}$ 左右，在人工沙滩填沙量的 10% 以下。

根据上述分析结果可知：实施方案中人工沙滩平面布置基本与后方滨海路走向一致，其在影响该区域的波浪（SSW—ESE 向）作用下，在沙滩西侧（F1 和 F2 分区）会形成自西向东的连续沿岸流，并在沿岸流的作用下发生东向沿岸输沙，因此 F1 和 F2 分区的人工沙滩会受到较大沿岸输沙影响，其沙滩的平面稳定性较差。根据侵淤统计数据，F1 分区在各个方向波浪作用下均处于侵蚀大于淤积状态；F2 至 F4 分区则在一次风暴作用后（波浪作用 3 天），受沿岸输沙影响其淤积大于侵蚀。

综上可知，在实施方案的设计平面布置下，人工沙滩西侧会受到较大的侵蚀影响，对沙滩的整体稳定性影响较大，因此后续需要针对原四十军虾场拆除后的人工沙滩的平面布局进行优化。

5.3.4.3 优化平面方案沙滩稳定性分析

实施方案中提出的平面布置下人工沙滩西侧岸滩上存在连续的东向沿岸流，导致人工沙滩 F1 分区的侵蚀过大，沙滩的整体稳定性较差，为减少沿岸输沙带来的沙滩侵蚀，需要优化沙滩的平面布置，减少滩面上的沿岸流及沿岸输沙过程。基于岬湾平衡理论设计合适的人工沙滩平面布置。

1）平面优化方法

计算静态平衡湾线，首先选取当地垂直角度的遥感图像或地形图和波浪的入射方向，其次采用 MEPBAY 软件分析稳定岸线。

基本步骤如下。

（1）确定主波向：计算得到原四十军虾场海域的主波能流方向为南偏东 10°。

（2）获取海湾岸线：原四十军虾场附近海域岸线图（图5-194），根据波浪资料计算控制线 R_0，确定波峰线与控制线夹角 β。

（3）计算参数 C_1、C_2 和 C_3。

（4）根据不同极角 θ，计算相应的 R_n/R_0，即可以得到若干组 $(R，\theta)$ 对应于极坐标中的坐标点。

（5）将极坐标中的数据点 $(R，\theta)$ 换算成直角坐标系中的数据点 $(x，y)$，将各点用光滑曲线连接即为理论平衡曲线。

2）优化后的沙滩平面布置

由于工程东侧为一封闭围堰，本人工沙滩可借助围堰凸起位置，形成稳定岬湾沙滩岸线。依据修复区主浪向的角度，采用 MEPBAY 软件获得的人工沙滩稳定岸滩形态如图5-194所示，此时人工沙滩的平面布置不再与后方滨海路走向一致，整体的岸滩形态基本与工程区的主浪向垂直。

结合标准设计剖面，获得优化后的沙滩平面布置示意如图5-194所示，优化后的人工沙滩高程如图5-195所示。此时，在原沙滩的侵蚀严重区域（即东侧凸起地形外侧）不再进行人工养滩，沙滩整体向东偏移；且受滨海路走向限制，人工沙滩的滩肩宽度沿程发生改变，整体宽度在 10~100 m，其中沙滩中部位置滩肩宽度最大，约 100 m 左右，优化后的沙滩中部断面如图5-196所示。

—— 稳定的沙滩滩肩线

图5-194　根据岬湾平衡理论优化得到的稳定沙滩前沿线

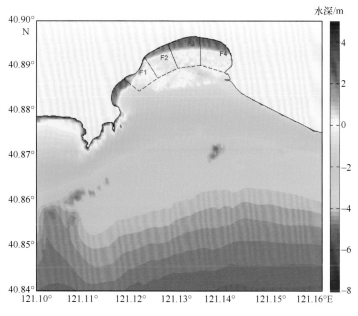

图 5-195　优化后人工沙滩的平面水深图

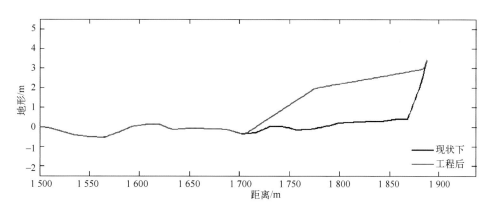

图 5-196　优化后的沙滩断面示意图（沙滩中部位置）

3）与相邻整治修复工程的关系

本工程西侧为原锦州市"蓝色海湾"项目的老龙头人工沙滩修复区域，其沙滩设计包括细沙滩及砾石滩两部分，其中细沙滩借助原有的岸线及沙滩形态向海延伸，而砾石滩则借助原四十军虾场的外侧堤坝向海延伸（图 5-197）。在原四十军虾场堤坝拆除后，砾石滩难以独立存在于原有位置，因此在本次生态修复过程中需对老龙头人工沙滩进行整理，在堤坝拆除后将原有的西侧砾石滩整理至后方凸起岸线位置处，整理前后的老龙头人工沙滩形态如图 5-198 所示。

图 5-197　本工程西侧原"蓝色海湾"中的人工沙滩平面图

图 5-198　拟对老龙头东侧原有人工沙滩平面的调整方案

本次生态修复后，老龙头东西两侧均恢复至自然岸线形态，两次修复的位置关系如图 5-199 的示。从对比图可知：本次养滩工程形态的砂质自然岸线形态与西侧白沙湾原有的沙滩岸线形态基本一致，因而说明优化后的人工沙滩形态是较为合理的，后续利用数值模拟对比分析两侧人工沙滩稳定性的差异。

图 5-199 本次人工沙滩与锦州"蓝色海湾"项目的位置关系

4）方案优化后的岸滩稳定性评估

为评估人工沙滩平面优化后的整体稳定性，采用 Xbeach 模型模拟了平面布置优化后的岸滩冲淤情况，数值模型设置与工程前模型一致，主要考虑 SSW—SE 向波浪影响，模拟计算一次风暴下的岸滩侵淤过程，即：在设计高水位下、10 年一遇的重现期波浪作用后的沙滩侵蚀变形。

数值模拟统计得到人工沙滩前沿的波高分布、波浪破碎后的波生流分布，同时分区统计各个区域的侵蚀及淤积量以及各分区中间位置处的断面侵淤变化。根据针对老龙头人工沙滩的整理方案，此时 F1 分区以砾石滩为主。数值模拟结果分别如图5-200 至图 5-211 所示，同时统计各个分区的侵蚀淤积量见表 5-7。

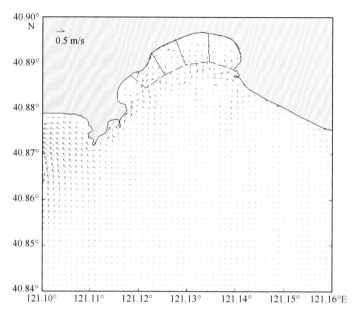

图 5-200　SSW 方向 10 年一遇波浪、设高水位下的流场分布

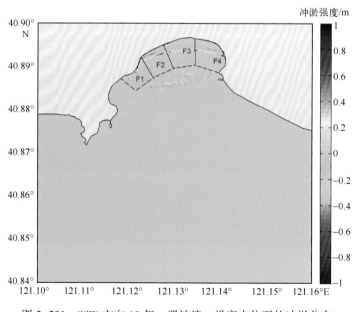

图 5-201　SSW 方向 10 年一遇波浪、设高水位下的冲淤分布

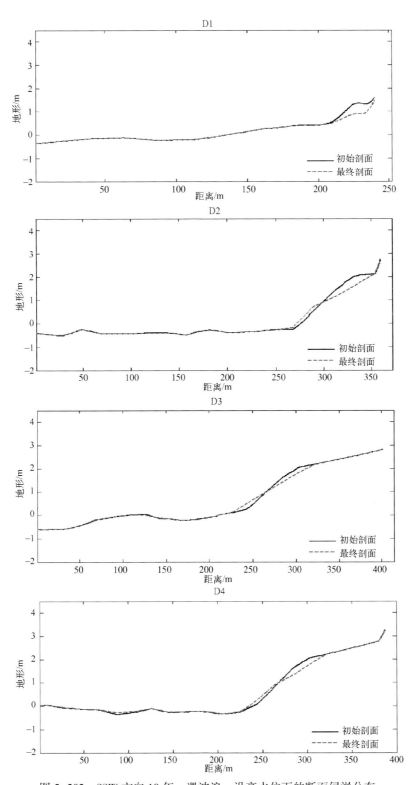

图 5-202 SSW 方向 10 年一遇波浪、设高水位下的断面侵淤分布

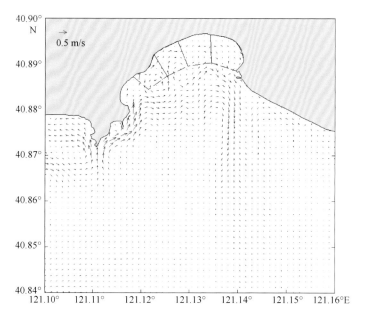

图 5-203　S 方向 10 年一遇波浪、设高水位下的流场分布

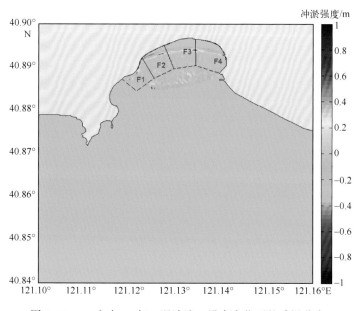

图 5-204　S 方向 10 年一遇波浪、设高水位下的冲淤分布

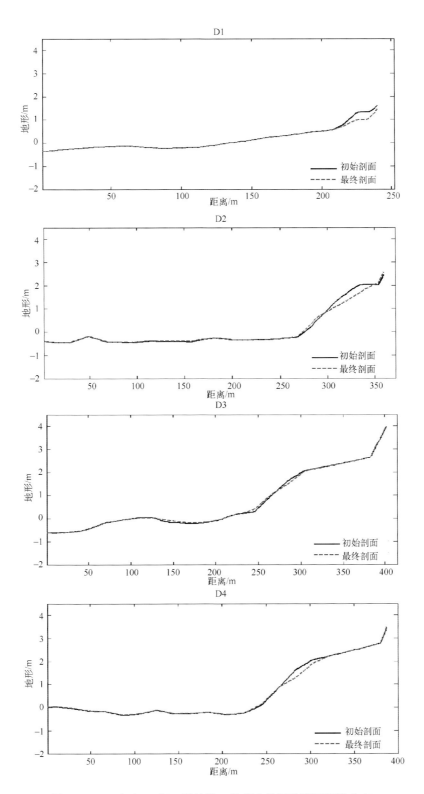

图 5-205　S 方向 10 年一遇波浪、设高水位下的断面侵淤分布

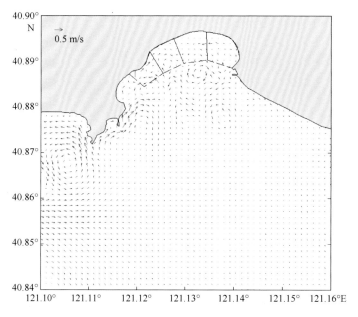

图 5-206　SSE 方向 10 年一遇波浪、设高水位下的流场分布

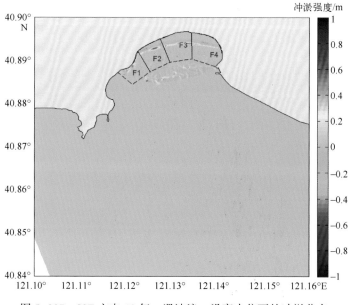

图 5-207　SSE 方向 10 年一遇波浪、设高水位下的冲淤分布

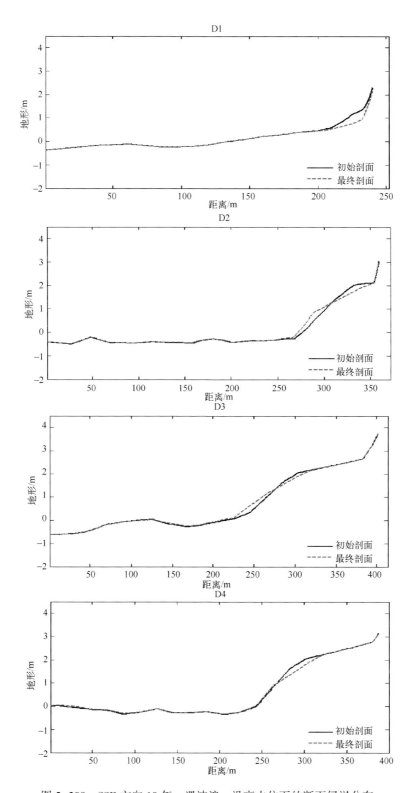

图 5-208　SSE 方向 10 年一遇波浪、设高水位下的断面侵淤分布

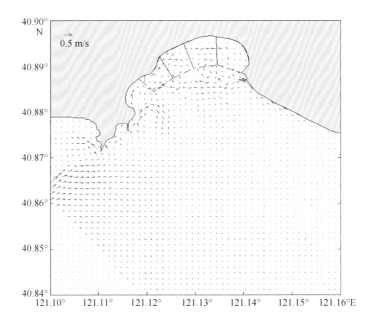

图 5-209　SE 方向 10 年一遇波浪、设高水位下的流场分布

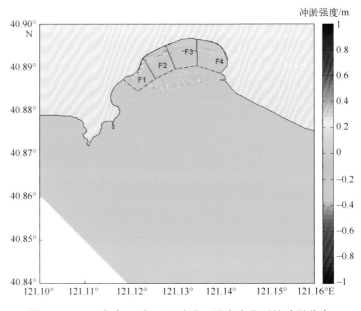

图 5-210　SE 方向 10 年一遇波浪、设高水位下的冲淤分布

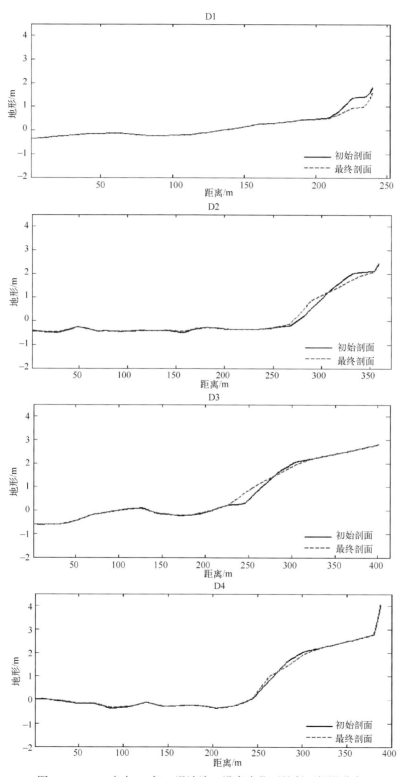

图 5-211　SE 方向 10 年一遇波浪、设高水位下的断面侵淤分布

表 5-7　各个方向波浪作用下的岸滩分区的侵蚀、淤积量统计

10 年一遇波浪　设计高水位　作用时长 3 天

分区	SSW		S		SSE	
	淤积/m³	侵蚀/m³	淤积/m³	侵蚀/m³	淤积/m³	侵蚀/m³
F1	1 777.4	−1 791.2	2 021.5	−2 316.3	1 778.5	−1 846.7
F2	3 360.2	−3 779.2	4016.5	−4 188.4	3 604.2	−3 224.2
F3	3 419.0	−3 372.1	3 947.7	−2 702.5	3 589.1	−2 680.3
F4	4 532.3	−3 864.6	3 115.6	−3 964.0	2 574.8	−3 846.1
合计	单宽侵蚀量−8.5 m³/m		单宽侵蚀量 −8.8 m³/m		单宽侵蚀量−7.7 m³/m	
分区	SE		ESE		按频率叠加结果	
	淤积/m³	侵蚀/m³	淤积/m³	侵蚀/m³	淤积/m³	侵蚀/m³
F1	1 212.8	−1 129.2	117.5	−112.8	1 785.7	−1 918.6
F2	2 176.5	−2 106.0	231.4	−224.7	3 473.4	−3 689.4
F3	2 213.6	−1 652.8	196.5	−176.8	3 467.4	−2 828.5
F4	1 213.0	−1 929.1	86.5	−125.9	3 460.2	−3 666.7
合计	单宽侵蚀量 −4.5 m³/m		单宽侵蚀量 −0.4 m³/m		单宽侵蚀量−8.05 m³/m	

　　根据上述模拟结果可知：人工沙滩平面优化后，沙滩前沿的波浪分布与优化前基本一致。除 ESE 方向波浪难以直接作用至岸滩外，SSW—SE 向波浪均能直接影响工程区域。由于人工沙滩前的堤坝拆除后会在沙滩前形成一浅水滩涂，波浪在滩涂前沿发生首次破碎，然后在人工沙滩坡面上发生二次破碎。

　　由于人工沙滩平面优化后，其不再与主浪向成一定角度，此时沙滩上的波生流场与优化前变化较大，进而使得沙滩的侵蚀与淤积分布也发生改变，具体如下。

　　在 SSW 向波浪作用下时，此时沙滩已无连续的东向沿岸流，局部存在多个沿岸流和逆流组成的环流，其对沙滩的整体稳定性影响较小；统计各分区的侵淤量，F1 分区的侵淤基本一致，以离岸输沙为主；F2 分区侵蚀略大于淤积，F3 与 F4 分区淤积大于侵蚀；从断面侵蚀分布来看，主要侵蚀发生在滩肩位置，而淤积则发生在滩脚附近，各个分区的侵淤差异与表的一个中统计值相似；总体来看，各个分区均以离岸输沙为主，基本不受沿岸输沙影响，人工沙滩的单宽侵蚀量较优化前也略有降低。

　　S 向波浪作用下时，仅在 F2 分区形成向东的沿岸流，其余各区均以环流及离岸流为主；F1 分区和 F2 分区的侵淤基本一致，以离岸输沙为主，局部沿岸输沙的距离较短，F3 分区淤积大于侵蚀，而 F4 分区侵蚀则大于淤积；各个分区均是滩肩侵蚀，滩脚淤积；总体来看，各个分区受沿岸输沙影响相对较小，其单宽侵蚀量较优化前也略有

降低。

SSE 向波浪作用下时，除 F1、F4 分区形成明显的局部沿岸流外，其余各区均以环流及离岸流为主；受此影响，F1 分区的侵蚀略大于淤积，F2 和 F3 分区均是淤积大于侵蚀，F4 分区侵蚀大于淤积；各个分区均是滩肩侵蚀，滩脚淤积；总体来看，各个分区受沿岸输沙的影响相对较小，单宽侵蚀量略有降低。

SE 向波浪作用下时，除 F1、F4 分区形成明显的局部沿岸流外，其余各区均以环流及离岸流为主；受此影响，F1、F2 分区的侵蚀与淤积基本相同，F3 分区是淤积大于侵蚀，F4 分区则是侵蚀大于淤积；各个分区均是滩肩侵蚀，滩脚淤积；总体来看，各个分区受沿岸输沙影响相对较小，单宽侵蚀量略有降低。

ESE 向波浪作用下时，影响人工沙滩的波高较小，只在 F3 和 F4 分区形成西向的沿岸流，沿岸流强度也较弱，各个分区的侵蚀、淤积量也相对较小。

依据临近海域的长期波浪测站的统计数据，按频率叠加获得的不同方向波浪共同作用下的侵淤量（表 5-7）。从表中可知：沙滩平面优化后，F1、F2 和 F4 分区侵蚀略大于淤积，而 F3 分区则是淤积大于侵蚀，各个分区的侵淤相差较小，说明方案优化后人工沙滩受波浪的沿岸输沙影响较小；且整体的单宽侵蚀量在 $-8.05\ \mathrm{m^3/m}$ 左右，较优化前也有明显的下降，均在人工沙滩填沙量的 10% 以下。

综上可知，在平面优化后，人工沙滩前已无连续的沿岸流及沿岸输沙过程，其西侧的侵蚀显著降低，沙滩的整体稳定性明显改善；参考统计的单宽侵蚀量，沙滩的养护周期及寿命也在合理的范围内。

6 滨海湿地生态修复案例工程及实践

滨海湿地主要是指低潮时水深不足 6 m 的水域以及涨落潮时淹没的潮间带区域，地形上包括河口、海湾、潮滩、潮沟、潟湖等，其是碱蓬、红树林、珊瑚礁、海草床、海藻场等典型生态系统的栖息地。滨海湿地海水温度适中，盐度较高，营养物丰富，适于鱼、虾、贝、藻生长繁殖，也是鸟类迁徙的重要栖息地；同时，滨海湿地是介于海洋与陆地之间的缓冲带，是人类重要的资源库和抵御海洋灾害的屏障，为人类提供了丰富的资源和生态发展可行性。

沿岸开发活动导致滨海湿地面积锐减，湿地生态功能基本丧失，如渤海辽东湾底的浅滩以及河口、海湾面积遭到围海养殖的侵占，导致河口、海湾水交换能力严重不足，滩涂-潮沟地貌系统逐渐消失，碱蓬等生态系统退化严重，针对大凌河口、小凌河口、团山海洋公园以及普兰店湾内的滨海湿地受损情况，开展生态问题诊断、方案论证设计、效果监测评估等工作(图 6-1)。

6.1 大连普兰店湾生态修复设计及实践

6.1.1 项目位置

生态环境部、发展改革委、自然资源部联合印发的《渤海综合治理攻坚战行动计划》中提出，"加强河口海湾综合整治修复。因地制宜开展河口海湾综合整治修复，实现水质不下降、生态不退化、功能不降低，重建绿色海岸，恢复生态景观。辽宁省以大小凌河口、双台子河口、大辽河口、普兰店湾、复州湾和锦州湾海域为重点……加快河口海湾整治修复工程。"

普兰店湾位于辽东半岛西侧，湾口两岬角分别为 39°11′42″N、121°34′50″E 和 39°21′36″N、121°23′30″E(图 6-2)。海湾呈三角形，湾口朝向西南，面积为 530 km²，滩涂面积为 208 km²，礁岛面积为 9.2 km²。水深变化较复杂，湾口水深 4.5～6.5 m，南浅北深。由湾顶沿东北—西南河流入海方向有深水沟分布，个别地段水深超过 10 m。普兰店湾为基岩、淤泥质海岸上的一个原生湾，岸线长约 193 km。

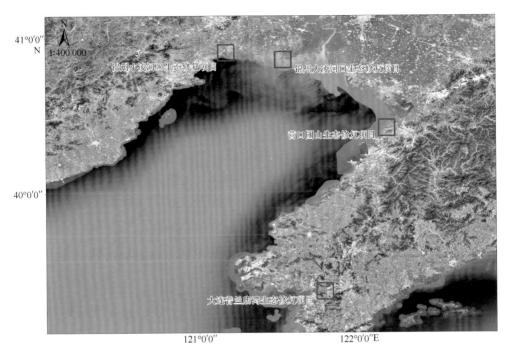

图 6-1　滨海湿地生态修复工程位置

图 6-2　大连普兰店湾区域位置图

6.1.2 区域生态问题诊断

1）围海养殖占用滨海湿地，海洋生态环境受损

近些年来，普兰店湾内始终处于粗放式开发和管理状态，围海养殖和盐田规模暴发式扩大，填海造地工程不断向海推进，海湾空间不断萎缩，30年间海湾空间近乎减小一半。鞍子河自普兰店湾的湾顶入海，但由于大面积围海养殖池塘、盐田及填海造地工程的存在，致使海湾水道变窄，水体交换能力下降，底质逐渐发生淤积。加之围海养殖密度过大，海湾两侧大片工业园区建设，养殖、生产、生活污水入海量也随之变大。在水体交换能力减弱的情况下，水体自净能力也逐渐减弱，逐渐引起湾内水质环境发生恶化。据《2017年辽宁省海洋生态环境状况公报》统计，普兰店湾内营养盐特别是无机氮超标严重，湾内普遍为劣四类水质（图6-3）。

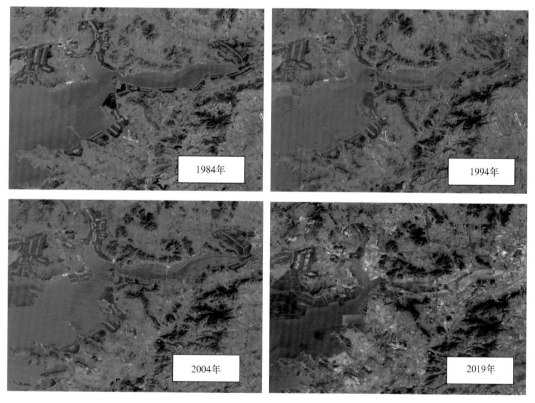

图6-3　普兰店湾历史遥感影像对比

生态环境是水体、生物、土地、气候等资源组合起来的统一整体，单一资源环境受到破坏，整体生态环境也将受到影响。大面积围海养殖池塘在影响海湾水动力环境下，必然会导致海洋生物物种多样性有所下降，高营养层次生物生产力有所降低（图6-4）。因此，对废弃围海养殖池进行拆除，不仅可以增加海湾纳潮量，提高海水交换能力，而且对海洋生态环境改善有着重要的作用。

图 6-4 普兰店湾废弃围海养殖池塘现状

2）围海养殖占用自然岸线，生态景观价值受损

大规模围海养殖池的存在不仅占用了滨海湿地资源，而且占用了大量的原生自然岸线。依据辽宁省 2017 年最新修测岸线统计，普兰店湾内围海养殖占用自然岸线122.34 km，占海湾岸线总长度的 60.88%（图 6-5）。原生自然岸线不仅具有生态价值，而且具有景观价值，如此大规模的自然岸线被围海养殖占据，是生态景观价值的严重损失。

图 6-5 围海养殖池后方出露的自然岸线

围海养殖堤坝在修建的过程中，势必会对部分自然岸线进行开挖，导致自然岸线被人为破坏，丧失自然属性。岸线附近存在违建房屋及私采乱挖、垃圾随意堆放现象，公众临水、亲水空间丧失，严重制约着滨海岸线资源的发挥和利用。通过拆除围海养殖池塘，可以恢复岸线自然属性，充分发挥出其生态、景观、资源价值。

6.1.3　生态修复工程规划

普兰店湾围海养殖占用了大面积滨海湿地及自然岸线资源。养殖池的存在不仅阻碍了海湾水体的交换，造成海湾淤积，而且影响了滨海湿地生态环境，引起水质逐渐恶化，严重制约着滨海湿地生态功能的发挥。拟修复区的养殖池已经完成动迁补偿，大部分养殖池都已经废弃，甚至已经坍塌损毁，无法再产生经济效益。

为落实《渤海综合治理攻坚战行动计划》，改善普兰店湾滨海湿地生态环境，充分发挥滨海湿地的生态景观价值，普兰店湾生态修复项目主要包括以下两个方面。

1）拆除围海养殖，恢复滨海湿地

对废弃的养殖池塘进行拆除，开展"退围还湿"工程，扩大海湾宽度，增加海湾纳潮量，恢复滨海湿地生态环境。通过工程实施，拆除现有废弃养殖堤坝 64.9 km，恢复湾内滨海湿地面积 475 hm^2。

2）自然岸线清理整治，修复海岸景观

围海堤坝拆除后，北岸养殖池后方的自然岸线将全部出露。但由于围海养殖已年代久远，人工干预痕迹突出，后方自然岸线的部分岸段已被开挖损毁，无法充分发挥出自然岸线的生态景观价值。考虑到修复位置位于金普新区，人口密度大，结合本地区长远发展需要，对未损岸线进行清理整治，清除岸线附近生产生活垃圾、废弃物，恢复自然岸线原有风貌，自然岸线清理 6.09 km。对受损自然岸线进行生态化改造，防止岸线侵蚀后退，增加公众临海、亲海空间，充分发挥出自然岸线的生态景观价值，修复生态岸线 1.41 km。通过岸线生态功能提升，恢复自然岸线长度 7.5 km，其中 1.41 km 生态岸线可纳入自然岸线管理。

南岸养殖池拆除后将出露人工化的填海造地岸线，该处岸线属性为抛石堤，并且在管理岸线以下，后方为荒芜的空场，暂保持其原有状态。生态修复工程的平面布置如图 6-6 所示。

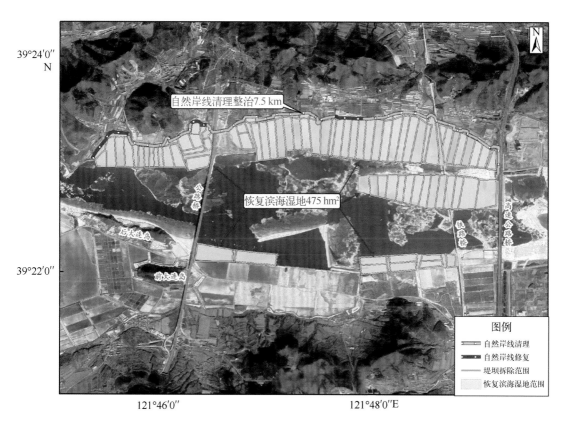

图 6-6　普兰店湾生态修复工程平面布置图

6.1.4　生态修复工程论证设计

6.1.4.1　数值模型构建

数值模型范围囊括金州湾和普兰店湾，计算范围及网格如图 6-7 所示，计算水深如图6-8 所示。修复区附近网格进行加密处理，整个模拟区域由 35 720 个节点和68 912 个非结构化的三角单元组成，最小空间步长约为 5 m。模型水平涡黏系数为0.28，底摩阻曼宁系数取 45 $m^{1/3}/s$。拟拆池梗区域位于普兰店湾中部、簸箕岛的东侧，具体位置如图 6-8 所示。

采用 2020 年 4 月的大潮实测资料校核数值模型，测点位置如图 6-9 所示。图 6-10为实测和计算潮位变化对比结果，图 6-11 为流速、流向的对比结果。从对比结果可见，数值模型能很好地模拟湾内潮汐及潮流的振荡变化过程。

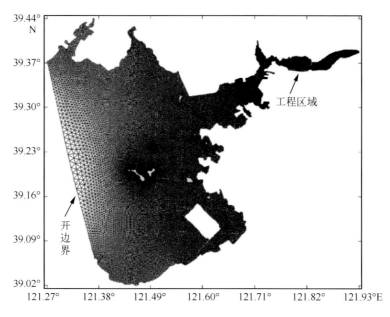

图 6-7　模型计算范围及计算网格示意

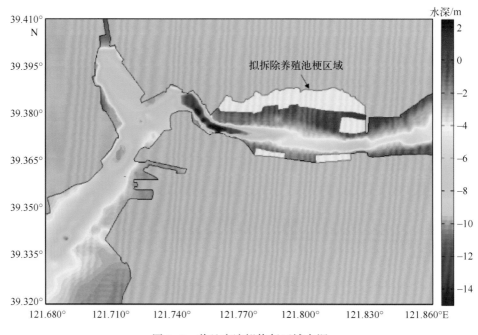

图 6-8　普兰店湾拟修复区域水深

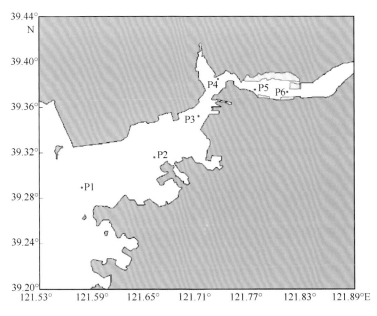

图 6-9 普兰店湾实测海流站位

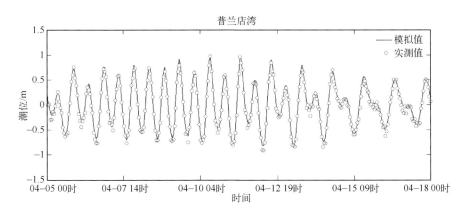

图 6-10 普兰店湾 2020 年 4 月 5—18 日潮位模拟与实测验证对比

6.1.4.2 修复前潮流场特征

模拟得到工程前大范围及局部海域涨急、落急时的潮流场(图 6-12 和图 6-13)。从图中可知：涨潮时外海水体由金州湾向北流动，并进入普兰店湾，金州湾内涨急时刻流向为 NE 向，普兰店湾内涨潮流向为 E 向；落潮时流态则相反，普兰店湾内水体顺岸流向金州湾，金州湾内的落潮流以 SW 向为主。

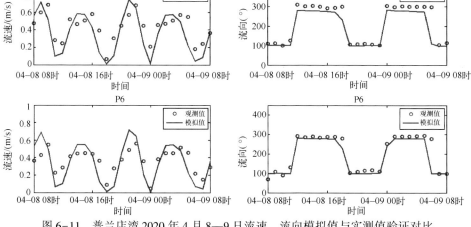

图 6-11　普兰店湾 2020 年 4 月 8—9 日流速、流向模拟值与实测值验证对比

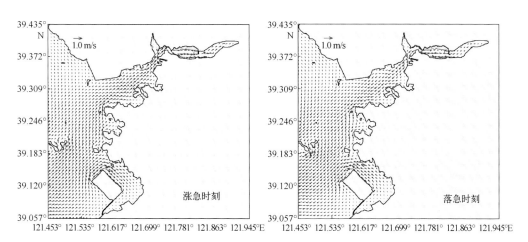

图 6-12　工程前普兰店湾涨急、落急时刻的大范围流场

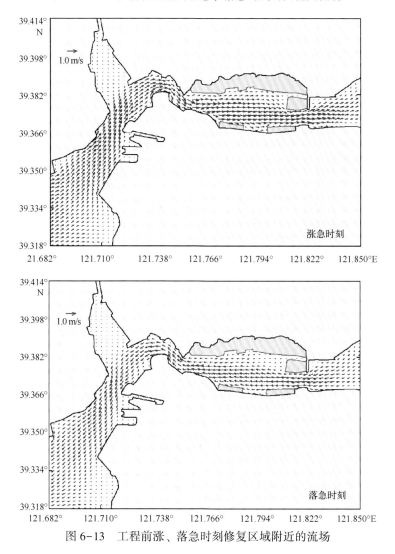

图 6-13　工程前涨、落急时刻修复区域附近的流场

普兰店湾受狭长形态影响，湾内涨落潮水体主要在湾内深水通道流动，涨落潮流向基本与两侧岸线走向一致；普兰店湾内的局部小湾流速相对较小，普兰店湾的中部收窄处流速较大，达到1.0 m/s左右。修复区域涨落潮流向基本为E—W向，与湾内深水通道走向一致，涨落急时流速在0.5~0.8 m/s；修复区域中间流速分布较为均匀，南北近岸流速相对较小，局部填海处受挑流影响，流速略有增大。

6.1.4.3　生态修复方案设计

普兰店湾生态修复主要措施是拆除湾内堤坝。修复方案主要考虑不同的堤坝拆除高程，其主要改变滩涂水动力形态以及湾内整体纳潮量，以改善湾内水交换能力。拟拆池梗高程如图6-14所示，工程前池梗高程在2.5 m左右，池梗之间的养殖池水深为-0.5~0.5 m。南北池梗中间区域为普兰店湾的潮流主通道，水深在-5 m左右，两侧收窄处相对较深，西侧水深达到-15 m；南侧拟拆池梗外水深在-2.0 m左右，北侧水深在-1.0~-0.5 m。

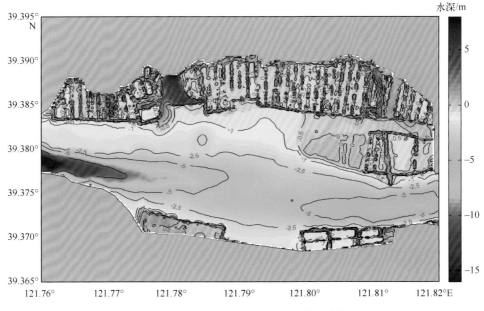

图6-14　工程前拟拆池梗高程及附近水深

综合考虑普兰店湾水深变化，将池梗拆除区分为4个区域，如图6-15所示，考虑不同的池梗拆除高程，设计两种修复方案。方案一：南侧区域拆除高程设计为-1.0 m，中间区域拆除高程设计为-0.5 m，北侧中部拆除高程为-0.3 m左右，北侧近岸拆除高程设计为 0.2 m；方案二：拆除高程分别为南侧区域-1.0 m、中间区域 0.2 m、北侧中部 0.3 m、北侧近岸 0.8 m。方案二较方案一的拆除工程量要小。

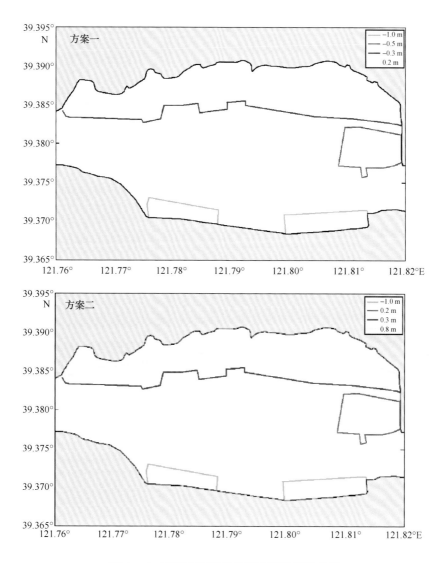

图6-15 不同方案下修复区池梗拟保留高程

拆除后的水深如图 6-16 所示，采用方案一拆除后，修复区域大部分时间可处于淹没状态，仅近岸在低潮时露出，已无原始池梗痕迹；采用方案二修复后，北侧近岸在 0.3 m 以上，大部分时间为出露滩涂状态，修复后的池梗痕迹仍然明显。

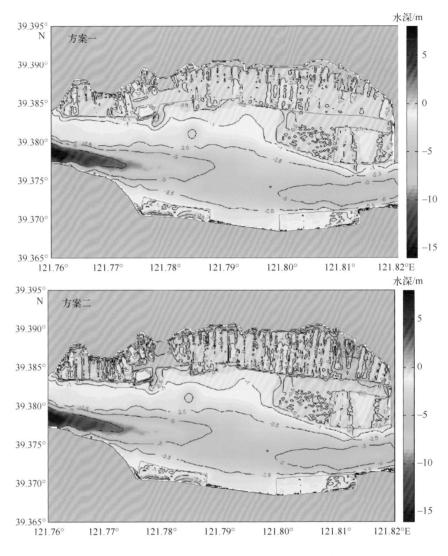

图 6-16　不同方案下修复区池梗拟拆除后的水深

6.1.4.4　不同方案修复前后潮流场对比

　　方案一和方案二实施后的潮流场如图 6-17 和图 6-18 所示，两种方案下的流速变化对比见图 6-19 和图 6-20。本修复工程主要拓宽了海湾面积，提升了海湾纳潮能力。工程实施带来的流速变化主要位于普兰店湾内，工程后，湾内水域增加，纳潮量变大，使得涨落潮时普兰店湾中部流速有所增大。

方案一，湾中部拆至-0.5 m，近岸拆至-0.3 m、0.2 m时，已基本拆至池底高程，工程后普兰店湾内潮流主通道处流速有所增大，增大0.1~0.3 m/s。一个涨落潮期间的淹水时间超过一半潮周期，且涨落急时的漫滩及干出流场较为均匀，未出现局部涨落急流速过大现象，有利于海湾湿地生境的逐步恢复。

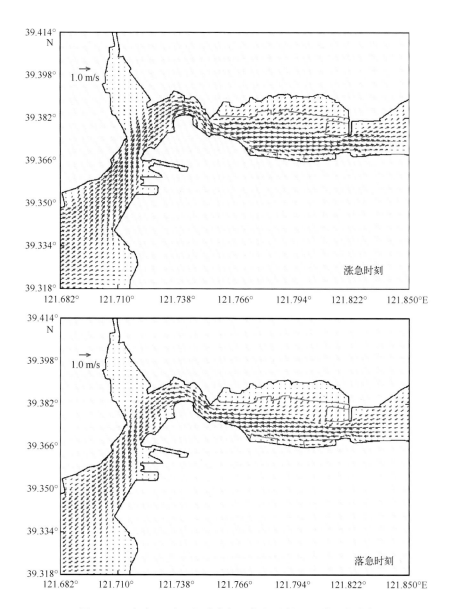

图6-17 方案一下工程后涨急、落急时刻工程附近的流场

方案二，湾中部拆至0.2 m，近岸拆至0.3 m、0.8 m时，由于保留的池梗相对较高，使得涨落潮期间的淹水时间不到潮周期的一半，涨落急时池梗之间的流速较大，约0.5 m/s，而其余滩涂流速则较小，出现局部流速过大、分布不均匀现象，不利于海湾湿地生境的自我恢复。

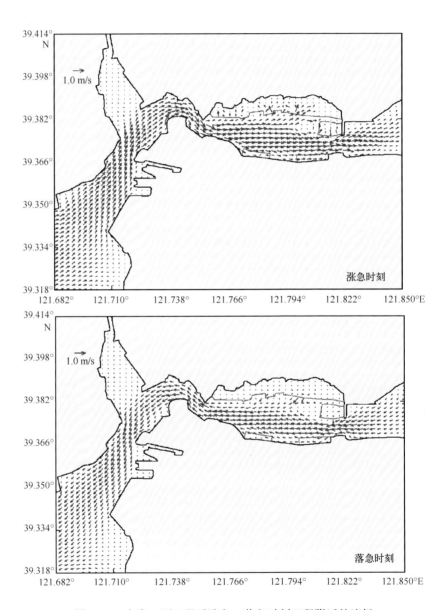

图6-18　方案二下工程后涨急、落急时刻工程附近的流场

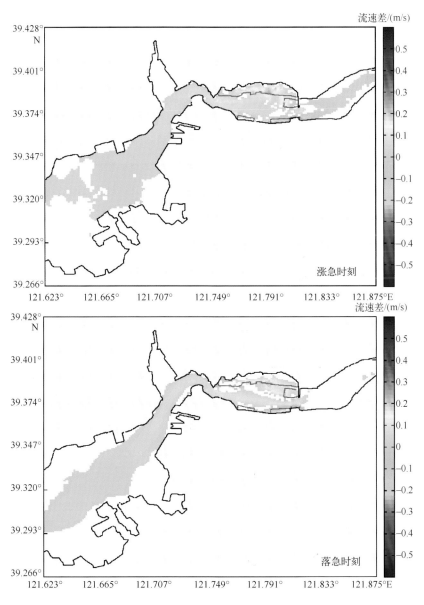

图 6-19　方案一下生态修复前后涨急、落急时刻的流场变化

6.1.4.5　修复前后海湾水交换变化

　　由于普兰店湾是周边陆域污染的主要受纳水域，其主要污染源为城镇生活废水，主要污染因子为氮和磷。在计算湾内外水体交换时，考虑湾内整体分布保守污染物，且浓度设置为1，外海水体浓度设置为0。半交换时间则定义为：在潮流的往复作用下，湾内外水体保守污染物不断迁移扩散至湾外，当一个潮周期内湾内污染物的平均

浓度降至初始浓度一半时，即视为完成了水体半交换过程，统计保守污染物释放至此刻的时间。

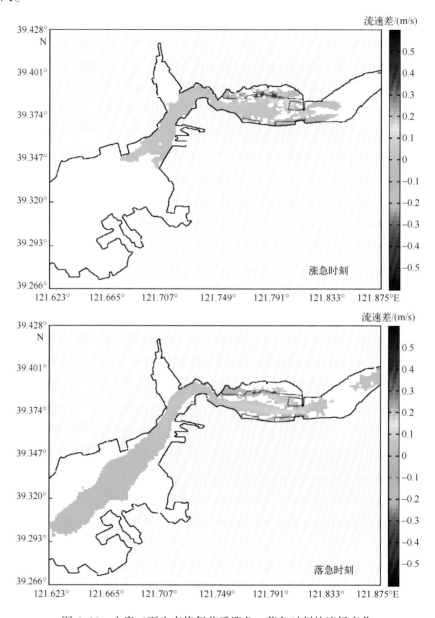

图 6-20　方案二下生态修复前后涨急、落急时刻的流场变化

工程前及工程后(方案一)保守污染物扩散模拟结果如图 6-21 所示(图中潮流作用时间分别为 0 天、15 天、30 天、45 天和 75 天)，受普兰店湾狭长地形限制，在一个落潮周期内湾底污染物难以直接输移至湾外区域，在往复流的作用下污染物振荡扩散至湾外，湾内水体交换较慢。

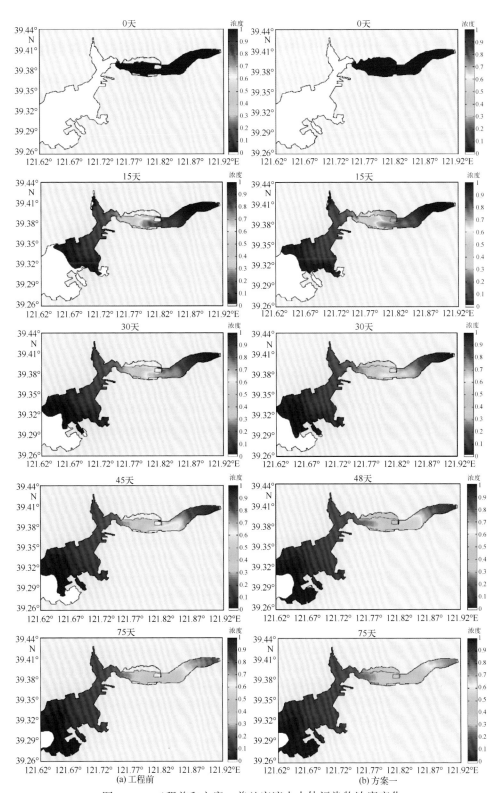

图 6-21　工程前和方案一普兰店湾内水体污染物浓度变化

模拟得到工程前后湾内不同位置的半交换时间分布如图 6-22 和图 6-23 所示。从计算结果可知：普兰店湾从湾口至湾底半交换时间逐渐增大，湾内深水潮流通道为污染物输移扩散的主要路径，拟修复的湾中水域从西至东半交换时间由 0 天逐渐增至 70 天左右，而湾底区域的半交换时间基本在 70 天以上。

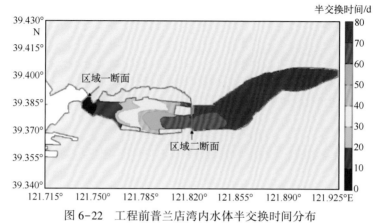

图 6-22　工程前普兰店湾内水体半交换时间分布

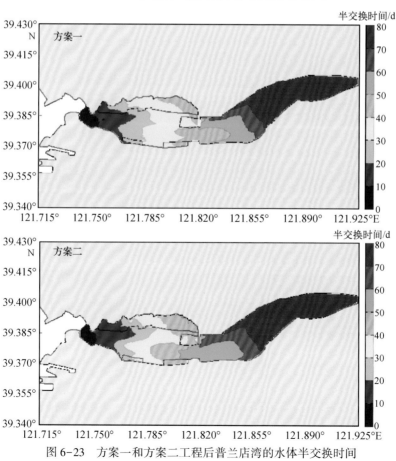

图 6-23　方案一和方案二工程后普兰店湾的水体半交换时间

工程后两个方案下普兰店湾中部水交换速率有所增加，采用方案一，修复区水体半交换时间均已降至 50 天以内，方案二也基本降至 60 天以内。统计湾内污染物的整体平均浓度变化时，区域一工程前水体平均半交换时间为 36.8 天，方案一实施后降至 24.0 天，方案二实施后降至 28.5 天；对于区域二工程前、方案一和方案二的半交换时间则分别为 69.5 天、53.5 天和 59.5 天。方案一对湾内水体交换的提升更为明显。

6.2 锦州小凌河口生态修复设计及实践

6.2.1 项目位置

锦州市位于辽宁省西南部、"辽西走廊"东部，北依松岭和医巫闾山山脉，东隔绕阳河与沈阳、盘锦、鞍山等市毗邻，南临渤海辽东湾，西接葫芦岛市，是连接华北和东北两大区域的交通枢纽，是辽西区域性中心城市和环渤海地区重要的港口城市（图 6-24）。

图 6-24 锦州小凌河口区域位置现状图

小凌河全长 206 km，锦朝(锦州市，朝阳市)边界段长 5 km，锦州市区境内段长 88 km，凌海市境内段长 59 km，太和区内段长 25 km。小凌河流域面积 5 475 km²。多年平均径流量为 3.98×10⁸ m³/a，年最小流量为 0.55×10⁸ t。它接纳了锦州市城市区域的全部工业污水和生活污水。小凌河地表水是沿岸地下水的补给源之一。

小凌河口的滩涂是大量全球性濒危物种的重要迁徙经停地。最重要的是大滨鹬、红腹滨鹬、大杓鹬。这三种鸟类都是长途迁徙鸟类，越冬地主要都在南半球的澳大利亚、新西兰等地。每年 2—5 月份，它们开始迁徙时，会集群连续飞行，到达它们迁徙过程中唯一经停地，这个经停地主要就是中国的环渤海区域，锦州小凌河口的滩涂是其中重要的组成部分。

6.2.2 区域生态问题诊断

1)岸线资源受损严重，人工护岸形式粗放

近年来，锦州市在小凌河口附近进行了大规模的围填海工程，缺乏有效的管护措施，小凌河口附近沿岸滩涂面积极度萎缩，生物多样性降低，滩涂生态资源明显减少，生态功能几近丧失，使其失去了应有的社会、经济、生态、环境服务功能。

小凌河口右侧现有河道为人工岸线，形式粗放，或为裸露的简单夯土，或为生硬的水泥构件，局部甚至乱石堆砌，杂乱无章(图 6-25)；粗放的人工岸线不仅破坏了海陆环境和景观的衔接，割裂了原本海陆生态的自然联系，更给滨海湿地带来了直接污染和潜在威胁(图 6-26)。

2)河口海域淤塞污染，水体底质环境恶化

受气候变化和堤闸建设、围海养殖池塘开发等人为因素的影响，河流入海水沙量减少、河口海域附近水动力环境改变，导致泥沙沉积物逐渐在河道内淤积，海湾束窄、海水交换能力下降，河口海域淤塞日趋严重，滨海湿地生态系统结构失衡，严重地削弱了小凌河口的重要生态系统服务功能。

另外，入海河口处于盲目无序的开发状态，缺乏统一管理，大量陆域污染物排河入海，使绝大部分入海河口水体和底质环境恶化，入海河口环境已严重变异，生态功能退化或丧失。小凌河口周边海域围填海工程实施后，海域整体的冲淤趋势变化影响范围较大，主要发生在围填海工程南侧海域。其中，龙栖湾港区南侧及东侧海域、建业乡围海养殖南部海域淤积态势有所加重。

(a) 小凌河口右侧河道护岸堤顶

(b) 小凌河口右侧河道护岸坡面

图 6-25　人工护岸与岸滩资源受损情况

图 6-26　小凌河口滨海湿地受损情况

6.2.3　生态修复工程规划

针对锦州市小凌河口附近海域存在的生态环境问题，通过生态护岸建设、河道清淤、微地形改造等措施，对小凌河口受损的岸线岸滩和滨海湿地进行修复，提升河口湿地生态系统价值、海洋资源生态环境承载力和生物多样性水平，恢复近岸河口海域的生态系统服务功能，稳步提升近岸海域生态环境质量，重建绿色海岸，恢复生态景观。

本项目修复内容主要包括以下三部分：

（1）建设生态护岸 2.72 km；

（2）清除河道淤积，工程量约 $8.43×10^4$ m³，清淤面积约 90 hm²；

（3）利用清淤出的底泥，对河道局部进行微地形改造，修复生境面积约 8 hm²。

本项目各具体修复内容的平面布置如图 6-27 所示。

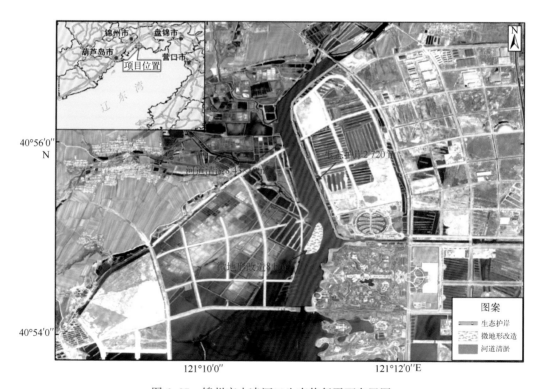

图 6-27　锦州市小凌河口生态修复平面布置图

6.2.4 生态修复工程论证设计

6.2.4.1 数值模型设置

本项目所建立的海域数学模型计算域范围及计算域内网格分布如图 6-28 所示,为了能清楚了解本工程附近海域的潮流状况,将本工程附近海域进行局部加密,工程附近区域现状的网格加密区域如图 6-29 所示;模型中对生态修复区域的网格进行了加密,如图 6-30 所示。

计算范围主要为辽东湾海域,网格系统采用三角形网格,在距工程较远的区域采用较大的网格,工程附近采用较小网格。整个模拟区域内由 164 318 个节点和 89 604 个三角单元组成,最小空间步长约为 5 m。

水深主要采用围海工程附近海域水深地形平面图(2019 年)以及中国人民解放军海军司令部航海保证部出版的海图(辽东湾及附近 1:35 000)。

插值得到工程实施前周边海域的水深如图 6-31 所示,生态修复前附近海域水深图如图 6-32 所示。从水深图可知:修复区位于小凌河西支流,受围填开发影响,原有的河道被池梗阻塞,其东侧则人为开挖出一条较窄的临时河道,河道内的水深在-2.0~-1.0 m,河道两侧滩涂水深在 0~1.5 m(图 6-33)。

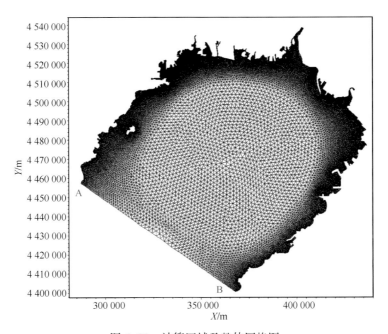

图 6-28 计算区域及整体网格图

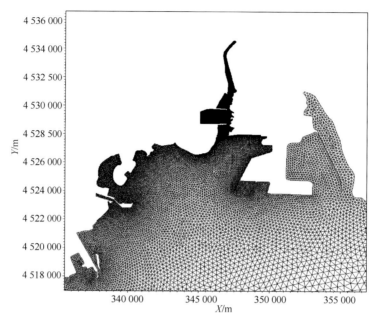

图 6-29　数值模拟计算的局部网格图

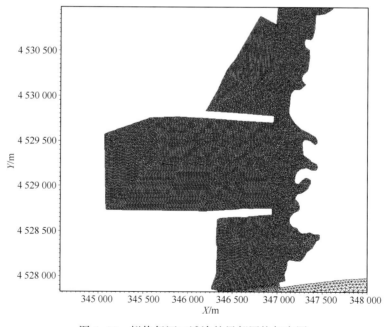

图 6-30　拟修复河口滩涂的局部网格加密图

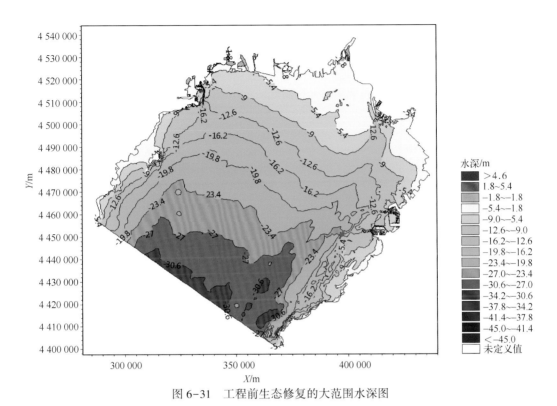

图 6-31　工程前生态修复的大范围水深图

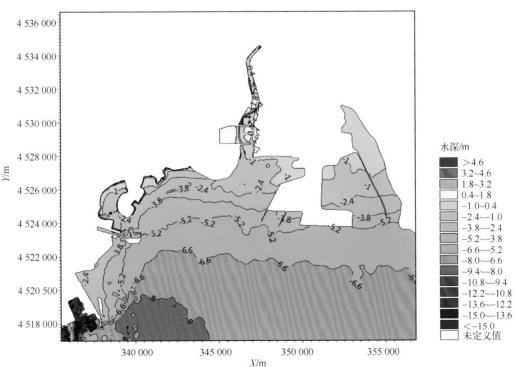

图 6-32　工程前生态修复区域附近水深图

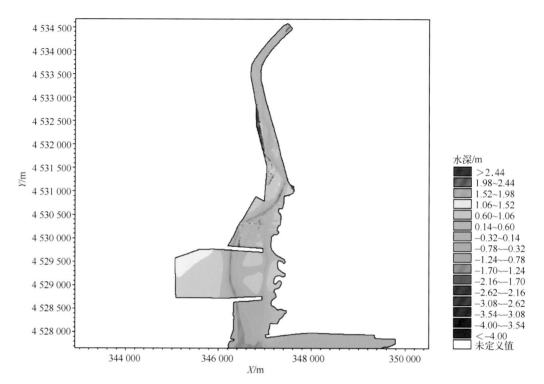

图 6-33　工程前拟修复的小凌河口水深现状

6.2.4.2　工程前潮流场基本特征

　　工程附近海域主要受到辽东湾整体涨落潮汐的影响。图 6-34 给出了工程前辽东湾海域大潮涨急、落急时刻流场,图 6-35 则给出了小凌河西支流附近海域大潮期间的涨急、落急流场图。由于本修复工程主要位于河口滩涂区域,局部滩涂涨落潮时以淹没-干出过程为主,图 6-36 则分别给出了小凌河西支流内涨落潮中逐时流场及水位图。

　　根据上述潮流及水位计算结果可知:涨潮时,潮波主要由渤海海峡及渤海中部流向辽东湾湾底,并逐渐汇向湾底的双台子河口,辽东湾整体的涨潮方向为 SW—NE 向;双台子河口受涨潮水体的汇聚影响,其流速较大,约 1.0 m/s。落潮时,水体由双台子河口及辽东湾底流向渤海中部,辽东湾整体落潮方向为 NE—SW 向,与涨潮时基本相反;此时双台子河口水体逐渐向辽东湾辐散,其落潮时流速在 0.8 m/s 以内。

　　本修复工程位于辽东湾湾底西侧、小凌河西支流入海口的河口湿地区域,现状下受滩涂围填海及未完工堤坝影响,小凌河西支流的原有入海河道(潮流通道)阻塞,由此在其东侧人为开挖出一条较窄的临时河道(潮道)。工程前,涨潮时水体由堤坝东侧缺口经临时河道进入河口内湿地,由于堤坝东侧缺口及临时河道均较窄,涨急时刻堤坝缺口及临时河道内的流速较大，在 1.0~1.5 m/s，而水体进入河口湿地后，受湿地滩涂高程限制，流速急剧减小，湿地的流速在 0.3 m/s 左右；落潮时，水体由临时河道经堤坝缺口流向河口，缺口的束窄效应使得其附近流速明显增大，流速在 1.0 m/s 左右。

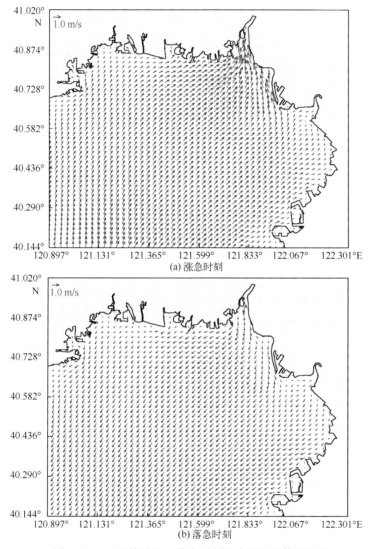

图 6-34　工程前涨急、落急时刻辽东湾的整体流场图

现状下，堤坝两侧为河口浅滩区域，浅滩的高程为 0.5~1.0 m，堤坝西侧为原入海潮汐通道，潮道内水深在 -1.0 m 以上；未完工堤坝的阻隔及束窄效应使得修复区域流速分布极不均匀，呈缺口和临时河道流速大、河口内湿地流速小的特征。大潮时，水体能完全淹没河口内滩涂水域，而小潮时水体只能淹没河道深水区域。由于堤坝束窄了河道出口，使得其落潮时水体下泄较慢，河口内的落潮历时大于外侧海域；

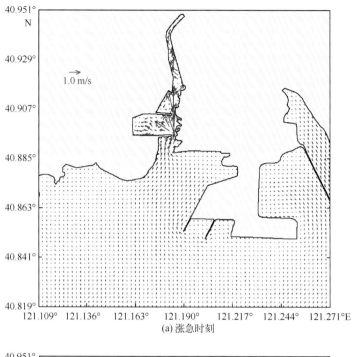

(a) 涨急时刻

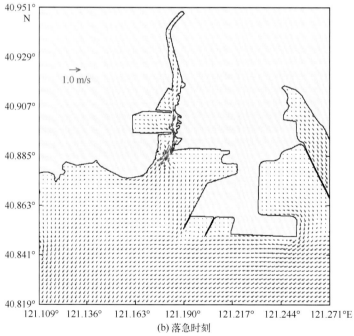

(b) 落急时刻

图 6-35　工程前修复附近海域大潮涨急、落急流场图

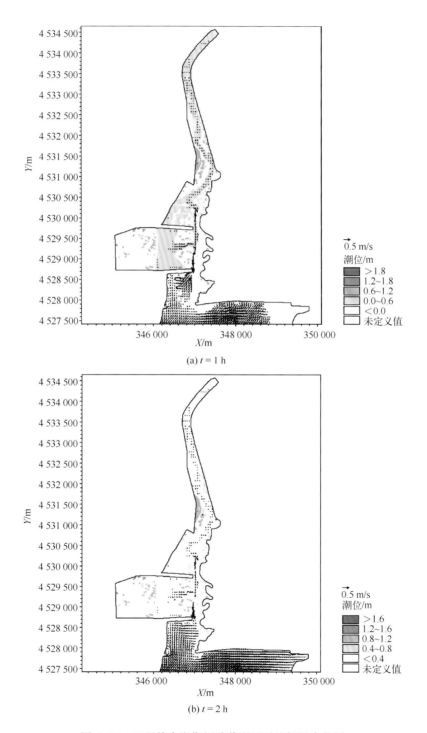

图 6-36　工程前大潮期间涨落潮逐时流场及水位图

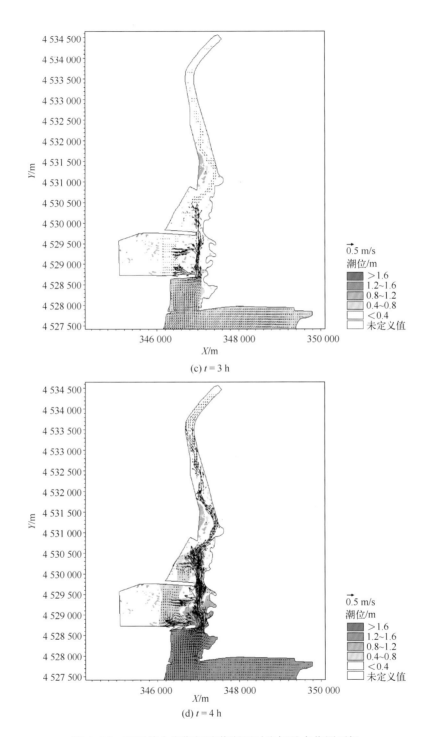

图 6-36　工程前大潮期间涨落潮逐时流场及水位图(续)

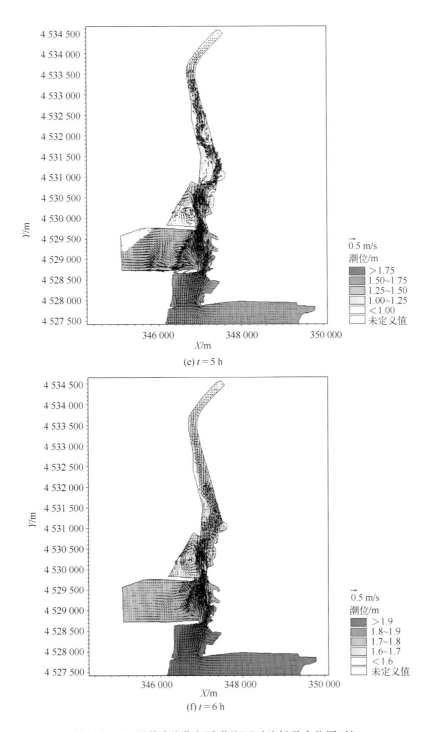

图 6-36　工程前大潮期间涨落潮逐时流场及水位图(续)

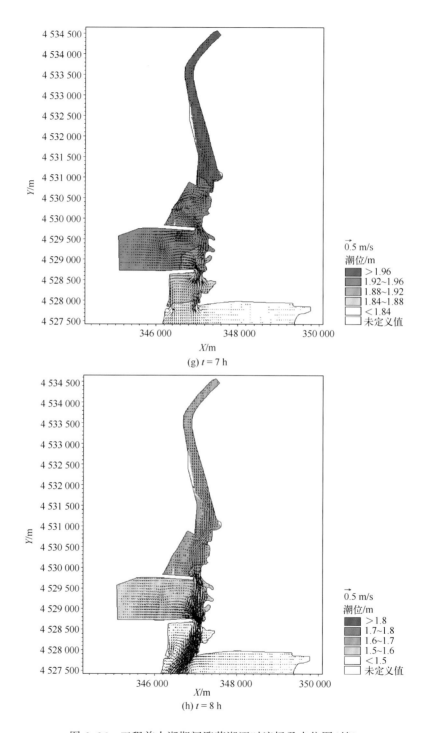

(g) $t = 7$ h

(h) $t = 8$ h

图 6-36　工程前大潮期间涨落潮逐时流场及水位图(续)

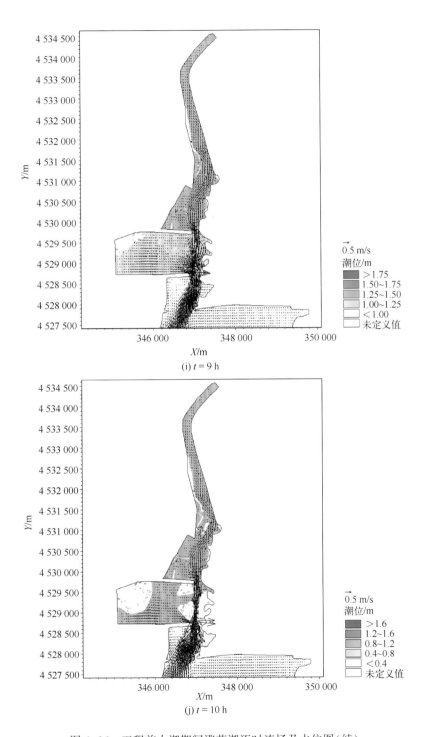

图 6-36　工程前大潮期间涨落潮逐时流场及水位图 (续)

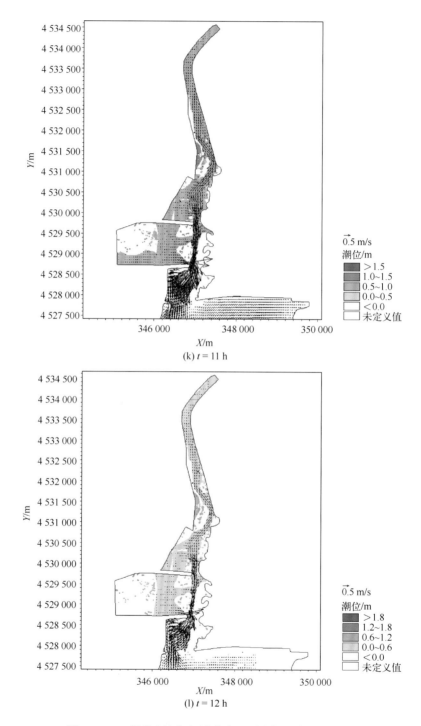

(k) $t = 11\ \mathrm{h}$

(l) $t = 12\ \mathrm{h}$

图 6-36　工程前大潮期间涨落潮逐时流场及水位图(续)

同时，工程前河口内湿地的涨落潮历时不一致，呈落潮历时大于涨潮历时。

小潮涨急、落急时刻的流态与大潮基本类似，仅是流速大小有些差异，小潮期涨落急时堤坝缺口及临时河道内的流速在 1.0 m/s 左右，河口内滩涂区域流速在 0.1 m/s 左右。总的说来，本生态修复工程位于小凌河西支流的入海口，工程前受未完工的堤坝影响，堤坝缺口及东侧临时潮道内的流速较大，而河口内浅滩流速相对较小，修复区域整体流速分布极不均匀，河口内滩涂仅在大潮时处于淹没状态。

6.2.4.3 河道恢复后潮流场模拟结果

1) 河道恢复修复设计方案(方案一)

根据现状下的水动力分析可知：工程前受未完工的堤坝影响，堤坝缺口及东侧临时潮道内的流速较大，而河口内浅滩流速相对较小，修复区域整体流速分布极不均匀；同时由于堤坝束窄了河道出口，使得其落潮时水体下泄较慢，工程前河口内湿地的涨落潮历时不一致，呈落潮历时大于涨潮历时，落潮时水体下泄较慢。

为改善小凌河西支流河内湿地的水动力条件，对阻塞原河道的堤坝进行拆除，拟拆除的堤坝区域如图 6-37 所示；拆除后可打通河流入海及潮汐通道，修复后的小凌河西支流的水深如图 6-38 所示。

图 6-37　原有河道(潮道)打开恢复措施的平面示意图(方案一)

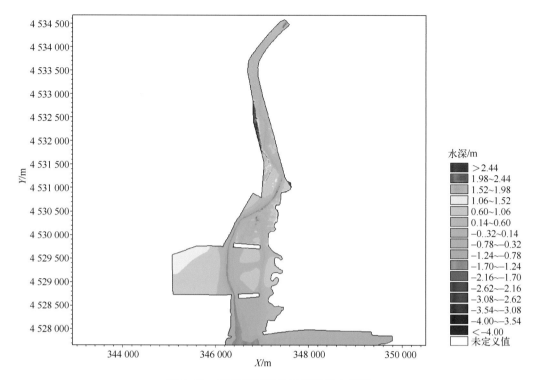

图 6-38　河道打开后的工程附近水深图

2) 河道恢复后潮流场特征

　　为了研究河道打开、潮道恢复对附近水动力环境的改善情况，通过数值模型，对堤坝部分拆除后的潮流场进行了预测。图 6-39 给出了工程后附近海域大潮及小潮时的涨急、落急流场图；图 6-40 则分别给出了河道打开后小凌河西支流以及局部潮道及滩涂的逐时流场及水位变化图。

　　从上述数值结果可知，本次部分堤坝拆除工程主要位于小凌河西支流的河口区域内，其主要影响河口水道(潮道)及滩涂的水动力场，对辽东湾整体及工程外侧海域的涨落潮基本无影响，对河口外侧海域的整体流场影响也较小。

　　小凌河口内堤坝部分拆除后，原河口入海潮流通道基本恢复，工程后其涨潮水体主要由恢复后的入海潮道进入河口内湿地，涨急时流速在 0.8 m/s 左右；随着涨潮水位的上涨，部分水体由东侧临时潮道进入河口上游，此时临时潮道内的流速较工程前明显减小，最大流速在 0.5 m/s 左右；落潮初期水体从恢复后的原河道及临时河道流向河口，而在落急时水体主要由原河道流出，落急流速在 0.5 m/s 左右，临时潮道在工程后的落潮流速也显著降低；此时由于原河道的恢复，落潮时河道水体下泄明显加快，河口内水体涨落潮历程与湾外基本一致，此时，河道内落潮历时略大于涨潮历时。

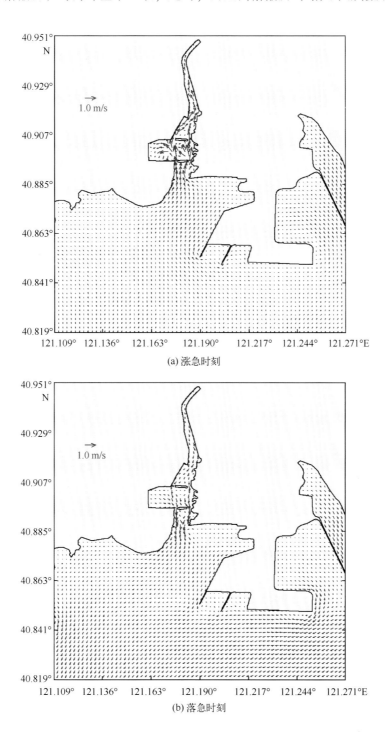

(a) 涨急时刻

(b) 落急时刻

图6-39 河道打开后附近海域大潮涨急、落急流场图

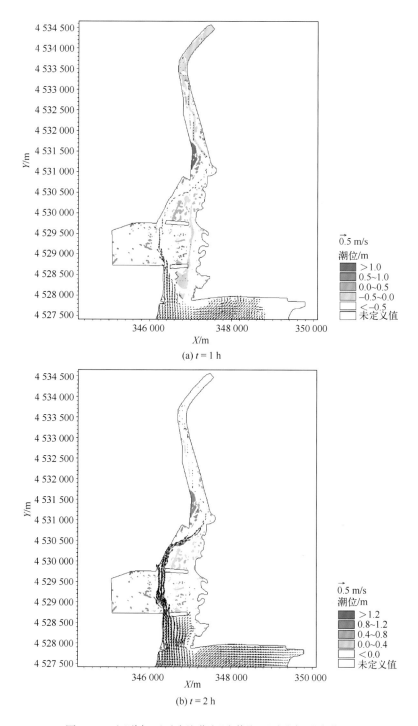

图6-40　河道打开后大潮期间涨落潮逐时流场及水位图

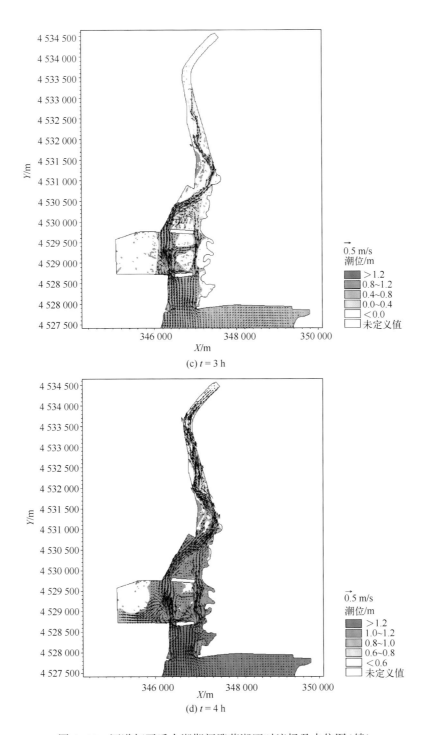

图 6-40　河道打开后大潮期间涨落潮逐时流场及水位图(续)

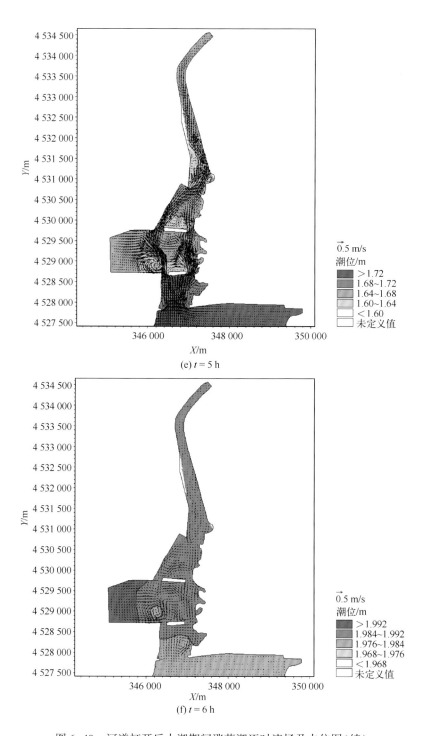

图 6-40　河道打开后大潮期间涨落潮逐时流场及水位图(续)

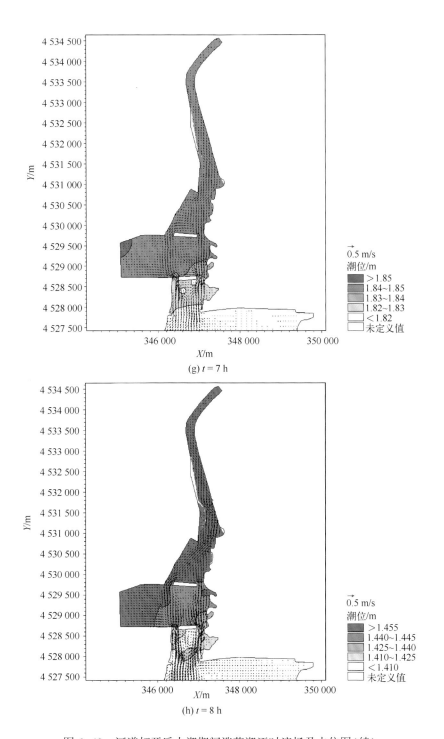

(g) $t = 7$ h

(h) $t = 8$ h

图 6-40　河道打开后大潮期间涨落潮逐时流场及水位图(续)

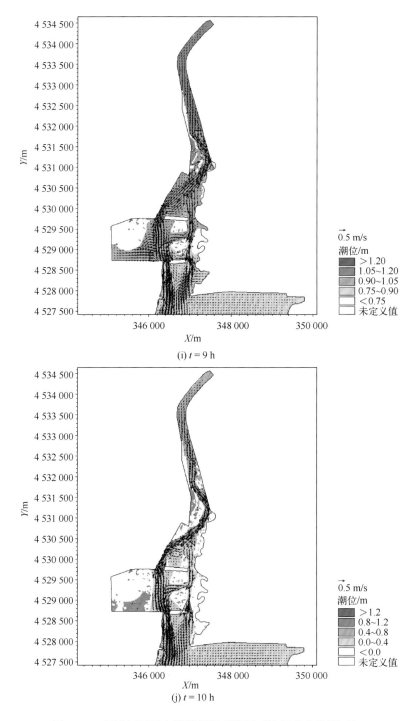

图 6-40　河道打开后大潮期间涨落潮逐时流场及水位图(续)

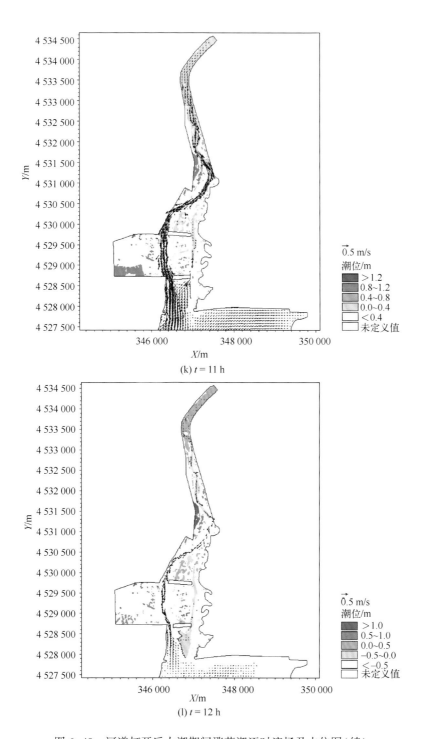

(k) $t = 11\ \text{h}$

(l) $t = 12\ \text{h}$

图 6-40　河道打开后大潮期间涨落潮逐时流场及水位图(续)

6.2.4.4 疏通新潮流通道后的潮流场结果

1）新潮流通道修复方案（方案二）

根据上节分析可知：工程后，涨潮水体主要由恢复后的入海潮道进入河口内湿地，随着涨潮水位的上涨，部分水体由东侧临时潮道进入河口上游；落潮初期水体从原河道及临时河道流向河口，而在落急时水体主要由原河道流出；工程后，临时潮道的流速显著降低。

堤坝打开后，原河道内流速明显增大，但其东侧临时河道（潮道）内流速则显著降低，对河口滩涂的整体水文生境较为不利，为改善河口滩涂东侧的水动力条件，拟采取疏通东侧临时潮道措施。根据河流入海的水文特性，临时潮道疏通平面布置如图6-41所示，潮道底高程在-1.2 m，底宽40~50 m，顶宽约100 m。潮道疏通后的数值模型计算水深如图6-42所示，疏通后的潮道局部水深如图6-43所示。

2）新潮流通道疏通后潮流场特征

为了研究河道打开、新潮道疏通对附近水动力环境的改善情况，通过数值模型，对临时潮道疏通后的潮流场进行了预测。图6-44给出了工程后附近海域大潮及小潮时的涨急、落急流场图；图6-45则分别给出了临时潮道疏通后小凌河西支流以及局部潮道及滩涂的逐时流场及水位变化图。

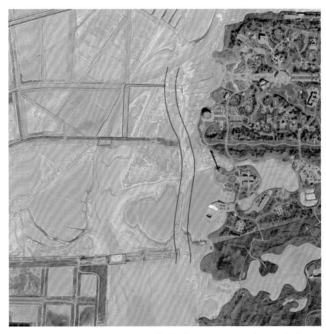

图6-41 疏通新河道（潮道）修复措施的平面示意图（方案二）

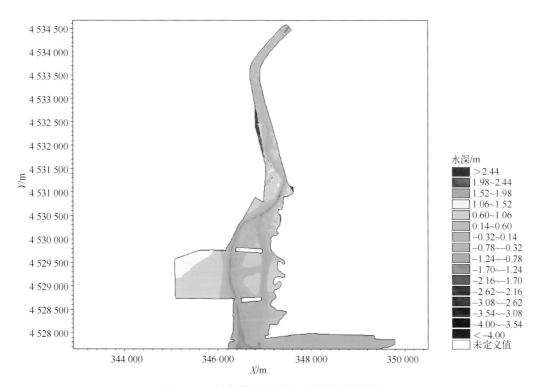

图 6-42　新潮道疏通后的工程附近水深图

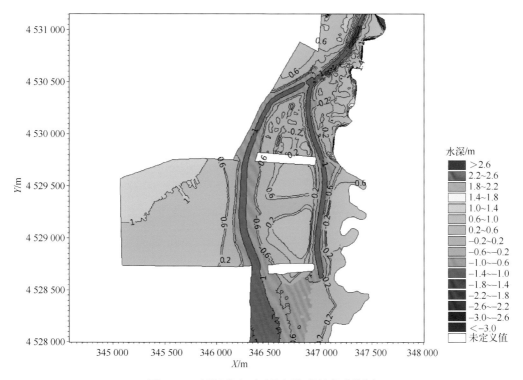

图 6-43　新潮道疏通后的新潮道局部水深图

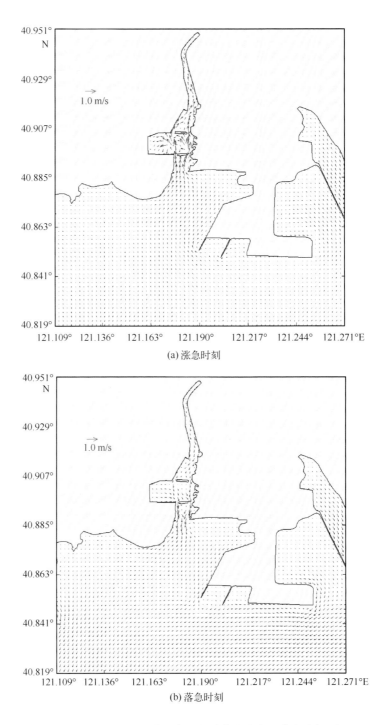

(a) 涨急时刻

(b) 落急时刻

图 6-44　疏通新潮道后附近海域大潮涨急、落急流场图

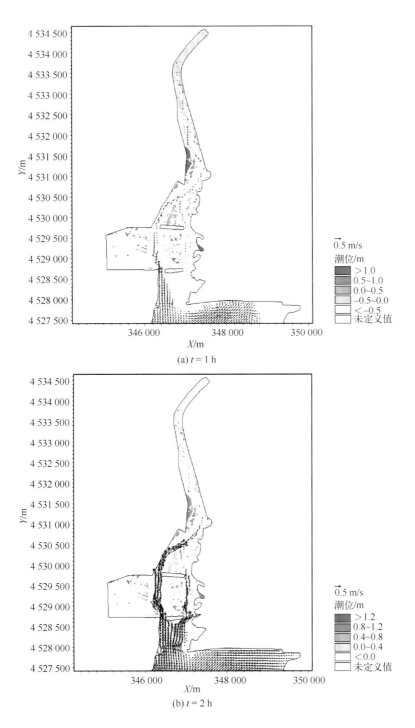

图 6-45　疏通新潮道后大潮期间涨落潮逐时流场及水位图

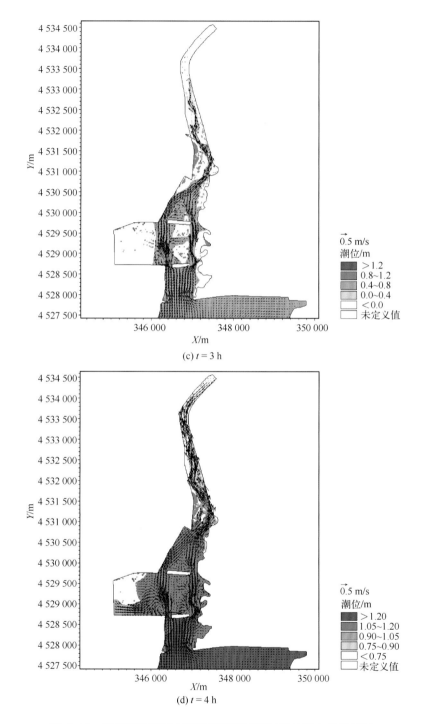

图 6-45　疏通新潮道后大潮期间涨落潮逐时流场及水位图(续)

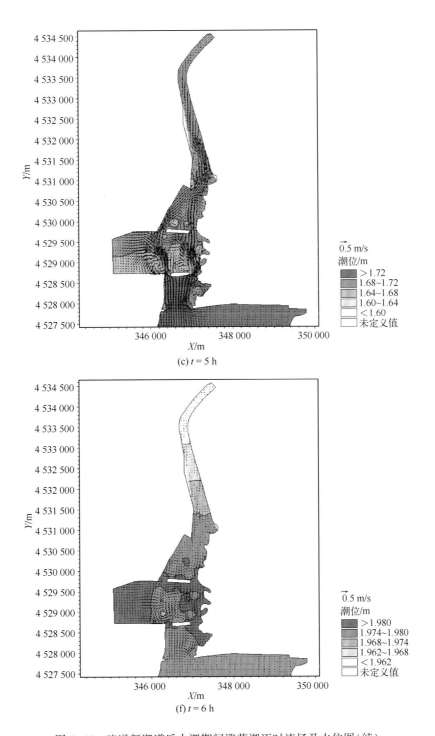

图 6-45　疏通新潮道后大潮期间涨落潮逐时流场及水位图(续)

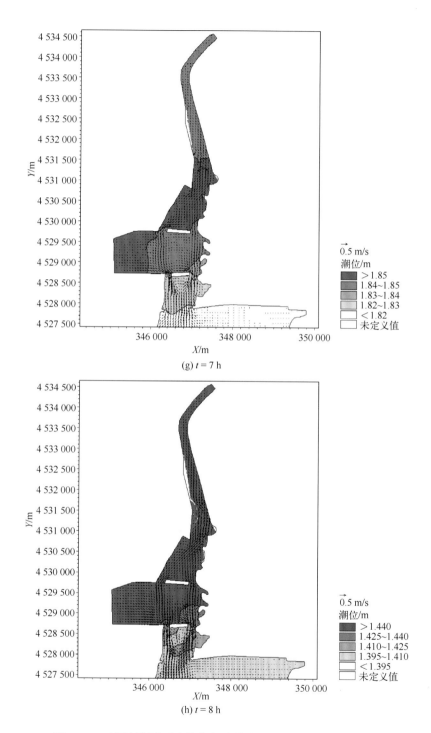

(g) $t = 7\,$h

(h) $t = 8\,$h

图 6-45　疏通新潮道后大潮期间涨落潮逐时流场及水位图(续)

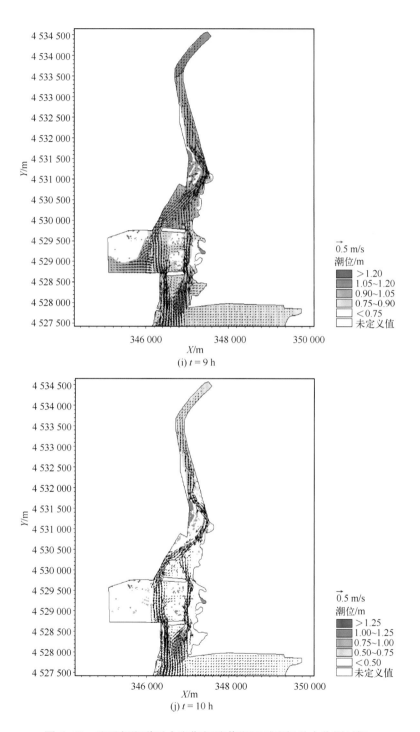

图 6-45　疏通新潮道后大潮期间涨落潮逐时流场及水位图(续)

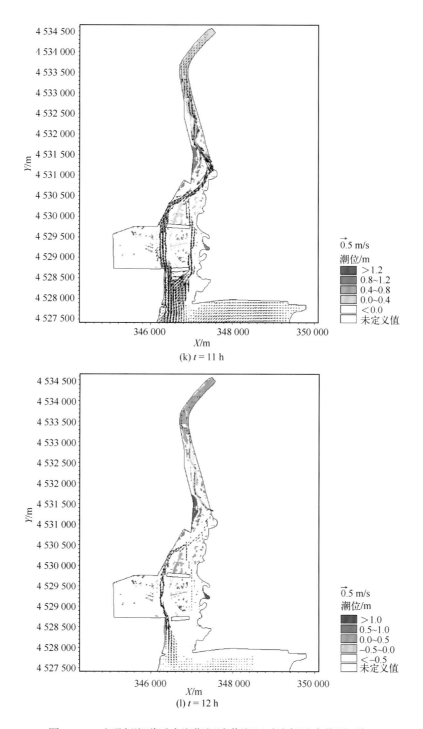

图 6-45　疏通新潮道后大潮期间涨落潮逐时流场及水位图(续)

286

从上述数值结果可知：本次潮道疏通工程主要位于小凌河西支流的河口区域内，其主要影响河口水道(潮道)及滩涂的水动力场，对辽东湾整体及工程外侧海域的涨落潮基本无影响，对河口外侧海域的整体流场影响也较小。

河道打开、新潮道疏通后，此时河口涨潮水体由原河道以及新疏通的潮道进入河道湿地，其中原河道内的涨潮流要略大于新疏通的潮道，两者涨急时流速在 0.5~0.6 m/s；新潮道疏通后的流速较疏通前明显增大，增大 0.2~0.4 m/s；随着涨潮水位的上涨，河道内水体逐渐发生漫滩过程，但受剩余堤坝的挑流及阻隔影响，堤坝附近滩涂的流速较弱，坝头流速明显增大。落潮水体同样由原河道以及疏通后潮道流向河口，落急流速在 0.5 m/s 左右，原河道略大于疏通后潮道。此时由于原河道的恢复以及新潮道的疏通，落潮时河道水体下泄明显加快，河口内水体涨落潮历程与湾外基本一致。

6.2.4.5 堤坝完全拆除后的流场结果

1)堤坝完成拆除修复方案(方案三)

根据上节分析可知：新潮道疏通后，涨落潮水体由原河道以及新疏通的潮道出入河口湿地，原河道内的涨潮流要略大于新疏通的潮道，潮道疏通后的流速较疏通前明显增大；随着涨潮水位的上涨，河道内水体逐渐发生漫滩过程，但受剩余堤坝的挑流及阻隔影响，堤坝附近滩涂的流速较弱，坝头处的流速则较大。

河道打开、新潮道疏通后，河口湿地两侧潮流通道内流速处于合理范围内，但坝头及剩余堤坝附近的流速变化稍大，因此分析堤坝全部拆除对小凌河河口湿地水动力的改善情况。堤坝完全拆除后的平面布置如图 6-46 所示，堤坝完全拆除后的数值模型计算水深如图 6-47 所示，堤坝完全拆除后的潮道局部水深如图 6-48 所示。

2)堤坝完全拆除后潮流场特征

为了研究堤坝完全拆除对附近水动力环境的改善情况，通过数值模型，对堤坝完全拆除后的潮流场进行了预测。图 6-49 给出了工程后附近海域大潮及小潮时的涨急、落急流场图；图 6-50 则分别给出了堤坝完全拆除后小凌河西支流以及局部潮道及滩涂的逐时流场及水位变化图。

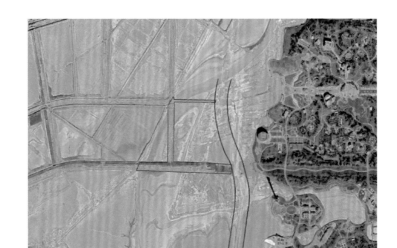

图 6-46　堤坝完全拆除修复措施的平面示意图(方案三)

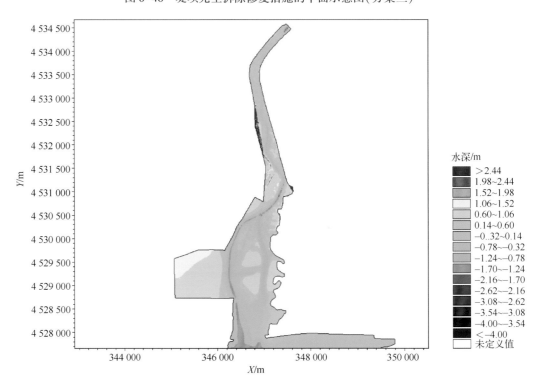

图 6-47　堤坝完全拆除后的工程附近水深图

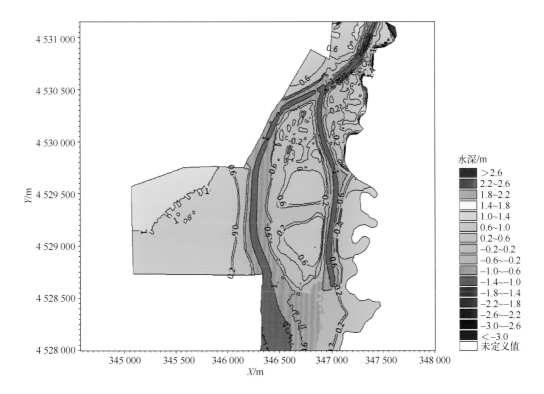

图 6-48　堤坝完全拆除后的新潮道局部水深图

从上述数值结果可知：堤坝全部拆除工程主要位于小凌河西支流的河口区域内，其主要影响河口水道(潮道)及滩涂的水动力场，对辽东湾整体及工程外侧海域的涨落潮基本无影响，对河口外侧海域的整体流场影响也较小。

堤坝完全拆除后，涨潮初期水体由原河道以及新疏通的潮道进入河口内湿地，涨急时两者流速在 0.5~0.6 m/s，原河道内的涨潮流速略大于新潮道；随涨潮水位的上涨，由于无剩余堤坝的阻隔，涨潮流逐渐淹没河道中间滩涂，漫滩流速在 0.2 m/s 左右。落潮时河道水体逐渐流向外海及潮汐通道内，滩涂逐渐干出，落急时水体主要由原河道及新潮道流向河口，落急流速在 0.5 m/s 左右，原河道略大于新潮道。此时由于河道内堤坝完全拆除以及原河道恢复、新潮道疏通的作用，河道涨落潮流速较为均匀，落潮时河道水体下泄明显加快，河口内水体涨落潮历程与湾外基本一致。

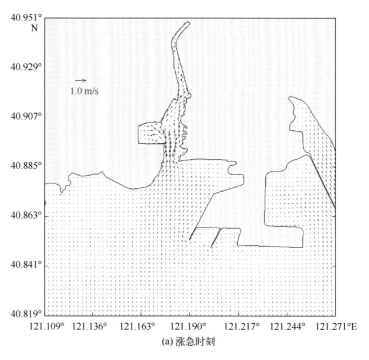

(a) 涨急时刻

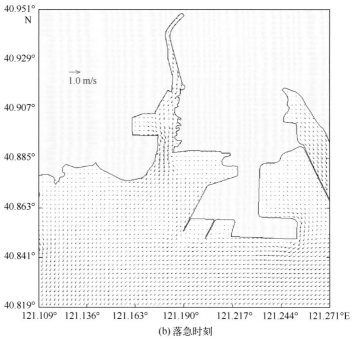

(b) 落急时刻

图 6-49　堤坝完全拆除后附近海域大潮涨急、落急流场图

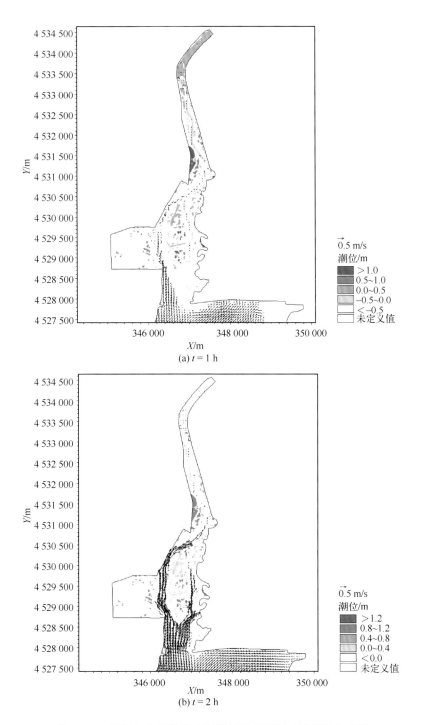

图 6-50　堤坝完全拆除后大潮期间涨落潮逐时流场及水位图

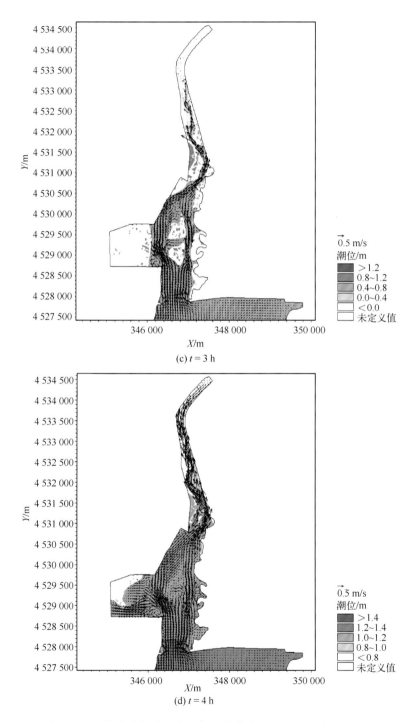

图 6-50　堤坝完全拆除后大潮期间涨落潮逐时流场及水位图(续)

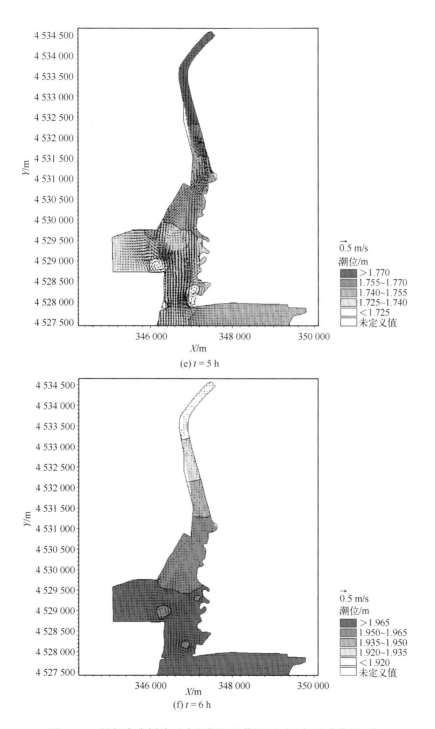

(e) $t = 5\ \mathrm{h}$

(f) $t = 6\ \mathrm{h}$

图 6-50　堤坝完全拆除后大潮期间涨落潮逐时流场及水位图(续)

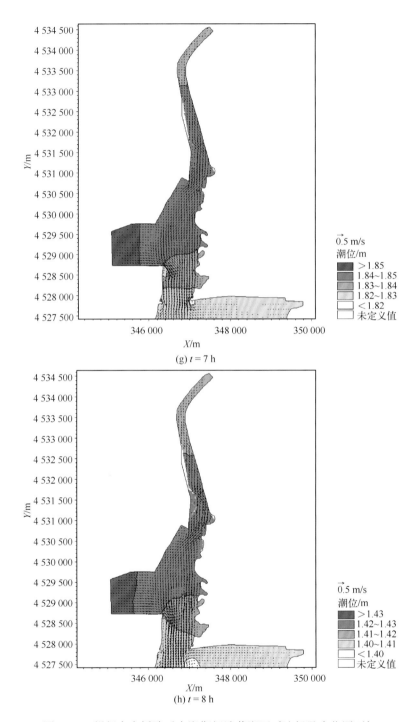

图 6-50　堤坝完全拆除后大潮期间涨落潮逐时流场及水位图（续）

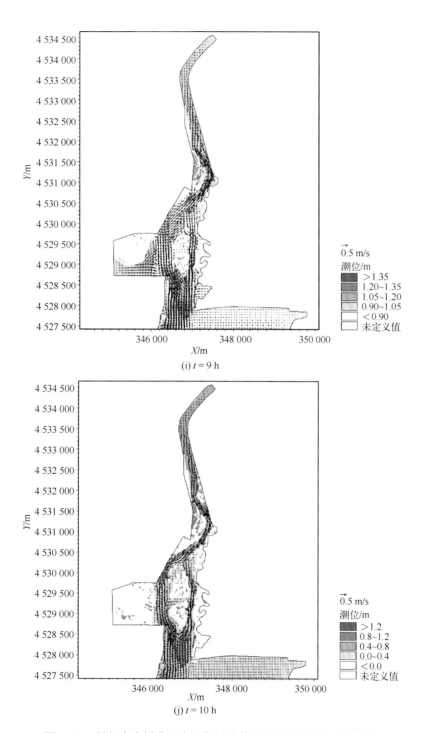

图 6-50 堤坝完全拆除后大潮期间涨落潮逐时流场及水位图(续)

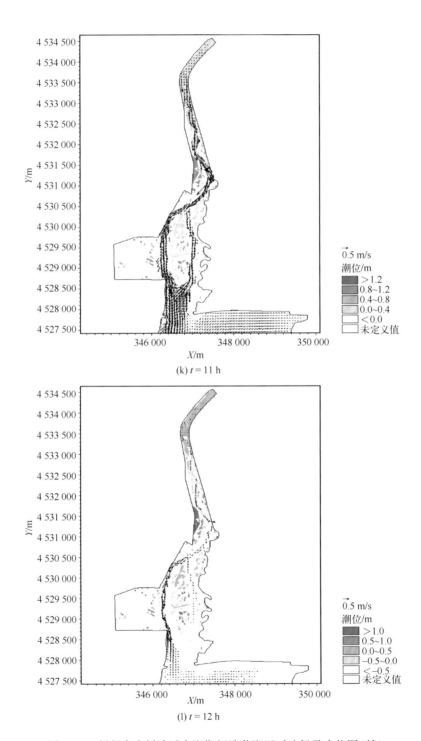

图 6-50　堤坝完全拆除后大潮期间涨落潮逐时流场及水位图（续）

6.2.4.6 生态修复前后的流速变化

为分析上述三个修复方案对小凌河口的水动力改善情况，图 6-51 给出了河道打开后与工程前河口湿地的流速逐时变化图，图 6-52 给出了新潮道疏通后与工程前的流速逐时变化图，图 6-53 给出了堤坝完全拆除后与工程前的流速逐时变化图。各个修复措施主要位于小凌河口内的湿地区域，其引起的流速变化主要在河口以内，对河口外侧海域的涨落潮流场影响较小。

从上述结果可知：工程前，受堤坝束窄河道影响，堤坝东侧缺口处的临时河道为其涨落潮主通道，涨落急时流速较大，河内滩涂流速较小；为改善河口水动力条件，将部分堤坝拆除、打开原河道。由于原河道内的水深较深，工程后原河道成为河口区涨落潮的主通道，其工程后流速明显增大，增大约 0.8 m/s；而东侧临时河道的流速锐减，减小约 1.0 m/s。

为改变河口滩涂两侧流速差异，对原临时河道进行疏通，疏通后涨潮水体同时由原河道和疏通后潮道进入河内，新潮道的流速较疏通前明显增大；相较工程前，河道东侧潮道内的流速仍明显减小，减小 0.6~0.8 m/s，而西侧原河道流速仍以增大为主，增大 0.4~0.6 m/s，但较方案一下流速增大值有所减小；新潮道疏通后，原河道内的涨落潮流略大于新疏通的潮道，同时受剩余堤坝的挑流及阻隔影响，堤坝附近滩涂的流速较弱，坝头流速明显增大。

为进一步改善河口水文生境，完全拆除剩余堤坝后，涨潮初期水体由原河道以及新疏通的潮道进入河口内湿地，随涨潮水位的上涨，涨潮流逐渐淹没河道中间滩涂；落潮时河道水体逐渐流向外海及潮汐通道内，滩涂逐渐干出，落急时水体主要由原河道及新潮道流向河口；此时原河道及新潮道内的流速较方案二变化较小，但较工程前，东侧新潮流区域的流速明显减弱，减小 0.6~0.8 m/s；西侧原河道内流速明显增大，增加 0.4~0.6 m/s；河道中间滩涂区域流速略有增大，增大约 0.2 m/s；坝头挑流区域流速明显减小，减小约 0.8 m/s。

综上，通过拆除部分堤坝、打开原河道，可有效恢复原河道内潮流动力，降低东侧临时河道的水动力强度；通过疏通原临时河道、形成新潮道，可部分恢复东侧临时河道区域的水动力强度，并形成河道东西两条涨落潮主通道，改善河口水动力场的均匀性；通过完成拆除剩余堤坝，可有效恢复河道中间潮滩的水动力条件，进而形成生境独立的河口生态滩涂湿地。

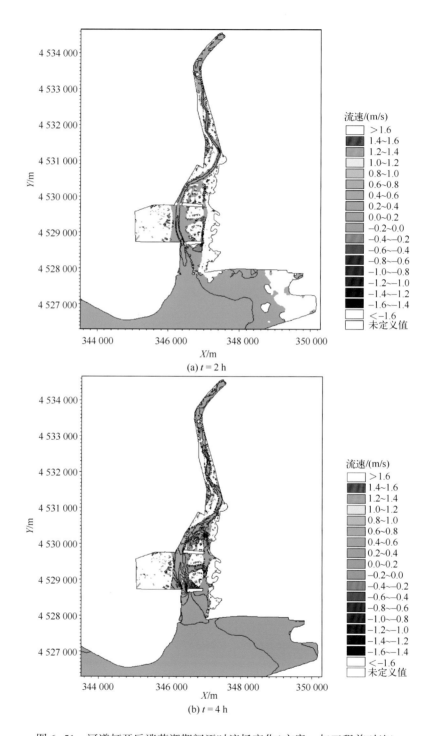

图 6-51　河道打开后涨落潮期间逐时流场变化（方案一与工程前对比）

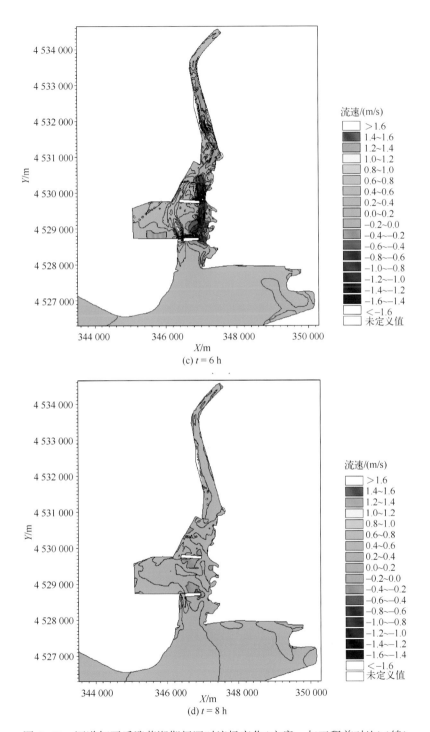

图 6-51　河道打开后涨落潮期间逐时流场变化(方案一与工程前对比)(续)

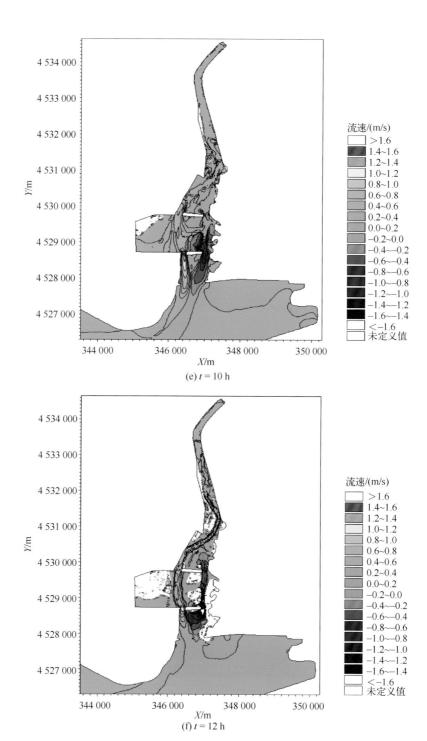

图 6-51　河道打开后涨落潮期间逐时流场变化(方案一与工程前对比)(续)

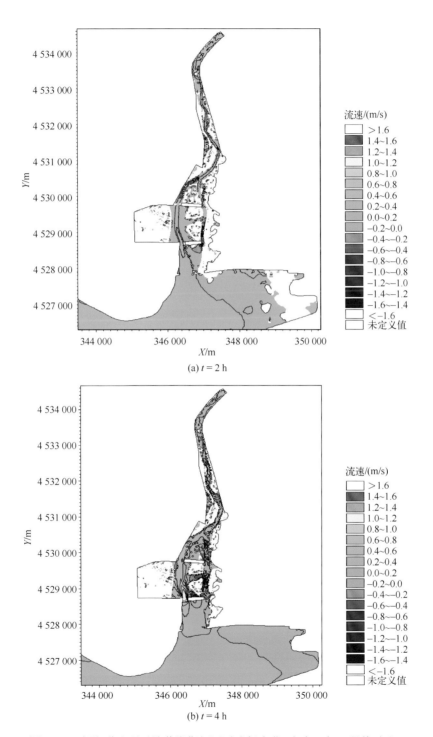

图6-52 新潮道疏通后涨落潮期间逐时流场变化(方案二与工程前对比)

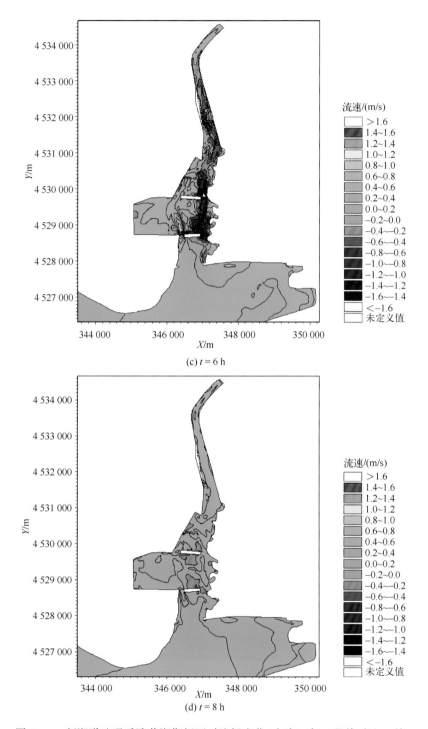

图 6-52　新潮道疏通后涨落潮期间逐时流场变化（方案二与工程前对比）（续）

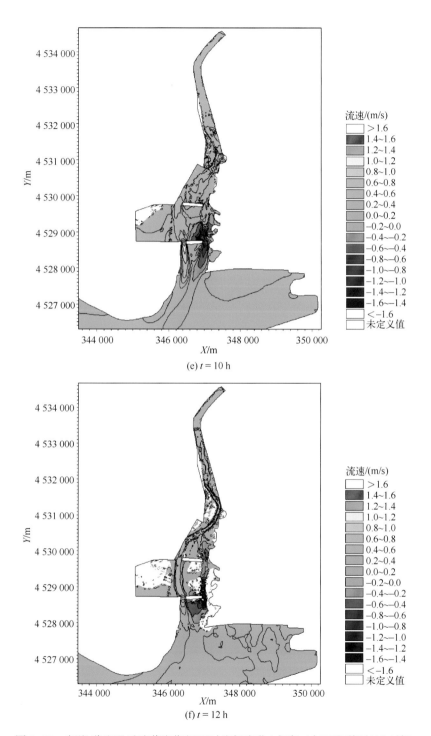

(e) $t = 10$ h

(f) $t = 12$ h

图 6-52　新潮道疏通后涨落潮期间逐时流场变化(方案二与工程前对比)(续)

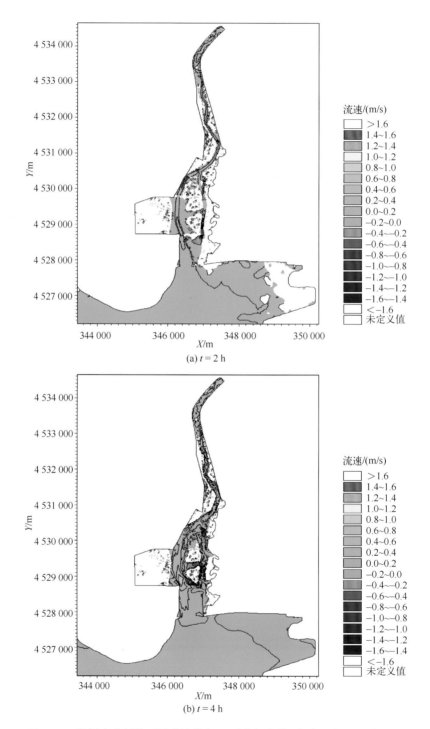

图 6-53　堤坝完全拆除后涨落潮期间逐时流场变化(方案三与工程前对比)

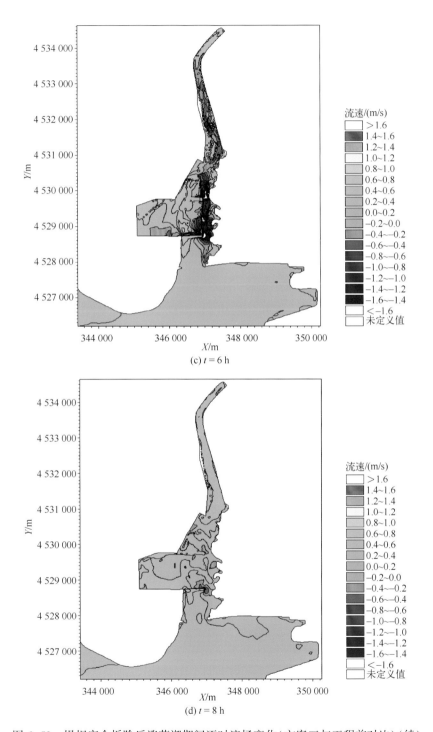

(c) *t* = 6 h

(d) *t* = 8 h

图 6-53　堤坝完全拆除后涨落潮期间逐时流场变化(方案三与工程前对比)(续)

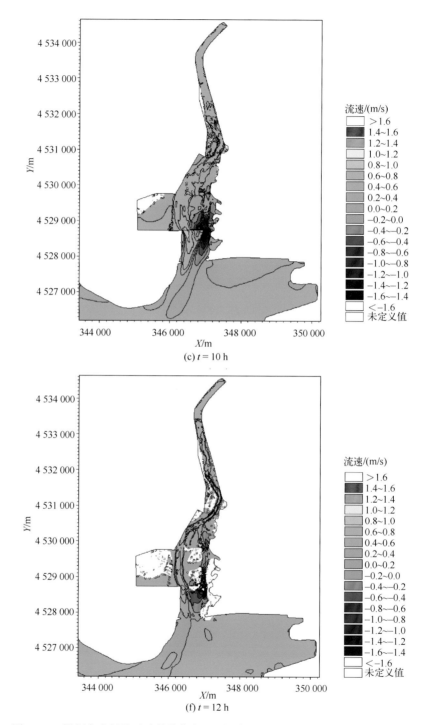

图 6-53　堤坝完全拆除后涨落潮期间逐时流场变化(方案三与工程前对比)(续)

6.2.4.7 不同方案之间的流速差异

为分析不同修复方案实施后的水动力变化差异，图6-54给出了方案二与方案一之间的流速变化对比(即新潮道疏通前后)，图6-55给出了方案三与方案二之间的流速对比(即剩余堤坝全部拆除前后)。各个方案措施主要位于小凌河口内的湿地区域，其修复工程的变化引起的流速改变主要在河口以内，对河口外侧海域基本无影响。

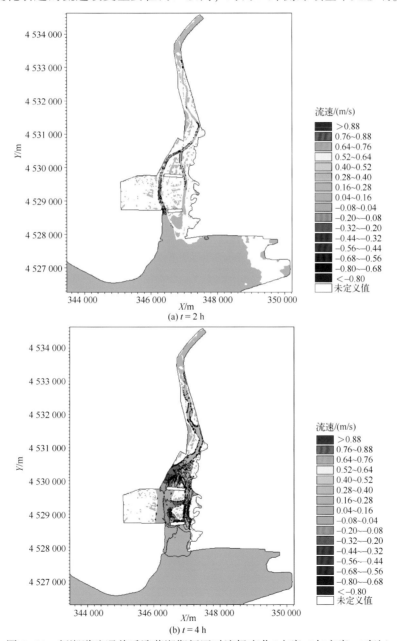

图6-54　新潮道疏通前后涨落潮期间逐时流场变化(方案二与方案一对比)

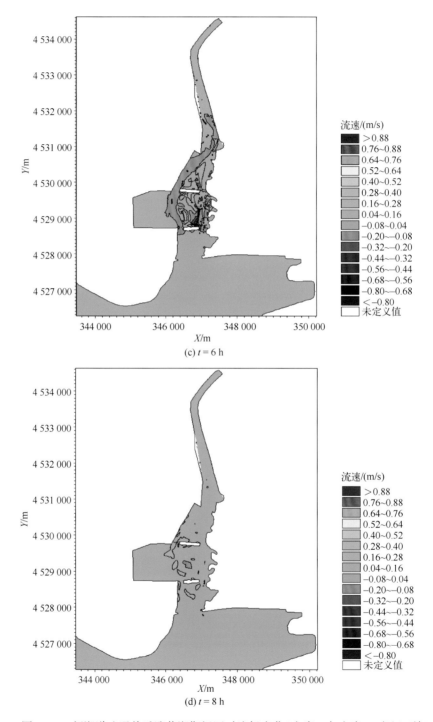

图 6-54　新潮道疏通前后涨落潮期间逐时流场变化(方案二与方案一对比)(续)

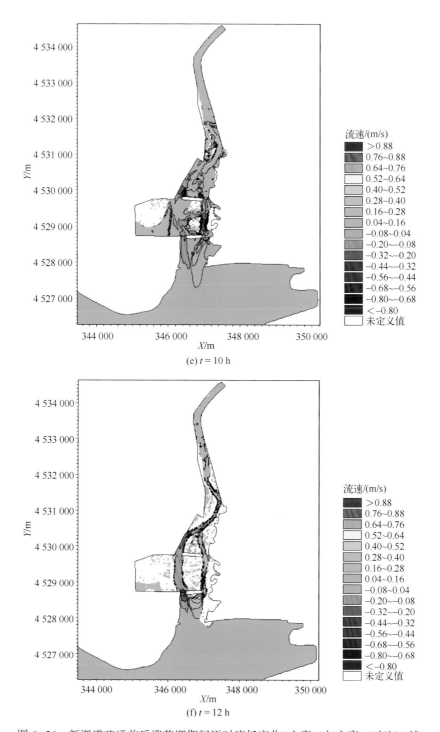

图 6-54　新潮道疏通前后涨落潮期间逐时流场变化（方案二与方案一对比）（续）

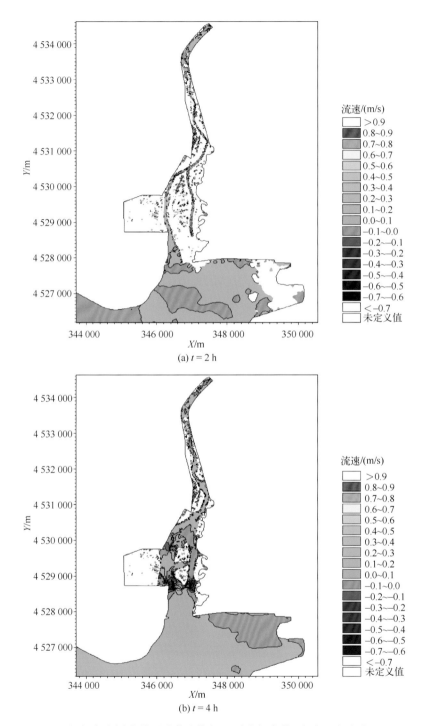

图 6-55　堤坝完全拆除前后涨落潮期间逐时流场变化（方案三与方案二对比）

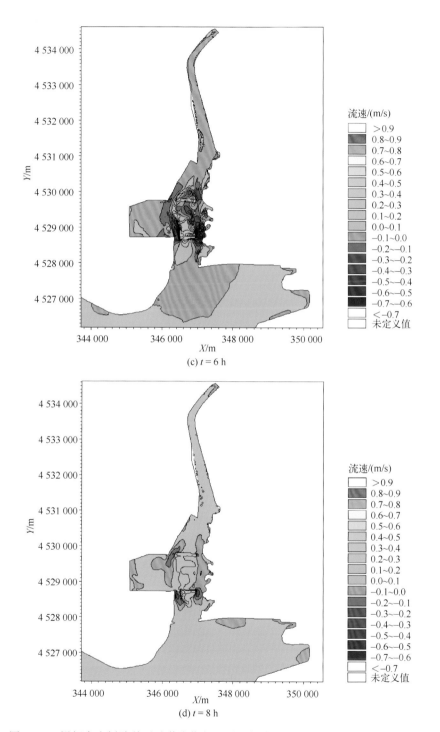

图 6-55　堤坝完全拆除前后涨落潮期间逐时流场变化(方案三与方案二对比)(续)

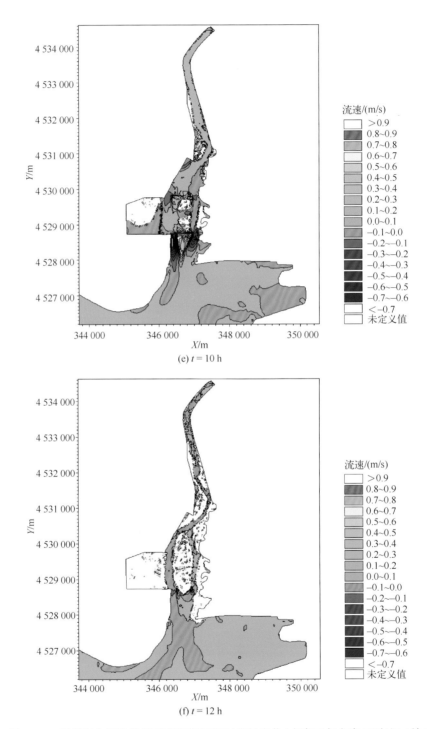

(e) *t* = 10 h

(f) *t* = 12 h

图 6-55　堤坝完全拆除前后涨落潮期间逐时流场变化(方案三与方案二对比)(续)

从方案之间的对比结果可知：

河道东侧新潮汐通道的疏通可有效增加东侧滩涂湿地的水动力条件，疏通后增加 0.1~0.3 m/s；同时会削弱西侧原河道内的涨落潮强度，疏通后其流速减小 0.2~0.3 m/s；上述的流速变化可增加河道内东西滩涂的水动力平衡性，有利于改善河口湿地的水文生境。

同时，拆除剩余堤坝可明显增加河道中间滩涂的潮流流速，拆除后增加约 0.2 m/s，可有效改善剩余堤坝的挑流及阻隔影响，减小坝头附近的潮流流速，进一步恢复自然的河口湿地水文生境。

6.3 锦州大凌河口生态修复设计及实践

6.3.1 项目位置

大凌河发源于辽宁省与河北省接壤地区，全长 447 km，大小支系纵横交错，主脉横贯辽西，东南汇入渤海。大凌河口位于辽宁省凌海市(图 6-56)。

凌海市位于辽宁省西南部、渤海辽东湾畔，全境环抱辽西中心城市锦州市区，西邻中国北部一类开放口岸盘锦港，东接新兴石油城盘锦市，南临辽东湾，北依松岭山余脉，地处辽西走廊的咽喉地带。凌海市土地总面积 2 495 km²，海岸线长 68.7 km，沿海滩涂约 4 475 hm²，10 m 等深线以内的近海水域约 $6.81×10^4$ hm²，盛产梭鱼、河豚、对虾、河蟹、海参、贝类等多种优质海产品。

大凌河口附近滩涂上发育有大量碱蓬植被，形成了著名的红海滩景点，是辽东湾底滩涂的重要生态系统。拟修复滩涂临近大凌河口，浅滩两侧均为养殖围堰，浅滩上也分布有一围堰，浅滩主要靠中间深水潮沟与外海产生水体交换，同时浅滩上也发育有多条潮沟，但受滩涂上的围堰影响，潮沟的连通性受阻，滩涂水体与外海交换不畅，是辽东湾底滩涂湿地的典型受损区域(图 6-57)。

6.3.2 区域生态问题诊断

随着锦州市沿岸地区海洋经济的快速发展，用海规模不断扩大，海洋工程逐步增多，导致经济社会发展与资源环境承载力的矛盾突出。锦州市大凌河口附近海域的主要生态问题是：人工堤坝割裂河口滩涂，天然潮沟连通性受损，河口滨海湿地生境遭到破坏。

图 6-56　锦州大凌河口区域位置图

(a) 大凌河口养殖围堰人工堤坝

(b) 大凌河口养殖围堰北侧残留人工堤坝

(c) 大凌河口养殖围堰人工堤坝局部

(d) 大凌河口养殖围堰北侧残留人工堤坝局部

图 6-57　大凌河口养殖围堰的人工堤坝与滨海湿地受损情况

大凌河入海口两侧原有均为芦苇和翅碱蓬交替出现的滨海湿地，由于养殖用海的占用导致河道滩涂束窄，河口湿地消失；同时由于人工堤坝阻隔了滩涂水系，使得潮沟连通性受阻、湿地淤涨，河口滨海湿地的生态环境破损严重，湿地净化功能逐渐衰退，生态系统服务功能受损严重(图6-58)。

图6-58　大凌河口养殖围堰外侧潮沟受损情况

6.3.3　生态修复工程规划

针对锦州市大凌河口附近海域存在的生态环境问题，通过人工堤坝拆除、河口岸线修复、河口滨海湿地修复和入海河口污染在线监测站建设等措施，对大凌河口受损的岸线岸滩和滨海湿地进行修复，恢复近岸河口海域的水体通畅，提高岸线防灾能力，恢复近岸河口海域的生态系统服务功能，稳步提升近岸海域生态环境质量，重建绿色海岸，恢复生态景观。

本项目修复内容主要包括以下四部分：

(1)拆除养殖围堰人工堤坝长度约3.2 km，由用海责任主体自行拆除；

(2)通过建设生态护岸，修复原围堰占用的河口岸线约1 km；

(3)通过潮沟疏通约6.6 km，修复滨海湿地175 hm²，其中通过在原围堰区域种植芦苇，恢复滨海湿地37 hm²；

(4)在大凌河主干流上游处建设入海河口污染在线监测站1座，监测网络1项，用于实时在线监测流域的水质、水文和气象等情况，并将数据接入已建设的海洋生态环境在线监测预警系统。

本项目各具体修复内容的平面布置如图 6-59 所示。

图 6-59　锦州市大凌河口生态修复平面布置图

6.3.4　生态修复工程论证设计

6.3.4.1　修复前潮流场特征

工程附近海域主要受到辽东湾整体涨落潮汐的影响。图 6-60 给出了工程前附近海域涨急、落急时刻流场图；图 6-61 则给出了工程前修复区滩涂及潮沟涨落潮期间逐时流场及水位图。

根据上述计算结果可知：涨潮时，潮波主要由渤海海峡及渤海中部流向辽东湾湾底，并逐渐汇向湾底的双台子河口，辽东湾整体的涨潮方向为 SW—NE 向；双台子河口受涨潮水体的汇聚影响，其流速较大，约 1.0 m/s。本修复工程位于双台子河口西侧、大凌河口入海口附近的浅滩上，其附近有多条潮沟，大凌河入海后向海延伸在滩涂上形成一潮沟；滩涂潮沟的水深在−2.0~0.0 m 之间，潮沟是涨潮水体的主通道。

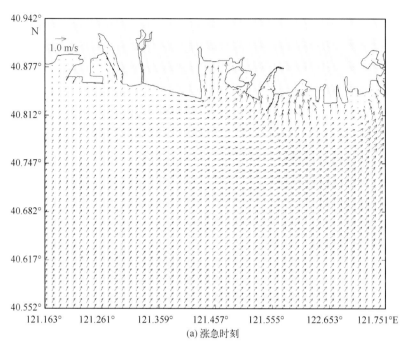

(a) 涨急时刻

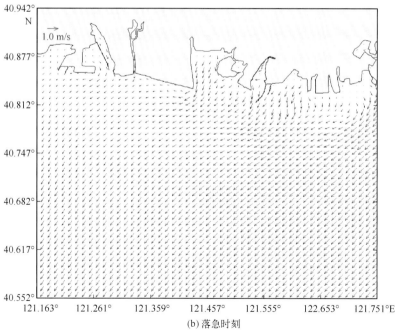

(b) 落急时刻

图 6-60　工程前涨急、落急时刻海域流场图

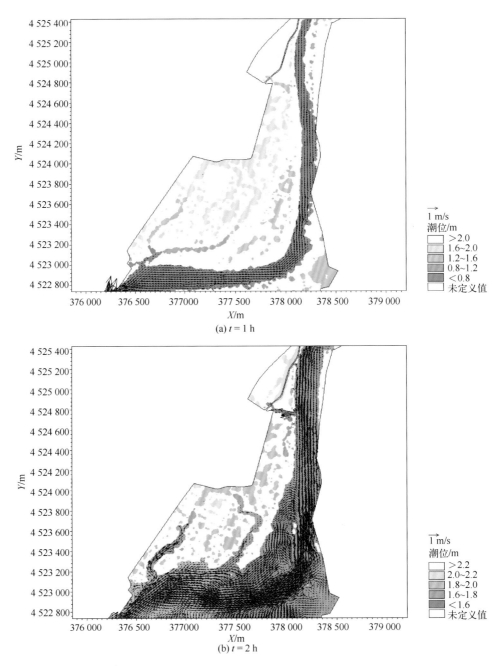

图 6-61　工程前涨落潮期间逐时潮沟局部流场及水位图

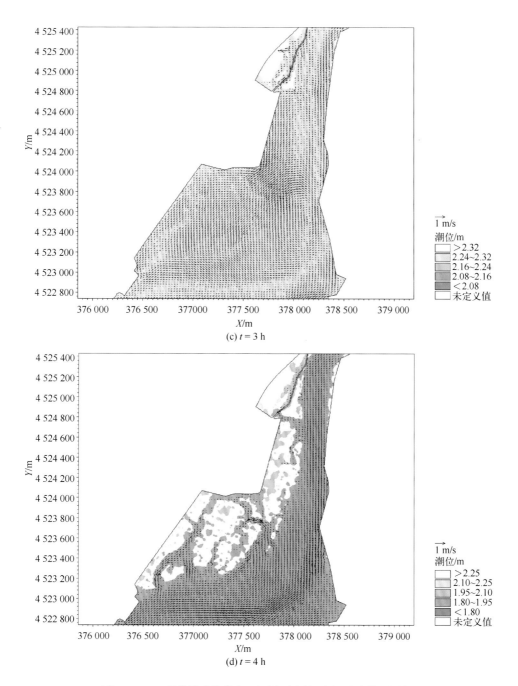

图 6-61　工程前涨落潮期间逐时潮沟局部流场及水位图(续)

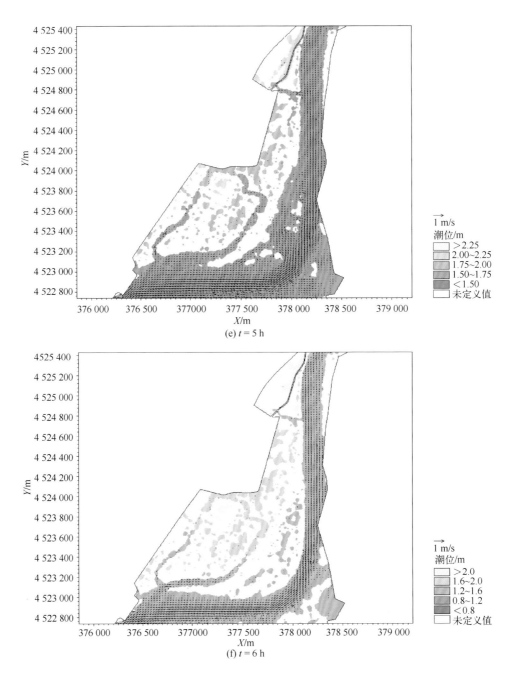

图 6-61　工程前涨落潮期间逐时潮沟局部流场及水位图(续)

本次修复区的高程在 0.5~2.5 m 之间，大部分滩涂的高程在 1.7 m 附近，涨潮时水体由大凌河入海口潮沟进入工程附近，经工程南侧的两个潮沟逐渐向其两侧漫滩，高潮时工程附近的滩涂大部分处于淹没状态，淹没时间 1~2 h；潮沟内的水动力稍强，流速在 0.3~0.5 m/s，滩涂流速较小，在 0.2 m/s 以内。

落潮时，水体由双台子河口及辽东湾底流向渤海中部，辽东湾整体落潮方向为 NE—SW 向，与涨潮时基本相反；此时双台子河口水体逐渐向辽东湾辐散，其落潮时流速在 0.8 m/s 以内。落潮时本修复工程周边的潮沟仍是其水体主通道，水体逐渐流向潮沟，滩涂处于逐渐干出过程；与涨潮类似，潮沟内的水动力稍强，流速在 0.3~0.5 m/s，滩涂流速较小，在 0.2 m/s 以内。

小潮涨急、落急时刻的流态与大潮基本类似，仅是流速大小有些差异。总体说来，本生态修复工程位于辽东湾底的浅滩上，其周边的潮沟是潮流水体的主通道，浅滩在涨落潮时处于淹没–干出状态，且只在大潮时基本能完全淹没，大部分时刻只是部分淹没状态，小潮期涨落急时流速在 0.3~0.4 m/s。

6.3.4.2　堤坝拆除后潮流特征

为了研究生态修复方案中堤坝拆除对附近水动力环境的改善情况，通过数值模型，对堤坝拆除后的潮流场进行了预测。图 6-62 涨落潮期间给出了堤坝拆除后修复区滩涂及潮沟的流场及水位逐时变化图。

从上述结果可知：本次堤坝拆除工程主要位于近岸滩涂区域，其拆除后对辽东湾整体及工程外侧海域的涨落潮基本无影响；且由于堤坝主要位于 1.5 m 以上的滩涂区域，拆除后对附近滩涂潮沟动力的影响也相对较小，工程后附近水体涨落潮仍为水道内的往复流。

由于现状下拟拆除的围堰内无潮沟存在，因而在潮位低于 1.5 m 时，拆除后的围堰内基本无潮流过程，此时滩涂水体主要在南侧两个潮沟内流动；但在高潮时，堤坝拆除后可拓宽滩涂面积，增加工程海域的纳潮面积，使得滩涂区域的流速略有增大，增大值在 0.1 m/s 以内。落潮时，由于滩涂基本处于干出过程，其流速相对较小，堤坝拆除对其影响也较小；但受滩涂面积扩大、工程附近纳潮增加影响，工程附近的潮沟内流速略有增大，增大值在 0.05 m/s 以内。

堤坝拆除后，只在高潮时围堰内的滩涂受潮水漫滩影响，处于淹没状态，落潮时则处于干出过程，其水动力较弱，最大流速在 0.05 m/s 以内，大潮时滩涂的淹没时间在 1 h 以内，小潮时则难以淹没。

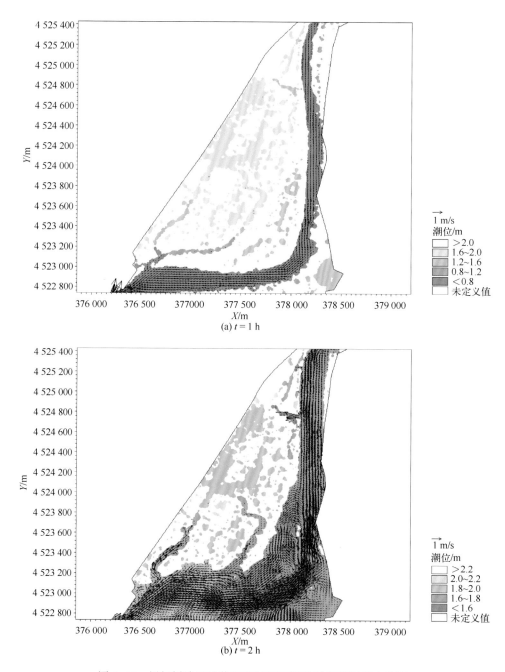

图6-62 堤坝拆除后涨落潮期间逐时潮沟局部流场及水位图

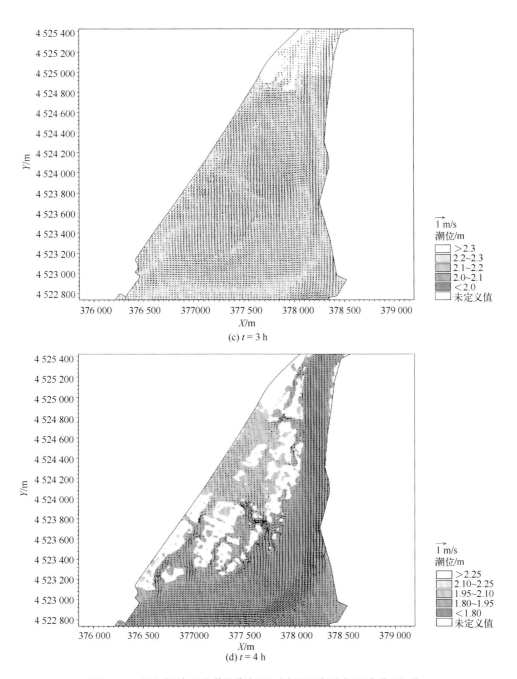

图 6-62　堤坝拆除后涨落潮期间逐时潮沟局部流场及水位图(续)

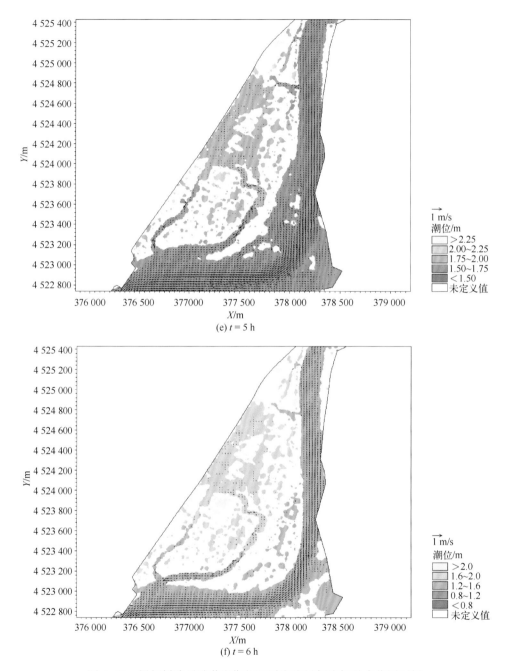

图 6-62　堤坝拆除后涨落潮期间逐时潮沟局部流场及水位图(续)

6.3.4.3　潮沟疏通方案设计

根据上节中堤坝拆除后的水动力分析可知：堤坝拆除后，其拓宽了滩涂面积，增加了海域的纳潮面积，使得滩涂区域及潮沟内的流速略有增大；但由于堤坝内滩涂高程在 1.5 m 以上，且无天然潮沟存在，因而其只在高潮时受潮水漫滩影响，处于淹没状态，落潮时则处于干出过程，其水动力较弱，最大流速在 0.05 m/s 以内，大潮时滩涂的淹没时间在 1 h 以内，小潮时则难以淹没。

为改善堤坝拆除后滩涂水动力条件，可采取降滩或潮沟疏通等措施。其中，降低滩涂高程可直接恢复滩涂的淹没时长，但对提高滩涂水动力强度有限，且由于本区域位于大凌河入海口的滩涂附近，受河流及外海泥沙影响，降低高程后的滩涂区域有可能会重新淤涨。因此建议采用潮沟疏通的方式恢复滩涂的一级潮沟系统，再利用涨落潮时潮沟内的强动力过程，逐渐形成滩涂三级潮滩系统。

参考围堰未建前的滩涂潮沟分布，并结合工程南侧现有的潮沟分布，拟构建滩涂潮沟系统，其首先将南侧原有的潮沟延伸至北侧河道，进而将大凌河的入海淡水引入滩涂，降低滩涂的盐度，提高芦苇–碱蓬的生境；其次在围堰内构建潮沟体系，通过潮沟的冲刷、演变，逐渐恢复围堰内的湿地生境。

参考南侧原有潮沟的宽度及高程数据，重新疏通后的潮沟底高程在 -0.5~0.5 m 之间，边坡高程在 0~1.0 之间，底部宽度为 5.0 m，滩面宽度约 15 m。各个潮沟的参数见图 6-63。

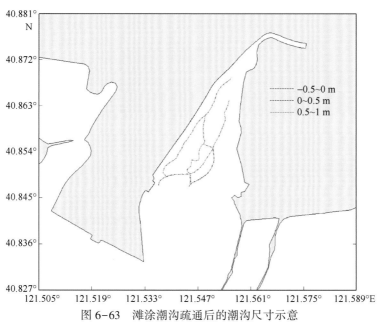

图 6-63　滩涂潮沟疏通后的潮沟尺寸示意

6.3.4.4 潮沟疏通后流场特征

为了研究潮沟疏通后对附近水动力环境的改善情况，图 6-64 分别给出了潮沟疏通后修复区滩涂及潮沟的流场及水位逐时变化图，其中在涨潮漫滩及落潮干出阶段，给出每隔 10 min 时滩涂–潮沟的流场及水位变化过程。

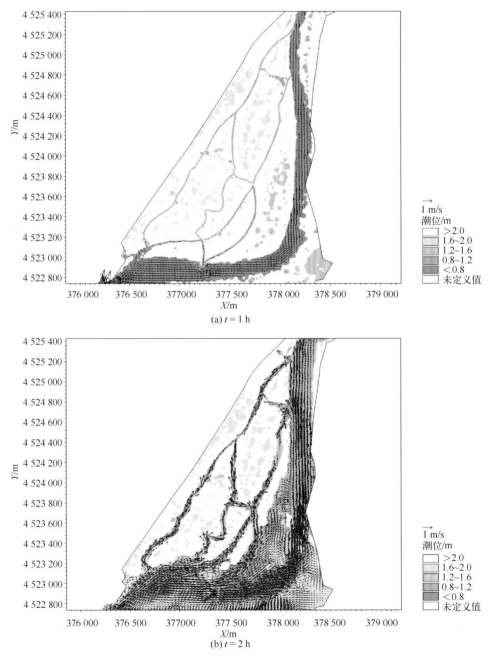

图 6-64　潮沟疏通后涨落潮期间逐时潮沟局部流场及水位图

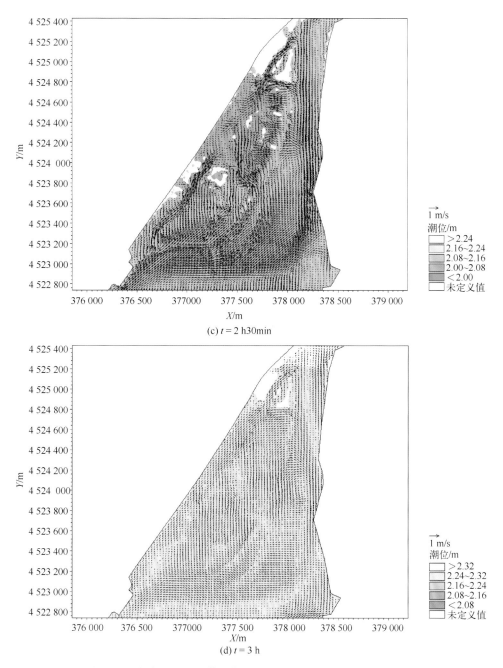

图 6-64　潮沟疏通后涨落潮期间逐时潮沟局部流场及水位图(续)

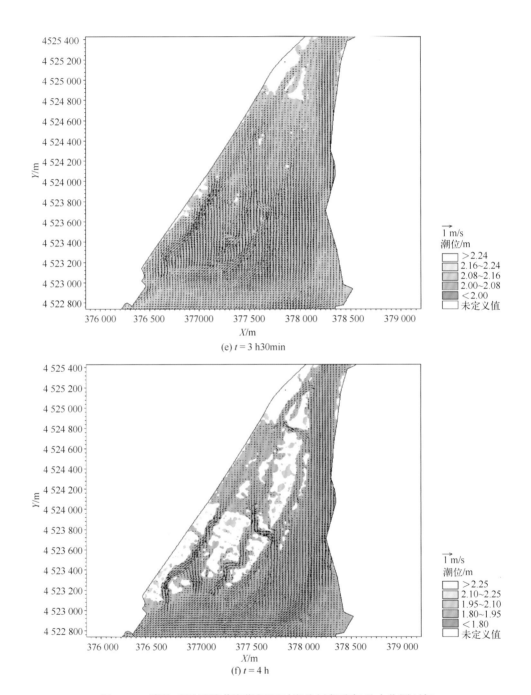

图 6-64　潮沟疏通后涨落潮期间逐时潮沟局部流场及水位图(续)

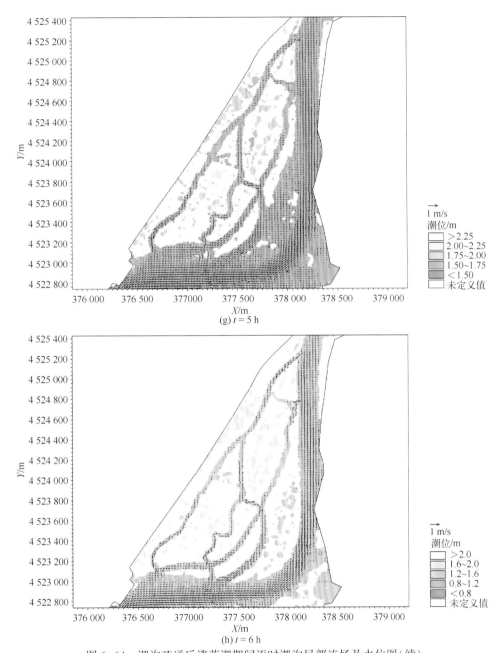

图 6-64　潮沟疏通后涨落潮期间逐时潮沟局部流场及水位图(续)

从上述分析结果可知：本次潮沟疏通主要位于近岸滩涂区域，其主要影响修复区域滩涂的水动力场，对辽东湾整体及工程外侧海域的涨落潮基本无影响；且由于疏通的潮沟均位于外海堤坝掩护的内部区域，其对外海潮滩的水动力影响较小，对大凌河入海潮沟的流速略有影响，但未改变其主要流态，疏通后滩涂附近水体的涨落潮仍为主潮沟水道内的往复流。

潮沟疏通后，滩涂附近的主涨落潮流仍以大凌河河道及入海潮沟为主，涨潮时水体首先进入大凌河河道，后由滩涂南北两侧疏通后的潮沟入口进入修复区滩涂，然后沿疏通后的潮沟逐渐漫滩至整个滩涂。疏通后的潮沟内水动力较强，涨急时潮沟内的最大流速已在 0.5 m/s 以上，同时使得潮沟两侧的漫滩水动力也有所增大；落急时，滩涂水域则逐渐干出，水体逐渐向疏通后的潮沟汇聚，并最终汇向大凌河河道及入海潮沟内，落急时疏通后的潮流流速略有增大，但较涨急时流速增大不明显，增大值在 0.2 m/s 以内。

6.3.4.5　潮沟疏通前后的流场变化

图 6-65 给出了不同时刻滩涂及主潮汐通道的流速变化对比，潮沟疏通使得滩涂区域的纳潮量增大，涨落急时滩涂上潮沟的流速均增大，而高滩区域则在涨急时流速减小[图 6-65(b)]；东侧主潮沟是连接修复区滩涂潮沟与外海的通道，在涨潮漫滩过程中主潮沟内流速也会有所增加[图 6-65(a)、(b)]，但在涨憩及干出初期由于更多水体进入了修复区滩涂，导致主潮沟内流速有所减小[图 6-65(c)、(d)]，随着修复区滩涂水体的流出，落急时主潮沟内流速则有所增大[图 6-65(e)]。

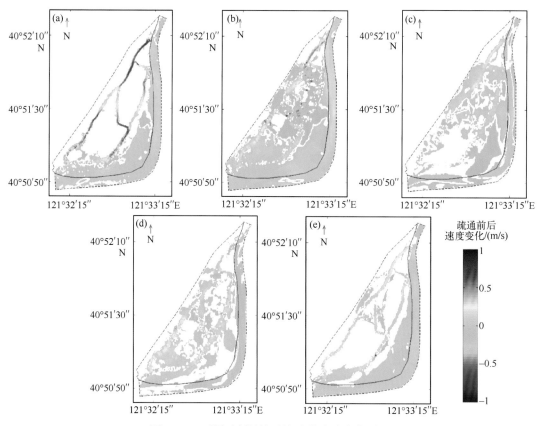

图 6-65　不同时刻滩涂及潮沟的流速变化对比

　　分析潮沟疏通对滩涂纳潮的影响，由于在低潮时刻滩涂及潮沟会整体干出，因此纳潮量计算以某一时刻进入滩涂及潮沟区域的整体水量为准，得到疏通前后滩涂纳潮水量的变化(图6-66)。对整体滩涂区域，受潮沟疏通影响，大潮及小潮时的纳潮水量均增加；而高滩区域，疏通后小潮时纳潮水量基本不变，大潮时则有所增加，说明潮沟疏通促进了大潮时高滩涂的水交换过程；落潮时疏通后潮沟的退水作用明显，滩面滞水现象明显减小。

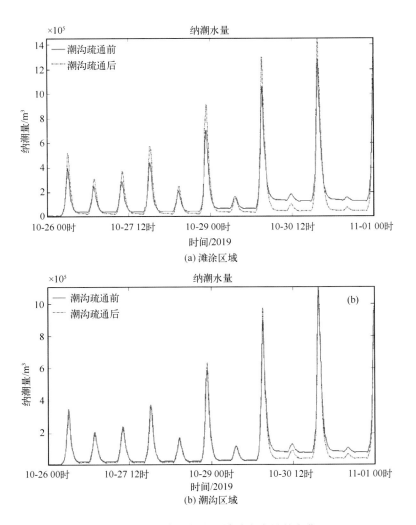

图6-66　滩涂及潮沟区域纳潮水量的变化

6.4 营口团山生态修复设计及实践

6.4.1 项目位置

营口市团山国家级海洋公园生态修复项目位于盖州市团山街道近岸，团山国家级海洋公园西临辽东湾，南临鲅鱼圈区，北至大清河口，地理坐标介于 40°24′—40°25′N，122°11′—122°13′E 之间（图 6-67）。

团山国家级海洋公园面积为 446.68 hm²，其中海域面积约为 360 hm²，占总面积的 80.6%，区域分布北海浴场、团山海蚀地貌和河口湿地三处主要旅游景观。

团山国家级海洋公园 6.1 km 的海岸上分布了砂质、基岩、淤泥质三种海岸地貌，几乎涵盖了全部类型，具有极高的景观价值与研究意义（图 6-68）。基岩海岸是海洋公园的重点保护对象，是经 18 亿年海洋应力的作用形成的形态多样的海蚀地貌，有海蚀崖、海蚀洞、海蚀台、海蚀柱、海蚀桥等；区域南侧海岸顺岸发育 1.2 km 的优质沙滩浴场，沙质细软，中值粒径多为细沙，坡度小于 10°，是优质的自然海滨浴场；公园北侧为淤泥质海岸，岸滩发育碱蓬、芦苇等滨海湿地植被，形成了特殊的红海滩景观。

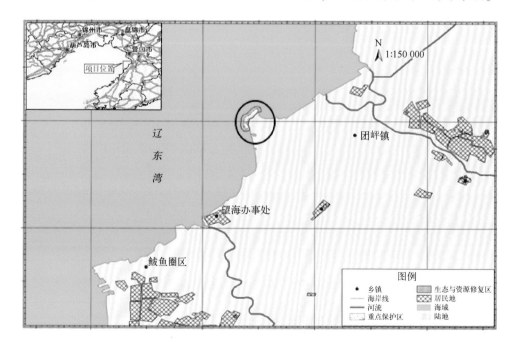

图 6-67 营口团山国家级海洋公园位置

图 6-68 营口团山国家级海洋公园现状遥感图

6.4.2 区域生态问题诊断

围堰养殖占用近岸滩涂，滨海湿地、岸线生态功能受损。在团山国家级海洋公园北侧于 2006 年建成围海养殖圈（图 6-69），该养殖圈一方面占用了近岸滩涂，造成滨海湿地消失，围堰堤坝前沿淤涨，湿地生态功能受损；另一方面围海养殖池也直接导致自然岸线消失，造成岸线景观及生态功能破坏；同时围海养殖排放的养殖废水也对近岸滩涂湿地的生态环境造成二次影响（图 6-70）。

图 6-69 团山海洋公园北侧围海养殖情况

图 6-70　团山海洋公园北侧围海养殖池现状

为修复该区域的生态环境，需拆除围海养殖堤坝，恢复近岸海域滩涂及自然岸线，在自我恢复为主的原则下，辅以人工种植的措施逐步修复团山海洋公园北侧滨海滩涂的芦苇-碱蓬湿地生态系统。

6.4.3　生态修复工程规划

营口团山国家级海洋公园具有砂质、基岩及淤泥质三种自然岸线形态，但各自存在一定的受损情况。因此本次生态修复，针对北侧围海养殖占用滩涂问题，采取拆除养殖围堰，恢复后方自然岸线，同时对原养殖围堰区域进行微地形改造，恢复芦苇-碱蓬生境及滨海湿地。

具体修复内容为：拆除围海养殖池梗约 15.6×10^4 m³；围海养殖池梗拆除后，对该区域的湿地生境及植被进行修复，恢复滨海湿地 12 hm²，恢复湿地 20 hm²，修复芦苇-

碱蓬湿地 68 hm^2；恢复自然岸线 950 m，修复岸线长度约 1 700 m。

具体的修复平面布置如图 6-71 所示。

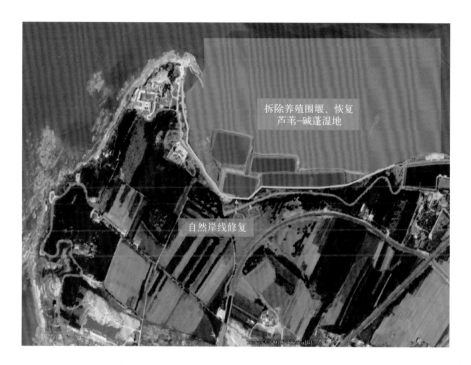

图 6-71　营口市团山海洋公园整治修复具体工程

6.4.4　生态修复工程论证设计

6.4.4.1　修复前地形和植被分布

团山国家级海洋公园北侧于 2006 年开始在滩涂上进行围海养殖，造成滩涂湿地生态功能退化严重。图 6-72、图 6-73 给出了生态恢复区现状下的地形和植被分布情况。从图中可以看出，养殖池塘围堤的高程较高，而塘内的高程深浅不一，但与自然滩面有明显的高程差。结合历史图像可知，养殖池塘所在区域在 2006 年之前均有翅碱蓬生长。因此在湿地生态修复方案中可以考虑在对养殖池塘拆除回填后，进行地形改造，在此基础上选择当地的植被进行人工种植，促进修复的湿地在较短时间内恢复原湿地植被和生态功能。因此在湿地的生态方案中重要的是要确定如何进行滩面地形改造以及不同植被恢复区的范围。

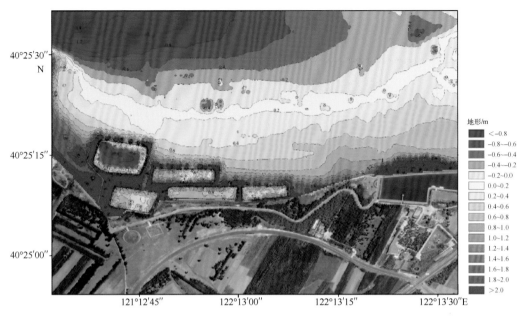

图 6-72　团山生态区域修复前地形图

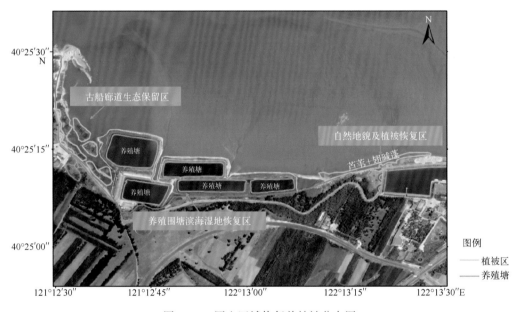

图 6-73　团山区域修复前植被分布图

　　根据现场调查，发现工程区域及附近的植被现状可以以养殖围堤为中心，将其分为三大区域进行分析。

1）古船廊道生态保留区

该区现状为典型的辽东湾湿地景观格局。在高程较低的滩地以翅碱蓬为主要植被的景观格局，该处翅碱蓬长势较好，在潮滩上形成簇状分布。如图6-74所示，同时该处翅碱蓬植株较矮，平均株高在10~20 cm，株色较为红艳，具有极佳的观赏价值。在高程较高的滩地形成以芦苇为主要植被的景观格局，该处芦苇长势良好，在潮滩上形成带状分布，如图6-74所示。本区域湿地植被景观格局保存得较为完好，可以作为养殖围堤湿地植被修复的重要参考及依据，也可进行部分植被修复。

图6-74　工程前前滩翅碱蓬景观及后滩芦苇景观现状

2）养殖围塘滨海湿地修复区

该区域现状为杂生型滨海陆生植被景观格局。通过历史卫星图像及现场走访调查证实，该区域历史上为典型的辽东湾湿地植被景观格局，存在一定规模的湿地植被如翅碱蓬及芦苇。但是，由于养殖围塘堤坝的修建，原有湿地景观格局几乎已被完全破坏，并在养殖围塘堤坝上逐渐形成了杂生型滨海陆生植被景观格局，如蒿子等，堤上植被景观如图6-75所示。

图6-75　工程前养殖围堤上陆生植被景观现状

3) 滨海自然地貌及植被景观恢复区

突堤以西为翅碱蓬(前滩)-芦苇(后滩)湿地植被景观格局,该处翅碱蓬植株较矮、株色较艳,长势良好,在潮滩上形成小部分片状或簇状分布;在高程较高的滩地形成以芦苇为主要植被的景观格局,部分区域由于海水冲刷存在滩面积水的情况,不利于翅碱蓬及芦苇的大片生长。突堤以东为典型的河口翅碱蓬潮滩湿地植被景观格局,该处翅碱蓬植株株色红艳,长势良好,具有极高的观赏价值(图6-76)。

图6-76　突堤附近翅碱蓬-芦苇湿地景观现状

6.4.4.2　湿地植被适宜生境分析

潮间带滩涂翅碱蓬是一种特殊的植物群落,只生长在特定标高的有周期性潮汐作用的滩涂上,滩面高程过高或过低均不能生长。周期性的潮汐(12 h或24 h)的一个重要生态作用就是及时洗脱翅碱蓬分泌到体外的大量盐分,避免形成盐鞘危害植株。当无浸水时间延长至72 h或更长的时间后,夏季旺盛的蒸腾作用和蒸发作用会很快使翅碱蓬植株体外形成盐鞘,造成植物受害死亡。

1) 适宜高程分析

由于工程区域的翅碱蓬植被格局已被破坏殆尽,因此选择参考区域养殖围堤以西及以东区域的翅碱蓬生长点进行分析。通过调研发现,参考区域(养殖围堤以西及以东区域)的翅碱蓬(前滩)-芦苇(后滩)组合型湿地翅碱蓬生长密集区有两处,调查两个区域的高程阈值及平均高程,可以发现:翅碱蓬的生长高程分布较广,养殖围堤以西翅碱蓬生长密集区地形高程区间为1.53~1.96 m,较为集中的高程范围为1.64~1.89 m,养殖围堤以东突堤以西翅碱蓬生长密集区的高程范围为1.47~2.01 m;而两处高程的平均值相近,都在1.7 m附近。考虑到该工程区域有一定的微冲刷趋势,因此较为适宜的翅碱蓬种植区域的高程设计应该略高于现状下翅碱蓬密集生长区域平均高程,初步确定翅碱蓬植被种植区的高程设置在 1.8±0.1 m。

2）淹没时间分析

已有研究表明淹水时间等非生物因素是影响翅碱蓬生长分布的重要原因，而决定潮间带淹水时间的物理过程主要有两个：①河口湿地面积的减少导致滩涂淤积，如辽河口附近近 10 年来由于纳潮面积的减少，局部滩涂淤高 1.5 m，淹水时间大大减少，造成翅碱蓬群落退化；②滩涂侵蚀，由于附近岸线改变等原因，导致滩涂的水动力增强，滩涂侵蚀，从而使滩涂中存在大量的低洼区，不适合翅碱蓬生长。

为了更好地掌握翅碱蓬分布区的淹水特征，在工程区内自西向东分别选取三个翅碱蓬长势较好区域，根据已验证好的模型计算结果，统计该区域淹水时间，模拟时间为 2019 年 7 月 5 日至 8 月 5 日。

计算结果显示，修复区西侧日均淹水时间 1.40 h。大潮期日均淹水时间 2.73 h，中潮期日均淹水时间 1.12 h，小潮期日均淹水时间 0.20 h。一个月内，该区域连续最长淹没时间约 3.5 h，最长连续干出时间超过 153 h。

修复区中部日均淹水时间 1.09 h。大潮期日均淹水时间 2.29 h，中潮期日均淹水时间 0.78 h，小潮期日均淹水时间 0.10 h。一个月内，该区域连续最长淹没时间约 3.3 h，最长连续干出时间超过 210 h。

修复区东侧日均淹水时间 1.54 h。大潮期日均淹水时间 2.24 h，中潮期日均淹水时间 1.09 h，小潮期日均淹水时间 0.25 h。一个月内，该区域连续最长淹没时间约 4.17 h。此区域平均流速 0.02 m/s，最大流速 0.06 m/s，区域内流速较小且流场较为稳定。

分析翅碱蓬自然生长区选取点的水文特征值，可以看出这些点的地形高程范围为 1.458~1.856 m，平均淹没时间为 1.31 h，最大日均淹没时间为 1.81 h，最小日均淹没时间为 0.42 h。

整体而言，翅碱蓬主要分布在高程范围 1.4~1.85 m 的区域，鉴于滩面高程和淹水时间对翅碱蓬生长分布的重要性，修复工作需重点控制适宜滩面高程变化及水系疏通，以促进翅碱蓬群落生长良好。

6.4.4.3 工程前潮流场特征

图 6-77 给出了大范围和工程区大潮涨急、涨憩、落急、落憩时刻工程附近海域流场分布图。该海域的潮汐为不正规半日潮，对应着每日两次的潮位过程，工程所在的潮滩（1.05~1.9 m）每日淹没时间在 0.7~4.2 h，平均约 1.57 h。

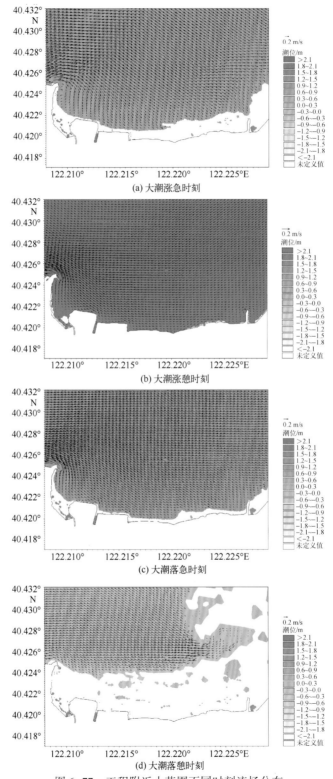

图 6-77　工程附近小范围不同时刻流场分布

潮滩的涨落潮流场和普通的近岸水域相比复杂得多。涨落潮过程如下：低潮时，滩涂不淹没，辽东湾东侧涨潮流为 NE 向，涨潮时张潮流通过工程区潮滩的湾口流向工程区潮滩；随着潮位的升高，由于湾口内的地形等高线与岸线近似平行，潮波在湾内的传播速度近似相等，潮流在工程区湾内流向为 SE—SSE 向，进而实现了潮滩的淹没。在历经高潮时刻之后，随着潮位的降低，滩面水深变浅，潮滩上逐渐开始干出，在达到落急时刻之前，潮滩上达到最大流速，此时为落潮流流态，滩面上普遍是 12～20 cm/s 的流速，流向为 WNW—NW 向。落急时刻时，工程区潮滩绝大部分区域已呈干出状态，退潮后工程区附近滩面少有积水。

6.4.4.4 地形改造及植被修复方案

本次滨海湿地修复的总体方案为：①地形改造方案：拆除突堤，在养殖围塘及滨海自然地貌植被恢复区的突堤以西区域进行地形改造使其适于翅碱蓬的生长；②植被修复方案：对养殖围塘区域及滨海自然地貌植被景观恢复区的部分区域（涉及地形改造的区域）进行湿地植被种植，对古船廊道生态保留区进行湿地植被补种工程。

根据以上的详细地形和植被分布现状分析及湿地植被的生境适宜性分析，提出相应的地形改造及植被恢复方案。

1）地形改造方案

高潮滩前缘线与历史上（湿地未被养殖围塘侵占前）该地区翅碱蓬密集生长区域的前缘线一致（提取 2006 年 9 月谷歌地球卫星影像资料）；高潮滩分为两部分——前滩及后滩：前滩考虑到后期翅碱蓬的种植及前滩受潮流影响较大，因此前滩高程设计为 1.7m（不考虑沉降和滩面侵蚀），坡度 0；后滩考虑到后期芦苇种植及后滩受潮流影响较小，因此后滩高程设计为 1.7～2.4 m，坡度为 1∶160（取自养殖围塘左右两侧翅碱蓬–芦苇生长良好的高潮滩平均坡度）；高滩前缘为中潮滩，高程从高潮滩前缘线（高程）下放至自然泥面线（高程为 0.8～1.7 m），坡度为 1∶50（取自工程区域左右两侧典型健康的淤泥质潮滩中潮滩平均坡度）。同时拆除规划区东侧突堤，以改善滨海自然地貌植被恢复区的突堤以西区域补种区水动力条件。方案二各平面规划示意图如图 6-78 所示。

2）植被种植方案

一般来说，典型健康的淤泥质潮滩高潮滩处存在大片湿地植被生长，因此，本次湿地修复的另一个重点是对高潮滩湿地植被的恢复。植被种植主要是对养殖围塘区域及滨海自然地貌植被景观恢复区的部分区域进行湿地植被种植，对古船廊道生态保留区进行湿地植被补种工程。

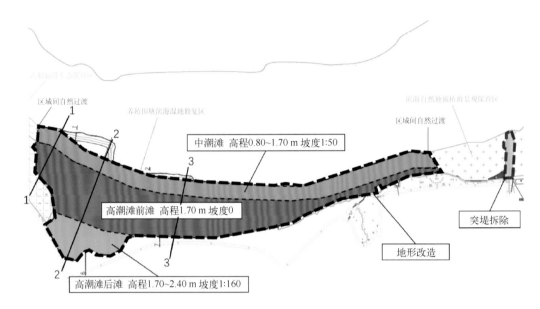

图 6-78　微地形改造修复方案平面示意图

通过现场调研发现，工程区域及其附近高潮滩的湿地植被种类为翅碱蓬(前滩)-芦苇(后滩)，因此，工程拟要恢复的湿地植被也为翅碱蓬(前滩)-芦苇(后滩)。根据湿地植被生境适宜性分析，高程 1.7~1.8 m 适合种植翅碱蓬，高程在 1.8 m 以上适合种植芦苇，因此各方案植被种植区的选划如下。

古船廊道生态保留区：通过对高潮滩前滩部分进行翅碱蓬的补种(约 5 694.7 m²)，最终形成 29 954.9 m² 的古船廊道生态保留区。

养殖围塘区域：高潮滩前滩部分(高程 1.7 m，坡度为 0 的区域)种植翅碱蓬，拟种植面积 100 796.3 m²；高潮滩后滩部分前区(翅碱蓬种植区Ⅱ)(高程 1.7~1.8 m，坡度为 1∶160 的区域)种植翅碱蓬，拟种植面积 3 915.2 m²；高潮滩后滩后区种植芦苇，拟种植面积 15 274.0 m²。

滨海自然地貌及植被恢复区：高潮滩前滩(高程 1.7 m，坡度为 0 的区域)种植翅碱蓬，拟种植面积 14 859.9 m²。

6.4.4.5　修复后潮流场特征

图 6-79 为修复后大潮期涨急、涨憩、落急、落憩工程附近海域流场图。基底改造的一个重要目标是使拟种植区满足翅碱蓬适宜生长条件的地形高程及水动力条件的要求。

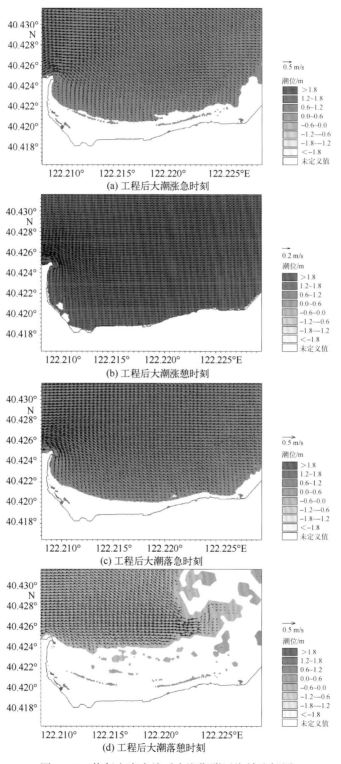

图 6-79 修复方案实施后大潮期附近海域流场图

对比工程前后潮流变化可发现：养殖池区域的修复和地形抬升使得两种设计方案下的拟种植区整体涨潮滞后，达到上水时刻延后的效果。

养殖池区域的修复使得该区域高潮时可以淹水，拆除突堤使得突堤附近潮流方向平行于自然岸线，原突堤西侧小范围流场流速略有增加，为东侧规划的植被补充种植区植被生长提供了有利条件。

工程实施前后滩涂上潮流流态基本一致，呈 NW—SE 向，由于养殖围堰拆除，近岸新增纳潮区域，工程后的整体流速较工程前略有增大，增大值在 5% 以内，且工程后的涨潮流向略向 S 向偏移，生态修复对整体滩涂潮流略有改善，有利于修复区碱蓬植被的漫水及生长过程。

分析工程实施前后不同高程下的漫水时间变化（表 6-1）。整体来看虽然工程前后不同时期的潮位略有变化，但工程后整体的漫水时间略有增加，主要由于近岸养殖围堰拆除，纳潮面积增加，受此影响较工程前，涨潮时更多水体进入近岸滩涂区域，落潮时近岸水体存留时间也更长。

表 6-1　工程后不同高程下修复区域一天的淹水时间

	不同高程下修复区域一天的淹水时间					
高程/m	工程前	工程后	工程前	工程后	工程前	工程后
	平均淹水时间/h		大潮期间淹水时间/h		小潮期间淹水时间/h	
0.5	8.77	9.46	9.08	9.58	8.46	9.33
1.0	4.96	5.87	5.88	6.25	4.04	5.50
1.7	1.92	2.04	3.25	3.50	0.58	0.58
1.8	1.65	1.83	2.92	3.21	0.38	0.46
2.0	0.94	1.27	1.88	2.54	0	0
2.4	0	0.02	0	0.04	0	0

6.4.5　生态修复工程实施效果

6.4.5.1　地形地貌修复效果

为评价堤坝拆除、地形改造的工程量及效果，工程前后分别开展了一次地形测量，测量结果如图 6-80 和图 6-81 所示，工程前堤坝高程在 3 m 左右，局部约 5 m，而养殖池内高程在 0.5 m 左右，局部在 -1.0 m，为达到研究设计出的碱蓬植被种植高程 1.7 m，地形改造主要对堤坝进行拆除，并对养殖池进行回填。

工程后主要的地形变化位于养殖池及大清河口附近堤坝区域，其中养殖池区域地形基本为 1.7 m 左右，近岸局部由 1.7 m 增加至 2.4 m，而大清河口堤坝区域基本恢复至滩涂状态。

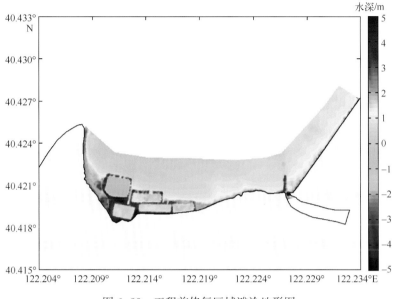

图 6-80　工程前修复区域滩涂地形图

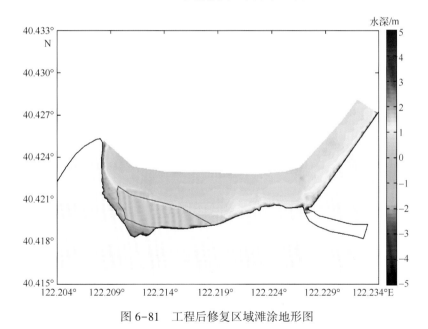

图 6-81　工程后修复区域滩涂地形图

堤坝拆除、地形改造恢复了近岸滩涂的水动力条件，增加了近岸湿地纳潮面积，修复区新增的纳潮面积示意如图 6-81 所示，统计纳潮增加面积约 14.2×10^4 m²，分析近岸纳潮面积增加而引起的纳潮量增加如图 6-82 所示。从结果可知：由于地形改造后，纳潮面积增加区域的水深大部分在 1.7 m 以上，局部在 0.5 m 左右，工程后大小潮期间纳潮量增加在 1×10⁴ m³ 以上，且在大潮期间纳潮量增加更为明显，纳潮量的增加对改善近岸湿地水动力条件、促进滩涂碱蓬植被的潮水淹没及生长具有明显作用。

分析堤坝拆除、地形改造完成后的工程量(图 6-83)，其中工程前的养殖池梗区域以拆除为主、养殖池内以回填为主，本工程土方拆除约 9.14×10⁴ m³，土方回填 9.20×10⁴ m³，两者相差主要由于工程前后土方密实度不同引起的，基本实现了土方平衡。本工程完成的地形整理面积约 15.2×10⁴ m²，地形改造后碱蓬种植区域高程在 1.7 m 左右，近岸芦苇种植区域高程由 1.7 m 增加至 2.4 m。

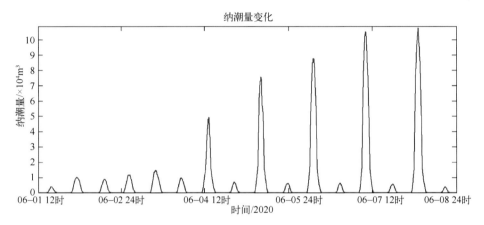

图 6-82　工程后一次大小潮期间纳潮量增加图

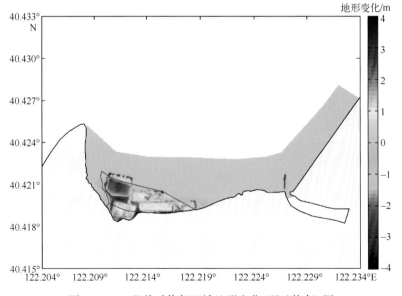

图 6-83　工程前后修复区域地形变化(湿地恢复)图

为分析堤坝拆除及地形改造的修复效果，获取了工程前及修复后堤坝拆除及地形改造区域的遥感影像（图6-84和图6-85），修复后原有的养殖池池梗及人工构筑物已完全拆除清理，地形改造后滩涂高程在1.7 m左右，大潮期间海水均能淹没修复区域，完成滩涂湿地的恢复。湿地恢复的方式主要采用拆除养殖池梗，并利用养殖池梗土方对原有低洼的养殖池进行回填，恢复地形平缓的湿地滩涂形态，地形改造后恢复了滩涂淹水过程，改善了滩涂水动力条件，为后续湿地植被恢复创造基础条件。

图6-84　堤坝拆除前修复区域图

图6-85　堤坝拆除及地形改造后修复区域图

6.4.5.2 湿地植被修复效果

针对修复区域的碱蓬植被种植及补种效果开展了两次植被调查，每次调查均采用大面遥感监测及样方监测的方式进行，其中 2020 年 5 月底监测时碱蓬植被的株高在 10 cm 左右，2020 年 7 月底监测时，碱蓬植被的株高普遍在 20cm 左右。2021 年 7 月跟踪监测时，翅碱蓬植株的高度普遍在 20~30 cm。

1）大面调查

图 6-86 为 2020 年 5 月大面调查时获取的航拍正射影像及局部航拍影像，图 6-87 为 2020 年 7 月大面调查时获取的碱蓬植被分布解译结果，图 6-88 为 2021 年 7 月大面调查时获取的碱蓬植被分布解译结果。

（1）2020 年 5 月底调查结果。

5 月底时修复区域地形改造已全部完成，碱蓬植被已完成种植，部分区域碱蓬植被生长较好，主要集中在修复区东侧大清河口的植被补植区域，修复区西侧的地形改造区域，受地形改造后滩涂平整度相对较差影响，局部存水区域的碱蓬生长相对较差。

（2）2020 年 7 月底调查结果。

7 月底的第二次大面调查时，修复区东侧的植被补植区域的翅碱蓬生长较好，覆盖度到达 80% 以上，在河口区域覆盖度在 90% 以上；西侧地形改造区域，绝大部分植被种植区域的翅碱蓬生长效果较好，但仍存在局部的存水区域，导致局部出现无翅碱蓬斑块，但翅碱蓬的整体覆盖度仍在 50% 以上，翅碱蓬的生长株高及生物量与东侧相差较小。

7 月底大面调查碱蓬植被分布的解译结果如图 6-87 所示，修复后覆盖度在 80% 以上的碱蓬植被面积大约有 23 hm²，修复区碱蓬覆盖度为 50%~70%，西侧地形改造区域存在较多的存水及无碱蓬斑块，东侧补植区域碱蓬基本连成一片，修复效果较好。

（3）2021 年 7 月底调查结果。

为分析翅碱蓬修复效果的持续性，在 2021 年 7 月进行了一个碱蓬植被跟踪监测（图 6-88），从现场调查结果可知：原地形改造区域经过一年左右的潮水冲刷，地形及底质逐渐适宜翅碱蓬生长，工程后第二年翅碱蓬生长较好；原块石防护岸线前沿，由于其原本高程相对不足，受潮水冲刷影响较大，翅碱蓬难以稳定生长，工程后第二年翅碱蓬的生长情况较地形改造区域较差；修复区东侧原河道内，工程后第二年翅碱蓬生长相对较好，与 2020 年密度及分布基本相同。

整体来看，工程后第二年翅碱蓬修复效果较好，达到了项目预期目标，尤其在养殖池拆除及地形改造区域，工程后形成了大范围的、适宜翅碱蓬生长的滩涂湿地，工程后第二年翅碱蓬达到了天然红海滩效果，碱蓬密度达到 300 株/m² 以上，滩涂湿地生态得到了很好的恢复，区域生物多样性得到有效提升。

图 6-86　2020 年 5 月大面调查时获取的航拍正射影像及局部航拍影像

图 6-87　2020 年 7 月底碱蓬植被分布解译结果

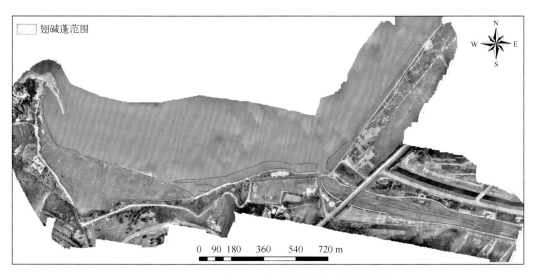

图 6-88　2021 年 7 月底碱蓬植被分布解译结果

2）样方调查

为完善植被调查，在进行大面监测时，同步开展样方调查，每次调查的站位均布于碱蓬修复区域，每次调查时部分样方内翅碱蓬生长情况如图6-89至图6-91所示。

（1）2020年5月底调查结果。

翅碱蓬的株高约10 cm，翅碱蓬单株相对较小；修复区域翅碱蓬在13~750株/m²，平均为230株/m²；翅碱蓬的覆盖度在0~100%，平均覆盖度为50%；大清河口补植区域相对较密，地形改造种植区域株数相对较少（图6-89）。

（2）2020年7月底调查结果。

翅碱蓬的株高约20 cm，较5月底翅碱蓬株苗明显长大；同时选取部分站位开展了翅碱蓬生物量调查，显示7月底时修复区翅碱蓬单株的湿重量为1.71~3.79 g，干重量为0.26~0.65 g；修复区域翅碱蓬在49~736株/m²，平均为250株/m²；翅碱蓬的覆盖度在40%~100%，平均覆盖度为70%；整体翅碱蓬分布仍呈现东密西疏分布，主要由于大清河口补植区域的地形未改变，较适宜碱蓬生长，而西侧地形改造后整体平整度未达到原始滩涂形态，局部存水区域的碱蓬难以存活，其株数、密度相对较少（图6-90）。

（3）2020年8月底调查结果。

翅碱蓬的株高约30 cm，较7月翅碱蓬株苗有所长大；根据修复区样方调查结果：修复区域翅碱蓬在7~436株/m²，平均为105株/m²；翅碱蓬的覆盖度在35%~100%，平均覆盖度为70%；整体翅碱蓬仍呈现东密西疏分布，主要由于大清河口补植区域的地形未改变，较适宜碱蓬生长，而西侧地形改造后整体平整度未达到原始滩涂形态，局部存水区域的碱蓬难以存活，其株数、密度相对较少；较7月份翅碱蓬的密度及覆盖度有所降低，主要受降雨及潮水影响，部分区域翅碱蓬出现植株倾倒及死亡情况。

（4）2021年7月底调查结果。

工程后第二年（2021年7月）时，翅碱蓬生长和第一年相比相对较好，尤其在修复区西侧的原养殖池区域，碱蓬密度普遍达到300株/m²以上，覆盖度均在80%以上，达到自然的碱蓬湿地效果。修复区整体翅碱蓬的密度在280株/m²左右，覆盖度在50%以上，达到了初步设计的要求。较工程后第一年（2020年7月），翅碱蓬的植株密度显著增加，覆盖度也有所增加，显示本工程的自然恢复效果较好，达到了预期修复目标，实现了湿地修复效果的可持续性（图6-91）。

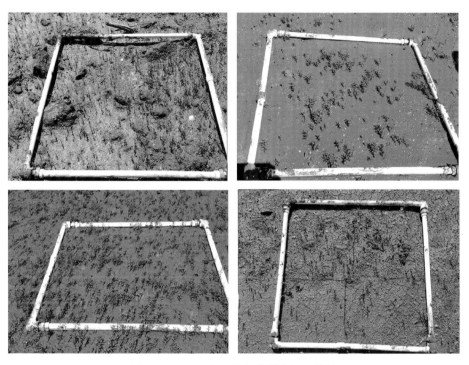

图 6-89　2020 年 5 月部分样方调查结果

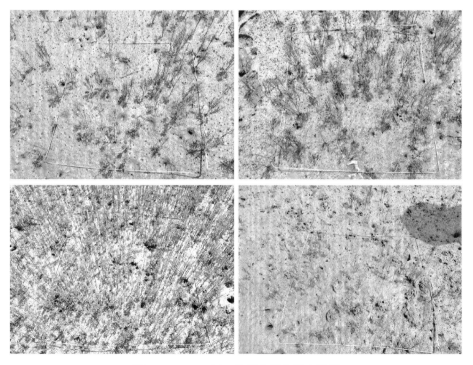

图 6-90　2020 年 7 月部分样方调查结果

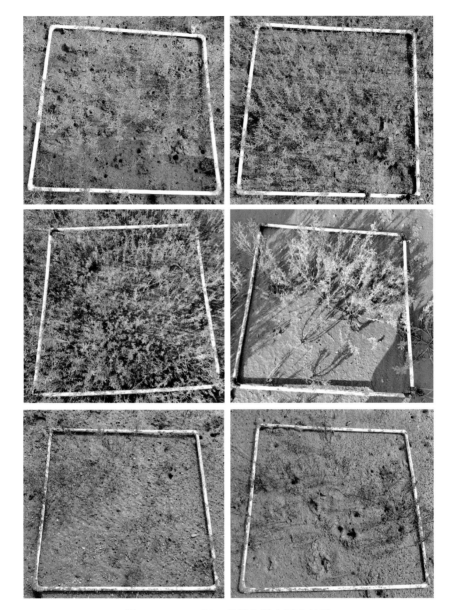

图6-91　2021年7月部分样方调查结果

3）植被变化

5月底碱蓬种植完成一个月后，地形改造全部完成，碱蓬植被已完成种植，部分区域碱蓬植被生长较好，西侧局部存水区域的碱蓬生长相对较差。整体翅碱蓬的株高约10 cm，翅碱蓬单株相对较小；修复区域翅碱蓬在 13~750 株/m²，平均为230 株/m²；翅碱蓬的覆盖度在 0~100%，平均覆盖度为50%。

7月底第二次调查时，修复区东侧（二标段）的植被补植区域的翅碱蓬覆盖度达到80%以上，河口区域覆盖度在90%以上；修复区西侧（一标段）仍存在局部的存水区域，但翅碱蓬的整体覆盖度已在50%以上。此时翅碱蓬的株高约20 cm，较第一次调查时株苗明显长大，单株的湿重量为1.71~3.79 g，干重量为0.26~0.65 g；修复区域翅碱蓬在49~736株/m²，平均为250株/m²；翅碱蓬的覆盖度在40%~100%，平均覆盖度为70%（图6-92）。

8月底第三次调查时，翅碱蓬的株高约30 cm，修复区域翅碱蓬在7~436株/m²，平均为105株/m²；翅碱蓬的覆盖度在35%~100%，平均覆盖度为60%；较7月份翅碱蓬的密度及覆盖度有所降低，主要受降雨及潮水影响，部分区域翅碱蓬出现植株倾倒及死亡情况（图6-93）。

调查显示，修复后翅碱蓬呈现东（二标段）密西（一标段）疏分布，主要由于大清河口补植区域的地形未改变，较适宜碱蓬生长，而东侧地形改造后整体平整度未达到原始滩涂形态，局部存水区域的碱蓬难以存活，其株数、密度相对较少。

综合三次翅碱蓬调查数据，修复区域种植后翅碱蓬在40株/m²以上，整体覆盖度在50%以上，翅碱蓬生长良好，达到了碱蓬植被设计要求。

6.4.5.3　生态修复岸线认定

本工程岸线防护的工程量遥感影像如图6-94所示，完成岸线防护长度约560 m，现场岸线防护的效果如图6-95所示，整体来看本工程的岸线防护以天然块石堆砌为主，现状下天然块石的稳定性较好，未出现滑移及破损情况，且景观效果达到初步设计要求。

本次岸线修复主要包括三部分，分别为岸线生态化改造段、自然岸线恢复段以及自然岸线修复段，各段修复后的效果如图6-96至图6-98所示，其中，岸线生态化改造段完成了自然块石防护、后方植被恢复，同时对堤前的碱蓬植被进行了恢复，从修复后的效果来看，修复后岸线生态化达到自然岸线的管控要求；自然岸线恢复段主要完成了占用岸线养殖池的拆除，岸线前沿地形改造及碱蓬植被恢复，从恢复后的效果来看，岸线上人工构筑物已拆除，岸线前后基本以原生植被为主，达到了自然岸线条件，但恢复后局部自然岸线受到侵蚀影响，建议后续开展天然块石防护等工程；自然岸线修复段主要完成了岸线前沿植被恢复，且以本地生芦苇恢复为主，并在芦苇外侧开展碱蓬种植，实现了自然岸线芦苇-碱蓬交织、红绿互现的景观。

图 6-92　2020 年 7 月湿地翅碱蓬植被生长情况

图 6-93　2021 年 7 月湿地翅碱蓬植被生长情况

图 6-94　海岸带防护完成情况

图 6-95　海岸带防护完成现场的局部及整体效果

图 6-96　岸线修复-生态化改造段修复后效果

图 6-97　岸线修复-自然岸线恢复段修复后效果

　　根据《全国海岸线修测技术规程》中的相关要求，对生态修复岸线的长度及界址坐标进行测量，以多年平均大潮线作为岸线界定的标准。本项目通过生态化结构和生态化材料建设了生态护岸，通过养殖池拆除、碱蓬及芦苇种植修复了岸线前滩涂植被，同时在堤脚位置营造了生物栖息场所。

图 6-98 岸线修复–自然岸线修复段修复后效果

通过对修复后岸线位置的界定得到：本修复项目通过植被种植、岸线防护完成自然岸线修复 2 124 m，其中通过养殖池拆除完成岸线恢复 790 m，具体位置为图 6-99 中 17—33 号点，工程前被养殖池占用；通过天然块石防护，完成岸线修复 558 m，工程前为破损严重的浆砌石护岸；通过湿地植被恢复完成岸线修复 776 m，工程前岸线前沿植被退化严重。综上共完成了修复岸线 2 124 m 指标（图 6-99）。

图 6-99 生态修复后的岸线位置

7 渤海生态修复的思考及建议

7.1 渤海生态修复的思考

7.1.1 生态修复的积极作用

党的十八大以来，我国不断加强海洋生态环境治理及保护工作，陆续开展海域海岛海岸带整治修复、"蓝色海湾"、海岸带保护修复以及海洋生态保护修复等系列工程，并针对渤海海域的生态环境具体问题，实施了"渤海综合治理攻坚战行动计划"，通过一系列的保护与修复工作，渤海的岸线及湿地受损情况得到基本遏制，海洋环境质量改善取得积极成效，生态系统功能正逐步恢复。

渤海综合治理攻坚战期间（2018—2022 年），在生态保护修复方面，三省一市共实施生态修复项目 61 个，中央投资累计 33 亿元，共完成渤海滨海湿地整治修复 8 891 hm²，整治修复岸线 132 km，超额完成了攻坚战制定的岸线及湿地修复目标。新选划一批海洋自然保护地和湿地公园，将超过 35% 的渤海海域划入海洋生态保护红线区予以严格保护。实施严格的海洋伏季休渔制度，环渤海三省一市海洋捕捞机动渔船数量和功率相比 2017 年均明显下降；累计增殖放流各类水生生物苗种 620 多亿尾（只），海洋生物多样性保护力度持续加大。

同时，在污染治理方面，完成了渤海攻坚战要求的入海河流国控断面消劣任务，实现 49 条入海河流国控断面水质全面消除劣 V 类。完成了环渤海地区入海排污口的排查工作，推进了入海排污口的溯源整治试点。加强港口、船舶、海水养殖、海洋垃圾等海上污染源分类整治，实施对海湾海滩环境的常态化巡查监管，渤海环境承纳的污染压力明显减轻。2020 年，渤海近岸海域水质优良（一、二类水质）比例达到 82.3%，与 2017 年相比增加了 16.9 个百分点，圆满完成攻坚战目标要求。

渤海海洋生态修复工程的实施，对渤海生态环境的改善以及生态功能的恢复起到了积极作用：①有效控制了海洋污染物排放，治理了海岸带垃圾问题，提升了近岸海水水质,改善了海岸带生态环境,提高了海岸带生态系统的自我恢复能力;②提升了海岸带自然资源价值,优化了海岸带空间布局,恢复了海岸带生态防护及缓冲空间,打造了以生态经济为主的特色滨海城镇,改善了城镇生活及居住条件,促进了人与环境的自然和谐以及生态与经济的和谐发展;③提升了公众的生态保护意识,通过退围还海、退养还滩以及海岸线退缩制度的实施及尝试,让普通民众切实参与生态保护修复,认识了海岸带自然岸线及滨海湿地等生态系统的价值,增强了参与环保的积极性和主动性,牢固树立尊重自然、顺应自然、保护自然的理念,建设人与自然和谐共生的美丽家园。

7.1.2 生态修复存在的问题

通过渤海攻坚战等专项行动的开展,"十三五"期间渤海生态环境质量明显改善,陆海统筹的生态环境治理制度机制不断健全,但渤海海岸带破坏的历史欠账多、生态功能恢复修复难度大,渤海海洋生态系统的稳定性尚不稳固,渤海生态保护与修复工作仍面临严峻问题与突出挑战。

1)项目缺乏统筹规划和科学设计,生态修复呈现分散化、碎片化

(1)生态修复项目缺乏统筹规划,现有的生态修复项目往往是由地方申报,国家或省组织评审并批复,但由于地方政府对保障生态安全、提高生态功能的认识不到位,在保护生态环境和发展区域经济上无法做到有效协调,导致部分生态修复项目治标不治本,更侧重于环境美化及景观塑造,项目布局呈现分散化及碎片化;虽然国家印发《全国重要生态系统保护和修复重大工程总体规划(2021—2035 年)》《海岸带生态保护和修复重大工程建设规划(2021—2035 年)》,但就如何做好具体项目与相关规划的衔接未有充分说明,规划落实举措有待进一步细化。

(2)生态修复措施设计科学性不足,海洋生态修复工程部署与治理措施大多按照单一生态要素或资源种类开展,且未从根本上解决引起生态退化的主要问题,如受损岸线治理修复往往采用人工固化、硬质护岸等措施,对受损海岸带生境系统治理、生物栖息地重建、岸线环境综合治理、人工岸线生态化改造等恢复修复重要生态功能的措施较少,基于自然的解决方案设计不足。如 2010—2015 年中央财政支持实施的海岛整治修复项目涉及的 12 大类、128 小类的工程类型中,沙滩修复、景观建设和基础设施建设等工程技术措施占比高达 70%,恢复修复岸线生态功能的技术措施明显不足。

2)典型生态系统未根本恢复,生态修复的系统性、整体性不足

(1)海洋生物生态退化趋势尚未得到根本遏制。长期以来,渤海沿岸大量围填海开发、陆源污染排放、海洋过度捕捞等压力导致渤海近岸典型生态系统退化问题突出，如河北曹妃甸等海域海草床严重退化，滦河口、辽河口湿地生态功能退化趋势明显，黄河三角洲国家级自然保护区互花米草入侵面积已持续扩大超过 4 900 hm²。同时，渤海渔业资源持续衰退，据统计，渤海刀鱼、真鲷、鲳鱼等传统优质渔业资源濒临绝迹，中国对虾产量逐年锐减，辽河口海蜇资源量比 20 世纪末下降 80%左右。

（2）渤海典型生态系统修复的整体性亟须加强。生态系统的恢复是一个漫长及持续的过程，且由于海洋生态的敏感性，修复措施宜以"自然恢复为主、人工干预为辅"，但现有的生态修复工程过于急功近利，项目试图重建区域生态系统，修复措施存在较大的不确定性；受工程时间及投资影响，修复区域存在小型化、分散化、碎片化特点，修复项目对渤海整体生态系统恢复及生态功能发挥的成效不足。

3）生态修复项目资金渠道单一，社会参与度低，长效机制不足

（1）生态修复资金渠道单一。现有的海洋生态保护修复资金主要以中央财政投入为主，地方财政投入的能动性不足，项目实施后的后期管护工作难以保障，生态修复效果及后期生态保护工作存在较大不确定性，使得生态系统功能恢复存在较大的不确定性；同时，由于生态修复工作的激励不明确，社会资本参与度不高，导致生态修复项目难以规模化、系统化，各渠道的生态保护修复资金统筹使用能力和整体效率有待提高。

（2）生态修复的公众参与度不高。社会公众是海岸带资源环境的使用者同时也是保护者，海岸带保护修复立法和实施过程中应该加强对公众的宣传教育和良性互动。海岸带生态保护修复的社会参与包含政府和社会力量之间的协作，同时也需要进一步沟通区域之间的联系，解决不同行政区域生态保护修复之间的差距和不协调等问题，为此，鼓励沿海省份和城市间加强海岸带保护和修复的区域合作。

7.2 渤海生态修复工作建议

7.2.1 加强科学设计，统筹污染治理与生态修复

加强生态修复科学设计，以突出海洋生态问题为导向，以双重及海岸带保护修复规划为指引，系统谋划"十四五"海洋生态保护修复工作，做好顶层设计，有效衔接相关规划和具体项目，科学设定红树林恢复修复、退养还滩、退围还海、关键海洋物种及栖息地保护等目标任务，着力保护海洋生物多样性，恢复修复典型海洋生态系统，

切实提升海洋生态系统质量和稳定性。

进一步推进陆海统筹，严格执行入海污染物总量控制制度，加强陆域工业污染的控制与治理，全面提升滨海城镇污染处理与配套设施，加强农业农村面源污染治理、船舶和港口污染防治，逐步解决陆域工业、农业生产给海域带来的环境隐患。有效控制主要污染物的排放总量，促进近岸海域水质基本达标，促使海洋生态系统服务功能的恢复和提升。同时，严格控制海上污染物排放，加大陆源污染的防治与海上执法，开展海洋环境整治。

7.2.2　健全生态补偿，推动粗放式围海养殖退出

健全生态保护补偿长效机制。借鉴"退耕还林""退耕还草"等的成功经验，建立退养还滩海洋生态保护补偿长效机制，研究制定补偿标准、核算方法、支付方式及资金来源等政策措施，整合国家财政扶持资金并转化为滨海湿地生态保护和监管的长效财政投入机制，鼓励养殖户向开放式养殖方式转变。

推动粗放式围海养殖退出，重点对位于重要滨海湿地、生态敏感区和生态保护红线区内的围海进行分类施治，对非法围海进行拆除，实施退养还滩、退围还海区等休养生息政策，恢复海岸线的自然属性和生态功能。建立健全政府主导、市场参与下的多元化生态保护补偿制度，加强生态保护补偿和替代生计保障，采取多种措施引导清退区渔民转产转业。

打通"绿水青山"向"金山银山"转换的通道，明确生态产品价值实现的途径，调动各类主体和社会资本参与生态保护修复，将海洋生态修复与海域开发、产业发展、城市建设、乡村振兴有机结合，是海洋生态修复资金筹措的重要途径。同时，出台相关政策鼓励企业使用存量用海，对生态修复后的海洋空间进行综合开发利用，或进行相关权益的置换交易，创造生态修复后获得收益的途径，通过激励与约束并举的方式，夯实企业生态修复的主体责任。

7.2.3　秉持生态优先，加强海岸带生态空间恢复

秉持生态优先，以改善海洋生态环境质量为核心，主要针对重点海湾和重要生态功能区受损岸线开展治理，重在恢复修复岸线自然生态功能。遵循生态系统的整体性和系统性，贯通资源修复与生态环境治理，完善海岸线治理的中长期规划，建立动态项目库。出台海岸线治理修复的具体指导意见及工程建设指南，明确海岸线治理的生态功能目标、空间布局与重点任务，坚持以自然修复为主、人工修复为辅，"一区一

策"制定解决海岸线生态问题、恢复修复自然生态功能的治理方案。

营造海岸生态缓冲带。开展基于海岸带生态系统的自然防护，利用盐沼湿地、红树林、牡蛎礁等海岸带生态系统的消波防浪和促淤作用，形成天然屏障的保护措施；因地制宜开展海岸防护林建设，构建以海岸植被为主体的多林种、多树种、多功能、多效益的综合防护林体系，充分利用滨海植被的生态防护作用，形成以抵御风暴潮、海岸侵蚀等灾害为主，兼顾景观绿化、生物多样性保护等需求的立体海岸防护模式，提高抵御各种自然灾害的能力，改善生态环境，为发展沿海地区经济和提高人民生活质量服务。

7.2.4 坚持自然恢复，强化典型海洋生态系统保护

坚持自然恢复，强化典型海洋生态系统保护，严守海洋生物生态休养生息底线。①以具有生态完整性的重点海湾（湾区）为单元，坚持陆海统筹、区域联动，科学设定生态环境治理目标，精准设计污染治理和生态修复方案，大力推进美丽海湾保护与建设。②实施红树林、海草床、芦苇、碱蓬等重要海洋生态系统保护恢复重大工程，筑牢海洋生态安全屏障，提升海岸带应对气候变化韧性。③加大海洋生态保护力度，将红树林、珊瑚礁、海草床等典型海洋生态系统以及海洋生物多样性高度富集等重要区域纳入保护范围，实现"应划尽划，应保尽保"。④强化海洋生物资源和生物多样性保护，加大"三场一通道"和重要渔业水域保护力度，加强珍稀濒危物种及其栖息地保护，严防严控外来物种入侵。

参考文献

陈克亮，吴侃侃，黄海萍，等，2021. 我国海洋生态修复政策现状，问题及建议[J]. 应用海洋学学报，40(2)：170-178.

丁小松，2019. 渤海海岸线和沿岸栖息地破碎化的时空变化研究[D]. 上海海洋大学.

付战勇，马一丁，罗明，等，2019. 生态保护与修复理论和技术国外研究进展[J]. 生态学报，39(23)：9008-9021.

国家发展改革委，自然资源部，2020. 全国重要生态系统保护和修复重大工程总体规划（2021—2035年)[Z]. 北京：国家发展改革委.

国家海洋局，2010. 关于开展海域海岛海岸带整治修复保护工作的若干意见[Z]. 北京：国家海洋.

国家海洋局，2015. 国家海洋局海洋生态文明建设实施方案(2015—2020年)[Z]. 北京：国家海洋局.

国家海洋局，2013. 2012年中国海洋环境状况公报[Z]. 北京：国家海洋局.

海洋图集编委会，1992. 渤海、黄海、东海海洋图集-水文[M]. 北京：海洋出版社.

侯西勇，张华，李东，等，2018. 渤海围填海发展趋势、环境与生态影响及政策建议[J]. 生态学报，38(9)：3311-3319.

江文斌，2020. 滨海盐沼湿地生态修复技术及应用研究[D]. 大连理工大学.

李广雪，杨子赓，刘勇，2005. 中国东部海域海底沉积环境成因研究[M]. 北京：科学出版社.

刘相兵，2013. 渤海环境污染及其治理研究[D]. 烟台大学.

生态环境部，国家发展改革委，自然资源部，2018. 渤海综合治理攻坚战行动计划[Z]. 北京：生态环境部.

生态环境部，2019. 2018年中国海洋生态环境状况公报[Z]. 北京：生态环境部.

生态环境部，2022. 2021年中国海洋生态环境状况公报[Z]. 北京：生态环境部.

温馨燃，2020. 渤海海域围填海时空演化特征及发展建议[D]. 吉林大学.

于永海，王鹏，王权明，等，2019. 我国围填海的生态环境问题及监管建议[J]. 环境保护(7)：17-19.

张蕾，李广雪，刘雪，等，2022. 渤海海岸线的时空变化[J]. 海洋地质前沿，36(2)：1-12.

赵博，张盼，于永海，等，2021. 渤海海洋生态修复现状，不足及建议[J]. 海洋环境科学，40(6)：975-980.

中国科学院海洋研究所海洋地质研究室, 1985. 渤海地质[M]. 北京：科学出版社.

自然资源部, 2022. 海岸带生态保护和修复重大工程建设规划(2021—2035 年)[Z]. 北京：自然资源部.

自然资源部, 2021. 海洋生态修复技术指南(试行)[Z]. 北京：自然资源部.

自然资源部, 2022. "十四五"海洋生态保护修复行动计划[Z]. 北京：自然资源部.

BOOIJ N, RIS R C, HOLTHUIJSEN L H, 1999：Athird-generation wave model for coastal regions. 1. Model description and validation [R]. J. Geophys. Res., 104：7649−7666.

DHI WATER AND ENVIRONMENT, 2014. MIKE 21 Boussinesq Wave Module Scientific Documentation [R]. DHI Water and Environment, Demanrk.

DHI WATER AND ENVIRONMENT, 2014. MIKE 21 & MIKE 3 FLOW MODEL FM Hydrodynamic and Transport Module Scientific Documentation [R]. DHI Water and Environment, Demanrk.

HANSON H, KRAUS N C, 1989. GENESIS. Generalized Model for Simulating Shoreline Change [R]. Washington DC：Department of the Army US Army Corps of Engineers.

HSU J, EVANS C, 1989. Parabolic bay shapes and applications [J]. Ice Proceedings, 87(4)：557−570.

ROELVINK D, DONGEREN A V, WALSTRA D J, et al., 2008. XBeach Annual Report and Model Description [R].

U.S. ARMY CORPS ENGINEERS, 2002. Coastal Engineering Manual [Z]. Department of the Army US Army Corps of Engineers.

2023年9月，作者拍摄于营口白沙湾修复后